本书获得国家自然科学基金面上项目（71773133）和
国家自然科学基金面上项目（71573267）支持

经济学文库

经济学文库

北京全国科技创新中心发展研究

文余源　著

中国人民大学出版社
·北京·

前言

当今世界正处于百年未有之大变局的非常时期，科技创新是推动经济社会发展、应对各种不确定性挑战和提高人民福祉的关键性因素，围绕科技创新制高点的争夺已成为国家、地区、城市竞争的焦点领域。谁率先掌控了科技创新制高点，谁就控制了发展的主导权，谁就能引领时代的潮流。科技创新中心是推进国家创新体系建设和建设创新型强国的重要载体，是大变局、新常态下加快发展方式转变、探索城市发展新模式和推进城市可持续发展的重要路径和迫切要求。目前我国已初步进入创新型国家行列，下一步战略目标是再用十年左右时间跻身创新型国家前列，并为最终建成世界科技创新强国蓄积能量、厚植基础。国之大者，在全国打造若干科技创新中心是实现这一宏伟目标的战略捷径和首要任务。北京作为大国首都，科技资源集聚、创新人才丰富，应在建设科技创新中心上率先垂范，走在全国前列，为我国跻身创新型国家前列和科技创新强国提供战略支撑。然而对于全国科技创新中心的核心内涵是什么，建设内容包括哪些方面，如何客观评价全国科技创新中心的水平，如何监测其建设进程，北京市如何在全球创新体系中进行战略定位和寻找战略突破口，如何充分发掘丰裕的创新资源、集聚优势创新人才、引领全国创新方向、提升国际创新能级、支撑大国创新崛起，这些都是有待求解的新课题，对其进行深入研究和探索具有重要的理论与实践意义。

本书试图在系统梳理全球创新型城市理论方法脉络和实践研究进展，厘清全球创新型城市理论框架和评价体系的基础上，对全国科技创新中心的内涵进行界定，探讨全国科技创新中心的基本条件和评判标准，进而构建全国科技创新中心的分析框架，剖析其影响因素和内在机理，廓清北京打造全国科技创新中心的建设内容和评判指标体系。基于国际国内、横向纵向对比视角对北京全国科技创新中心发展进行全方位评价，并对其关键因素进行甄别。在借鉴全球著名创新型城市发展经验的基础上，结合国内国际的发展环境和北京自身条件，从战略定位、重点领域、路径措施等方面，为北京加快建设全国科技创新中心提出了框架性政策建议。

需要指出的是，在本书成书提交出版社后，发生了一些新的变化，北京市为适应国际国内发展新形势，相继在 2021 年 10 月、11 月发布了《“十四五”北京国际科技创新中心建设战略行动计划》和《北京市“十四五”时期国际科技创新中心建设规划》，北京科技创新的目标从全国科技创新中心进一步上升为国际科技创新中心。一则国际科技创新中心必须以全国科技创新中心为基础；二则二者虽然字面上表述有差异，定位的层次也似有不同，但其建设的基本内涵、主体内容、路径政策和关键措施等具有共性，事实上，作为全球第二大经济体的大国首都和具有全球经济科技影响力的世界城市，北京市建设的全国科技创新中心本质上就是建设国际科技创新中心，两者并无二致；三则也是为了偷懒，考虑到为表述稍许变动修改本书实在工作量太大，出版时间期限也不容许。基于此，本书依然沿袭原来全国科技创新中心的提法和思路展开。相关未解问题容以后再行研究。

本书的研究最初得到了北京市科学技术委员会资助课题“全国科技创新中心建设的内容与评价指标研究”的支持，后期研究得到国家自然科学基金“新型城镇化背景下 FDI 区位迁移与我国城市群发展响应”（71573267）和“基于流空间的中国巨型城市区网络体系研究”（71773133）等多个项目的支持。在课题研究和成书过程中，得到了国家发展和改革委员会、北京市政策研究室、北京市科学技术委员会、北京市发展和改革委员会、中关村国家自主创新示范区核心区发展研究中心等相关部门的大力支持，得到了中国人民大学经济学院和应用经济学院多位领导的关怀指导和同事的慷慨相助，谨在此向这些单位和个人表示诚挚的感谢！

本书在写作过程中参阅了大量的文献著作和数据资料，笔者尽力标注引用，但仍不免挂一漏万，在此一并作谢和致歉，并恳请读者指正。

感谢中国人民大学出版社对本书出版的大力支持，感谢王晗霞老师为本书付梓付出的辛勤努力和提供的热忱帮助。

文余源

目 录

绪　论

科技创新中心是推进国家创新体系建设和建设创新型国家的重要载体，是新常态下加快国家发展方式转变、加速新型城镇化进程、探索城市发展新模式和推进城市可持续发展的重要路径和迫切要求。对照《国家创新驱动发展战略纲要》对国家创新战略目标分三步走的设计，我国 2020 年已实现进入创新型国家行列的第一步战略目标，目前已进入第二步战略目标即到 2030 年跻身创新型国家前列的全面攻坚阶段和为第三步战略目标即到 2050 年建成世界科技创新强国强基蓄能的关键阶段，北京市作为大国首都，科技资源集聚、创新人才丰富，应在建设科技创新中心上率先垂范，走在全国前列，为全国建设创新型国家提供战略支撑。习近平同志

2014 年 2 月在北京考察时强调，北京要明确城市战略定位，坚持和强化首都全国政治中心、文化中心、国际交往中心、科技创新中心的核心功能，深入实施人文北京、科技北京、绿色北京战略，从国家层面首次将科技创新中心确定为首都的四大核心功能，将科技北京确定为首都战略。这既为北京的建设和发展指明了方向，也为北京在更高层次、更宽领域上完善和提升城市创新功能，更好地服务创新型国家发展大局，提出了新的要求。对此，北京市高度重视，2014 年 9 月出台了《关于进一步创新体制机制加快全国科技创新中心建设的意见》，2017 年制定了《北京加强全国科技创新中心建设重点任务实施方案（2017—2020 年）》，2018 年又出台了年度《北京加强全国科技创新中心建设重点任务 2018 年工作方案》，将北京建设全国科技创新中心的战略付诸行动。2020 年又对目标进行了升级，提出要建设国际科技创新中心，并于 2021 年出台了《北京市“十四五”时期国际科技创新中心建设规划》，尽管全国科技创新中心与国际科技创新中心相比名称发生了变化，但目标内容并未发生实质性变化，故本书仍以全国科技创新中心为主体内容。然而对于全国科技创新中心的核心内涵是什么，建设内容包括哪些方面，如何客观评价全国科技创新中心的水平，如何监测其建设进程，目前似乎并不明朗，需要进行深入的研究和探索。

第一节　研究目的和意义

一、研究目的

本书的研究旨在立足全国科技创新中心建设驱动系统，准确研判世界科技创新发展进程与趋势，紧紧把握国家经济社会发展需求，通过系统梳理全球创新型城市发展类型、历史进程、建设模式、关键标识、影响因素以及经验教训，厘清我国创新型城市建设现状与存在的问题，进而科学界定全国科技创新中心的基本内涵、判断标准和重点建设内容，借鉴国际经验和科学方法建立全球可参照的全国科技创新中心评价体系（评价指标体系和评价方法体系），理性客观地评估北京科技创新发展的成效、进展与障碍，明确北京在全球和国内创新型城市体系中的现状水平和未来的战略定位，剖析影响北京建设全国科技创新中心的关键因素，在全球创新型城市视野下，提出北京打造全国科技创新中心的方针战略、建设重点、发展路径和对策措施。

二、研究意义

21 世纪是知识经济时代，建设创新型城市成为世界各国建设创新型国家的重要内容和参与全球竞争的关键动力。从多年的全球创新型城市发展经验来看，国家科技创新中心城市不仅是所在国经济社会发展的强力增长引擎，也极大地推动了世界文明的进程，它们分布在经济发达、区位优越的区域，具有完善的科技创新驱动系统，拥有广泛的对外联系与全球市场，集聚了大批创新型人才和研发机构，建有国际著名的创新平台和空间载体，科技中介与服务体系完备，创新文化氛围开放而包容。国家科技创新中心是国家乃至全球范围内具有支配性和推进性的空间单元，它通过不断增强自主创新能力，在城市内部不断提升规模经济效益，对城市外部不断增强辐射效应，对国家经济社会发展提供科技支撑，加快发展方式转变，促进经济又好又快发展，推动创新型国家的顺利实现。在此背景下，研究北京全国科技创新中心的建设内容和评价体系，对于全面把握北京科技创新发展现状、趋势与战略定位，在全国发挥北京科技创新的引领、示范和带动作用，增强科技创新工作的前瞻性和针对性，具有重要的理论与现实意义：

（一）有助于首都抓住世界战略机遇进入高层次全球创新型城市行列

本书以世界科技创新前沿和发展趋势为参照，以国家对北京科技创新的最新要求为依据，对北京建设全国科技创新中心的内容和评价体系进行研究分析，有利于北京抓住新一轮世界科技创新发展带来的战略机遇和国家经济发展进入新常态的环境条件，推动北京进入高层次全球创新型城市序列。

（二）有助于北京建设世界级城市群的中心城市和提升世界城市能级

纵观全球世界级城市群，如以纽约为中心的美国东北部大西洋沿岸城市群、以芝加哥为中心的北美五大湖城市群、以东京为中心的日本太平洋沿岸城市群、以伦敦为中心的英格兰城市群等，无不拥有创新型世界级城市作为其中心。研究北京建设全国科技创新中心的建设内容和评价指标，有助于北京对比世界城市打造世界级城市群的中心城市，提升其世界城市能级，更好地发挥其在国家乃至全球范围的科技创新带动作用。

（三）有助于强化自主创新能力和为我国建成创新型国家提供战略支撑

党的十七大以来，我国一直强调提高自主创新能力和建设创新型国家是国家发展战略的核心和提高综合国力的关键，并提出2020年我国要进入创新型国家行列。2016年中共中央国务院印发的《国家创新驱动发展战略纲要》进一步提出“分三步走”的战略目标，其中第二步和第三步目标分别是实现到2030年跻身创新型国家前列和到2050年建成世界科技创新强国。要实现上述战略目标，必须建设一批率先实现创新驱动发展的城市和区域提供支撑。北京作为大国首都，科技资源富集，创新环境优越，将其打造成全国科技创新中心是引领国家创新发展的首要战略任务和关键环节。本书通过参照全球创新型城市标准，研究首都建设全国科技创新中心的重点内容和评价体系，有助于引导北京市强化自主创新发展能力，强化其对我国建成创新型国家的战略支撑作用。

（四）有助于首都加快经济发展方式的转变和新增长引擎的构建

加快经济发展方式转变的根本出路在于提升自主创新能力，有效支撑传统产业升级，引领战略性新兴产业壮大，通过持续创新不断培育新的增长引擎来推动科学发展。本书通过对比全球创新型城市成功的案例，结合国家战略的要求，设计北京全国科技创新中心的内容框架和评判指标，引导首都通过持续增强自主创新能力，持续培育新增长引擎，持续推动经济发展方式加速转变。

（五）有助于强化创新中心核心功能建设与京津冀协同发展战略同步推进

加强北京全国科技创新中心建设的总体设计和精细管理研究，打造京津冀协同创新共同体，落实创新驱动发展战略，统筹部署产业布局和区域发展，统筹推进重大创新项目和重点工程，完善政策互动、资源共享、市场开放等体制机制，统筹科技政策与产业、经济等政策之间的衔接配套，破解制约京津冀协同创新的隐形壁垒，有利于强化北京全国科技创新中心核心功能建设与京津冀协同发展战略的同步发展、并联发展和叠加发展。

（六）有助于量化目标，提供标杆，引导政府部门自觉进入科技创新发展轨道

本书构建首都建设全国科技创新中心的内容体系和评价指标，对北京城市科技创新的水平、进展、问题和方向，用可量化的具体指标来测度和判断，将有助于为有关政府部门政绩考核制度的改进提供量化目标和标杆参照，引导政府部门自觉根据内容体系和评判指标进入科技创新发展轨道，可以强化政府推动创新发展的效能。

（七）为北京市制定近期、中期城市创新发展政策提供科学依据

本书在对北京建设全国科技创新中心的内容框架和评价指标研究的基础上，针对北京现阶段和未来 15 年打造全国科技创新中心所面临的问题和障碍，提出的若干解决方案和政策建议，将为近期（“十四五”时期）和中期（“十五五”“十六五”时期）北京制定稳定、科学的城市科技创新政策提供支撑。此外，本书通过构建全国科技创新中心发展理论模型，界定北京建设全国科技创新中心的内涵、框架和指标，构建北京建设全国科技创新中心的理论评估体系，将有助于现代超大城市创新发展理论体系的丰富与完善。

第二节　全国科技创新中心相关研究国内外现状与趋势

早在 1912 年，美籍奥地利经济学家约瑟夫·熊彼特（J A

Schumpeter）首先在其著作《经济发展理论》中提出了“创新”理论[①]，1987 年英国经济学家弗里曼（C Freeman）提出“国家创新体系”，认为创新是能够提高生产效率的活动[②]。这里的创新主体是企业个体，从个体“创新”到“创新型城市”或创新中心的不断发展，体现了人类分工协作体系的壮大。现在，以创新活动为主要功能的创新型城市，成为全球创新体系的中心枢纽和关键节点。在经济全球化和信息化不断推进的态势下，世界各国都把培育创新型城市或国家创新中心作为参与全球竞争的重要手段和战略任务，创新型城市或国家创新中心也因此成为国内外学者和机构关注的热点问题。

北京是世界第二大经济体和“世界工厂”的大国首都，在全球化条件下，北京建设全国科技创新中心不仅要把北京打造成引领全国、辐射全国、带动全国的“科技创新中心”，还必须置身于全球创新型城市体系的背景下来讨论提升其全球创新型城市能级问题。因此，讨论北京建设全国科技创新中心，应该以全球创新型城市为参照和起点。从现有文献来看，对于全球创新型城市的研究主要集中于概念与内涵特征、形成条件、评判标准与指标、发展模式与类型以及政府作用等方面。

一、全球创新型城市的概念与内涵特征

作为一个全新的城市发展理念，学术界对全球创新型城市的概念和内涵特征尚未形成一致认识（Scott，2006）。[③] Hall（1998）[④]认为全球创新型城市是处于经济和社会的变迁中，许多新事物不断涌现并融合成一种新的社会形态的具有创新特质的城市。Landry

---

① 约瑟夫·熊彼特. 经济发展理论. 北京：商务印书馆，1990：1-25.

② Freeman，C. Technology Policy and Economic Performance：Lessons from Japan. London：Pinter，1987.

③ Scott，A. Creative Cities：Conceptual Issues and Policy Questions. http://www.ur-plaza.osaka-cu.ac.jp/en/2006/12/061221KNspeech.pdf，2006.

④ Hall P. Cities in Civilization. London：Weidenfeld and Nicolson，1998：22-23.

(2000) 认为[①]，创新型城市不仅是促进有想象力的行动和都市生活快速提升的号角，而且是城市实施复兴和复苏方案的一个清楚和详细的工具箱。Simmie (2001)[②] 从经济地理角度对斯图加特、米兰、阿姆斯特丹、巴黎和伦敦五个欧洲典型创新型城市进行了实证研究，认为创新型城市主要源于内部范围效应、本地化经济或环境经济、城市化经济和全球化效应等四个方面。Hospers (2003)[③] 认为创新型城市是孕育知识经济的地方，知识经济要求城市创新，一个富有竞争力的城市是集聚性、多样性、不稳定性和良好声望的结合体。方创琳等 (2013)[④] 认为创新型城市的基本内涵是以科技进步为动力，以自主创新为主导，以创新文化为基础，主要依靠科技、知识、人力、文化、体制等创新要素驱动发展的城市。李惠芬 (2010)[⑤] 认为创新型城市可用城市创新能力衡量，包含了创新潜力、创新活力、创新动力和创新实力。

二、全球创新型城市的形成条件

全球创新型城市的形成需要什么条件，不同学者或机构从不同角度进行了归纳。世界银行 (2005)[⑥] 在“东亚创新型城市”研究报告中提出了一系列成为创新中心城市的先决条件：拥有优良的交通电信基础和功能完善的城市中心区；拥有充足的经营、文化、媒体、体育及学术活动的场所设施；拥有受教育程度较高的劳动力队伍；政府治理有效，服务高效；拥有高质量的居住选择；社会多元，能接纳各种观点的碰撞、各种文化的融合和各种体验的交汇

---

① Landry C. The Creative City：A Toolkit for Urban Innovative. London：Earthscan Publications Ltd. 2000：67 - 87.

② Simmie J. Innovative Cities. London/New York：Spon Press，2001：44 - 49.

③ Hospers G J. Creative Cities：Breeding Places in the Knowledge Economy. Knowledge，Technology & Policy，2003，16 (3)：143 - 162.

④ 方创琳，等. 中国创新型城市发展报告. 北京：科学出版社，2013.

⑤ 李惠芬. 城市创新力指标体系的建构及实证研究. 南京社会科学，2010 (7)：15 - 18.

⑥ The World Bank. East Asia Decentralizes Making Local Government Work. The World Bank，1818 H Street NW，Washington，DC 20433，USA，2005.

等。根据澳大利亚创新研究机构 2thinknow（2014）发布的 *Innovation Cities Index 2014：Global* 报告[①]，全球创新型城市集中分布在经济发展和交通便利的区域，具有强大的综合经济实力和较大的人口规模。Scott（2004）[②] 和 Athey 等（2007）[③] 认为全球化背景下拥有密切的对外经济联系和广泛的全球市场是创新型城市的重要内容。Kupstsch 等（2006）[④] 和 Qian（2010）[⑤] 认为大批多元高层次创新人才和大量高研发能力组织机构的集聚对于全球创新型城市的建设发挥了绝对重要的作用。曾刚、丰志勇、林兰（2008）[⑥] 认为完备的科技中介与服务体系是创新型城市建设的催化剂和润滑剂。Simmie（2001）[⑦] 和 Barkley 等（2005）[⑧] 则认为建有国际著名的创新平台和空间载体可以集聚创新活动和有效提升空间的知识创新能力，知识型区域是全球创新型城市建设的重要依托。方创琳等（2013）[⑨] 认为开放包容的创新文化氛围可以为全球创新型城市建设汇集多样化人才和信息。可见，从已形成的全球创新型城市来看，其发展条件在综合实力、交通区位、对外联系、创新人才、研发能力、科技服务、创新平台和文化氛围等方面，具有共性特征。

---

① 2thinknow. Innovation Cities Index 2014：Global. http://www.innovation-cities.com/download-index/9117. 2014.

② Scott A. Cultural-Products Industries and Urban Economic Development Prospects for Growth and Market Contestation in Global Contex. Urban Affairs Review，2004，39（4）：461－490.

③ Athey G，Glossop，C，Harrison，B，Nathan，M，Webber，C. Innovation and the City：How Innovation Has Developed in Five City-regions. London：NESTA，2007：34－35.

④ Kupstsch C，Pang E F. Competing for Global Talent. Geneva：International Labour Office and Wee Kim Wee Centre，2006：42－46.

⑤ Qian H. Talent，Creativity and Regional Economic Performance：The Case of China. The Annals of Regional Science，2010，45（1）：133－156.

⑥ 曾刚，丰志勇，林兰. 科技中介与技术扩散研究. 上海：华东师范大学出版社，2008：158－161.

⑦ Simmie J. Innovative Cities. London/New York：Spon Press，2001：44－49.

⑧ Barkley D L，Henry M S. Innovative Metropolitan Areas in the South：How Competitive Are South Carolina's Cities? Clemson：REDRL Research Report，2005：56－59.

⑨ 方创琳，等. 中国创新型城市发展报告. 北京：科学出版社，2013.

三、全球创新型城市的评判标准与指标

近数年来，国际国内都先后对创新型城市的评判标准和指标问题进行了广泛深入的研究。由于全球创新型城市自身禀赋、发展的复杂性，各国学者从不同视角提出了全球创新型城市的评判标准及指标。国际上比较典型的有国家创新能力指数（National Innovative Capacity Index）、欧洲创新记分牌（European Innovation Score-board）、美国3T创新指数（3T Creative Index）、创新能力指数（Innovation Capacity Index）以及全球创新指数（Global Innovation Index）等，它们分别由不同的评价维度和指标体系构成，并分别应用于不同视角的国家（地区）或城市的创新能力评判。此外，还有一些研究主要关注科技创新基地，如科技园区的创新水平，对某个科技创新基地的科技创新水平进行纵向测度，发布年度测算报告，如美国硅谷的专门机构Joint Venture每年向全球发布“硅谷指数”（Index of Silicon Valley）。

国内创新型城市评估的代表性评判指标主要有科技部创新型城市建设监测评判指标（科技部，2010）①、中国科学院科技发展战略研究小组中国区域创新能力评判指标（中国科技发展战略研究小组，柳卸林，高太山，周江华，2014）②、中国科学院创新发展研究中心的区域创新能力评判指标（中国科学院创新发展研究中心，2009）③、创新型城市评价课题组的中国创新型城市评判指标（创新型城市评价课题组，2009）④、创新型国家建设报告课题组的创新型城市评判指标（詹正茂，熊思敏，2010）⑤、国家创新体系建

---

① 科技部. 关于进一步推进创新型城市试点工作的指导意见，2010-04.

② 中国科技发展战略研究小组，柳卸林，高太山，周江华. 中国区域创新能力报告. 北京：科学出版社，2014.

③ 中国科学院创新发展研究中心. 2009中国创新发展报告. 北京：科学出版社，2009：72-76.

④ 创新型城市评价课题组. 中国创新型城市评价报告. 统计研究，2009，26（8）：3-9.

⑤ 詹正茂，熊思敏. 创新型国家建设报告（2010）. 北京：社会科学文献出版社，2010：82-87.

设战略研究组的创新型城市评判指标（国家创新体系建设战略研究组，2011）①、中国城市竞争力研究会的创新型城市评判指标（中国城市竞争力研究会，2011）② 等。针对科技园区还有专门的反映科技创新基地科技创新水平的各类“指数”，如北京市统计局自2005 年起发布以中关村科技园各园区为测算研究对象的“中关村指数”；上海统计局自 2004 年起发布的用以反映张江高科技园区创新情况的“张江创新指数”；以及深圳市发布的“深圳创新指数”等。

从国内外创新型城市的评判标准和指标研究进展看，对于全球创新型城市的科技创新发展评价研究已建立起了初步的理论框架，并付诸实践应用，为北京建设全国科技创新中心的内容设计和评估指标的开发提供了有价值的参考和借鉴。但不足也是明显的，创新型城市的国际评判标准与指标存在评判尺度上以国家为主、评判内容上以创新能力为主、评判指标上以社会性指标为主、评判方式上带有政治倾向性等缺点。而国内对创新型城市的评判标准与指标则存在评判指标缺乏科学性、通用性、可操作性、可监控性和权威性等不足。

四、全球创新型城市的发展模式与类型

全球创新型城市有没有一定的发展模式和规律可循？全球创新型城市是否存在不同的类型？学界对此问题进行了深入探讨。全球创新型城市建设受到历史、政治、经济、制度、文化和科技等多种因素影响，存在多种建设模式。杨冬梅（2006）认为③，按照政府与市场的不同组合方式，可划分为政府主导型发展模式、市场主导

① 国家创新体系建设战略研究组. 2020 国家创新体系发展报告——创新型城市建设. 北京：科学出版社，2011：56－59.

② 中国城市竞争力研究会. 2011 中国城市分类优势排行榜. 中国城市竞争力研究会，2011.

③ 杨冬梅. 创新型城市的理论与实证研究. 天津：天津大学，2006：62－68.

型发展模式和混合型发展模式。尤建新、卢超、郑海鳌等（2011）认为①，按照主导产业不同可划分为高技术制造业创新中心城市模式、知识密集型服务员创新中心城市模式和创意产业创新中心城市模式；按照文化背景不同可划分为单元文化下的创新型城市和文化交融下的创新型城市。方创琳等（2013）② 按驱动力因素对全球创新型城市进行了全面系统的划分：（1）工业创新驱动型，如美国的休斯敦、匹兹堡、底特律，德国的多特蒙德、斯图加特，英国的伯明翰等创新型城市，都是工业创新升级改造进而进入创新型城市的典型。（2）科技创新驱动型，如韩国的大田市、美国的旧金山-圣何塞、日本的东京、德国的慕尼黑、加拿大的渥太华等创新型城市，就是依托科技创新，快速实现教育、科研和产业的无缝对接，从而迅速脱颖而出的典型。（3）服务创新驱动型，例如美国的纽约就是依托其世界金融中心优势，大力发展金融、保险、管理咨询等高端生产性服务业，提升城市创新能力，成功打造成全球创新型城市；此外，英国的伯明翰、德国的柏林、日本的东京、加拿大的多伦多、中国香港也可归于服务创新型全球城市。（4）市场创新驱动型，这是发达国家创新型城市建设的一般模式，如美国洛杉矶就是比较典型的市场驱动型创新型城市。（5）政府创新驱动型，欧美发达国家的全球创新型城市和亚洲新兴工业化强国的全球创新型城市的建设中，政府创新都起到了重要作用，如英国的伦敦、美国的纽约、日本的东京、韩国的大田以及新加坡等创新型城市，政府的创新驱动功不可没。（6）文化创新驱动型，如新加坡、法国的巴黎、澳大利亚的墨尔本、英国的爱丁堡、芬兰的赫尔辛基等，是通过文化艺术打造的创意性创新型城市。（7）协同创新驱动型，对于众多全球创新型城市而言，其创新驱动力多是来自多种力量的共同推动，且在不同阶段具有不同主导的驱动力，例如美国的纽约就是通过多力驱动来形成其全球创新型城市地位的。

---

① 尤建新，卢超，郑海鳌，等. 创新型城市建设模式分析——以上海和深圳为例. 中国软科学，2011（7）：82－92.

② 方创琳，等. 中国创新型城市发展报告. 北京：科学出版社，2013.

可见，全球创新型城市的发展模式与类型不一而足，但有两点共性：一是全球创新型城市有不同的发展类型，关键是要依托和发挥自身的优势来实现创新发展；二是全球创新型城市的形成与发展必须要有创新驱动力，这种驱动力可能是单元的，但更多的是混合的。

五、全球创新型城市的政府作用问题

政府不是城市创新的主体，但在全球创新型城市建设中发挥着不可替代的作用，这是业界的共识。学界一般认为，城市政府通过设立专门的创新领导机构、开展多方面的创新协调、制定完善的创新促进政策、利用国家层面的法律制度以及支持民间创新组织的发展来推动全球创新型城市的建设与发展（方创琳等，2013）。[①] 美国哈佛大学肯尼迪学院教授 Luberoff（2011）针对全球创新型城市波士顿指出[②]，波士顿新兴产业的兴起，并不是政府设立的庞大计划，但是政府的作为不可忽视。在全球创新型城市建设的不同阶段，政府的作用是不断调整以适应城市创新发展和达到创新目标(方创琳等，2013)[③]，例如在英国伯明翰的经济转型中，政府根据该城市发展的实际情况及时调整并变换角色，从过去的“守夜人”变为“掌舵人”，再到现今的“服务生”，政府角色的变换成功地推动了伯明翰创新型城市的成功转型。可见，全球创新型城市建设中政府的作用不可少，且政府要随情况变化而变换其角色。

六、对于北京建设全国科技创新中心的研究

由于国家对于北京建设全国科技创新中心的战略定位时间较短，公开的学术文献中尚未出现系统的研究成果，关于北京建设全国科技创新中心的探讨话题散见于各类报纸、网络等媒体，主要是围绕建设全国科技创新中心的背景、意义以及行动措施方面展开。

①③ 方创琳，等. 中国创新型城市发展报告. 北京：科学出版社，2013.

② Luberoff D. The Impact of Rappaport Public Policy Fellows Program on Career Trajectories. Policy Briefs，The Rappaport Public Policy Fellows Program，2011.

权威、正式的政府文件当推 2014 年 9 月北京市政府出台的《关于进一步创新体制机制加快全国科技创新中心建设的意见》（以下简称《意见》），该《意见》对于如何通过创新体制机制来加快推进北京建设全国科技创新中心作了原则性、方向性的指导，是官方指导北京打造全国科技创新中心的具有较强操作性的指导性文件。但该文件并未给出可操作性的评判指标和标准，要增强可操作性，尚需出台配套的细则，而这需要对北京建设全国科技创新中心的内容和评价体系进行深入研究予以解决。

综上所述，从国内外的研究进展看，学者们对全球创新型城市的概念与内涵特征、形成条件、评判标准与指标、发展模式与类型以及政府作用等内容进行了广泛的研究，这对于本书深入研究北京打造全国科技创新中心的建设内容和评价体系具有较好的基础借鉴意义。但目前的文献要迎合北京建设全国科技创新中心的需要，在理论基础、评估体系、技术手段等方面仍需进一步加强，现有关于全球创新型城市的评价指标和指数大多停留在较抽象的宏观研究或理论探讨层面，尽管也有实践应用，但对于北京市建设全国科技创新中心的针对性、适用性和可操作性方面都有很大的改进空间。而对于北京市建设全国科技创新中心的系统研究尚未开展，虽然官方已出台了《意见》，但可操作性尚需配套研究细则。因此，对于北京这一超大城市和大国首都而言，要发挥其创新引领作用、提升全球创新型城市能级，深入研究其建设全国科技创新中心的内容体系和评价指标，具有重大的理论与现实意义，并可对全国其他城市形成示范和标杆价值。

第三节　研究目标、研发内容和研究方法

一、研究目标与任务

本书立足全国科技创新中心建设驱动系统，准确研判世界科技创新发展进程与趋势，通过系统梳理全球创新型城市建设模式、关

键标识和影响因素，科学界定全国科技创新中心的内涵、判断标准和建设内容，借鉴国际经验建立全国科技创新中心评价指标体系，客观评估北京科技创新发展的成效与障碍，明确北京建设全国科技创新中心的战略定位，提出北京打造全国科技创新中心的方针战略、建设重点、发展路径和对策措施。具体实现以下四大目标任务：

（1）立足全国科技创新中心建设驱动系统，在梳理和分析相关文献的基础上，准确研判世界科技创新发展进程与趋势，紧紧把握国家经济社会发展需求，通过系统梳理全球创新型城市发展类型、历史进程、建设模式、关键标识、影响因素以及经验教训，厘清我国创新型城市建设现状与存在的问题，进而科学界定全国科技创新中心的基本内涵、判断标准和重点建设内容。

（2）以全球创新型城市发展研究文献和现实数据为基础，构建全国科技创新中心发展的理论框架，分析全国科技创新中心的内涵，探讨影响全国科技创新中心发展的各类因素及其作用机理，借鉴国际经验和科学方法建立具有全球可参照的全国科技创新中心评价体系，包括评价指标体系和评价方法体系。

（3）以理论框架和评价体系为基础，结合北京市发展实际，运用数据资料，理性客观地评估北京科技创新发展的水平和进度，明确北京在全球和国内创新型城市体系中的现状水平和未来的战略定位，剖析影响北京建设全国科技创新中心的关键因素及其破解途径。

（4）在全球创新型城市视野下，借鉴典型全球创新型城市建设的成功经验，结合评价结果，提出近期（“十四五”时期）和中期（“十五五”时期）北京打造全国科技创新中心的方针战略、建设重点、发展路径和对策措施。

二、研究开发内容

本书力求将理论构建与实践应用相结合、案例经验借鉴与现实政策研究相结合，研发内容主要包括以下六大方面：

（一）全国科技创新中心研究脉络和理论、方法基础

本书以全球创新型城市理论发展演进脉络和实践研究为主线，研

读梳理国内外经典文献，归纳目前全球创新型城市和全国科技创新中心发展理论与实践研究的最新进展，廓清其理论与方法体系，为北京建设全国科技创新中心内容框架的设计和评估提供理论与方法支撑。

（二）全国科技创新中心理论框架与因素影响机理分析

参照全球顶级创新型城市的发展经验，梳理影响北京建设全国科技创新中心的资源、环境、产业、制度、政策等各类因素，结合国家对北京的战略定位要求，建构全国科技创新中心的理论框架，剖析各类因素影响全国科技创新中心发展的作用机理，为北京打造全国科技创新中心提供理论与机制基础。

（三）全国科技创新中心的建设内容与评判指标

科学研判世界科技创新发展进程与趋势，准确把握国家对北京建设全国科技创新中心的战略要求，通过系统梳理全球创新型城市发展类型、历史进程、建设模式、关键标识、影响因素以及经验教训，结合北京建设全国科技创新中心的现实条件与环境，科学界定全国科技创新中心的基本内涵、重点内容、判断标准和评判指标体系。

（四）全国科技创新中心评价与关键因素甄别

依据建立的评价指标体系和评价方法，参照全球创新型城市体系，对北京全国科技创新中心的建设水平进行客观评估，并通过与全球顶级创新型城市进行横向对比及与国内主要省域和主要城市进行优劣势对比，找出差距，甄别判定关键因素及其影响机制，为推进北京提升全国科技创新中心的能级提供依据。

（五）北京建设全国科技创新中心的国际经验借鉴

对美国、欧洲、日本等发达国家和少数发展中国家的主要高端全球创新型城市的发展脉络、资源禀赋、建设模式、关键指标、发展动力等方面进行深入梳理分析，总结其发展经验，对照北京建设全国科技创新中心的实际，归纳各领域的得失，形成经验借鉴，并将其作为制定相关对策措施的参照依据。

（六）北京加快建设全国科技创新中心的路径与政策建议

以北京建设全国科技创新中心的评估结果为依据，在全球创新型城市视野下，借鉴高端全球创新型城市建设的成功经验，结合北京市的实际，提出近期（“十四五”时期）和中期（“十五五”“十六五”时期）北京打造全国科技创新中心的方针战略、建设重点、发展路径和对策措施。

三、研究方法与技术路线

（一）研究方法

本研究主要采用了文献调研法、专家咨询法和对比分析法等研究方法。

1. 文献调研法

在全面搜集有关全球创新型城市和全国科技创新中心等相关文献资料的基础上，经过归纳整理、分析鉴别，对全国科技创新中心的相关研究成果和进展进行系统、全面、深入的梳理和述评，厘清全国科技创新中心相关理论和实践的发展脉络和趋势，以及存在的问题和未来的发展方向，为本研究理论分析框架的构建和评价指标体系的设计提供文献基础。

2. 专家咨询法

专家咨询法是借助于专家的创造性逻辑思维来探索未来信息的一种理性思考的决策方法。本书分别在大纲框架形成阶段、初稿成型阶段和评价指标体系预选阶段，邀请相关专家及政府部门相关业务领域的专家对大纲研究框架、书稿初步成果进行咨询诊断，在评价指标体系方面参照指标遴选原则，对指标的实际意义及应用价值给予头脑风暴式综合评价，这对于本书成果的最终形成和评价指标体系的完善起到了重要的指导和参考价值。

3. 对比分析法

将北京建设全国科技创新中心放到全国背景下和全球背景下分别进行对比分析。与我国经济体量和科技发展能力在全球的地位相称，北京建设的全国科技创新中心既是全国范围内的科技创新的中心，同时也是世界科技创新网络体系中的重要节点枢纽。通过与国际范围内公认的全球创新型城市进行对比，以这些城市作为标杆，可以评判北京的科技创新水平，通过与标杆城市各个指标和关键因素的对比，可以了解北京与全球创新型城市的差距及其原因所在。通过与国内主要省域和城市对比，可以看到北京的优势、不足和潜力所在。

（二）研究技术路线

本书研究遵循和借鉴全球创新型城市发展的理论和实践，采取理论分析与实证分析相结合的技术方案。其研究基本思路为：研读文献和分析全球创新型城市发展实践，厘清全国科技创新中心的发展脉络和理论、方法基础；然后，在调研国家和北京市有关职能部门业务人员、举行专家座谈咨询和专题交流会的基础上形成正式研究框架；在理论研究和实地调研的基础上，以全球创新型城市体系为参照，构建北京建设全国科技创新中心的理论框架和主要内容；借鉴发达国家高端全球创新型城市的发展模式与经验，剖析全国科技创新中心建设的影响因素及其作用机理，构建北京建设全国科技创新中心的评估体系，利用权威统计数据，对北京全国科技创新中心的发展水平和动态进展进行评估；以评估结果为依据，以发达国家高端全球创新型城市为参照，找出差距，分析原因，甄别关键影响因素及其破解途径；在全球创新型城市体系下，以全球高端创新型城市为借鉴，结合北京市实际，提出近期和中期打造全国科技创新中心的建设重点、路径设计和政策措施。

参考文献

1. 2thinknow. Innovation Cities Index 2014：Global. http：//www. innovation-cities. com/download-index/9117. 2014.

2. Athey G，Glossop C，Harrison B，Nathan M，Webber，C. Innovation and the City：How Innovation Has Developed in Five City-regions. London：NESTA，2007.

3. Barkley D L，Henry M S. Innovative Metropolitan Areas in the South：How Competitive Are South Carolina's Cities? Clemson：REDRL Research Report，2005：56 - 59.

4. Freeman C. Technology Policy and Economic Performance：Lessons from Japan. London：Pinter，1987.

5. Hall P. Cities in Civilization. London：Weidenfeld and Nicolson，1998.

6. Hospers G J. Creative Cities：Breeding Places in the Knowledge Economy. Knowledge，Technology & Policy，2003，16（3）：143－162.

7. Kupstsch C，Pang E F. Competing for Global Talent. Geneva：International Labour Office and Wee Kim Wee Centre，2006.

8. Landry C. The Creative City：A Toolkit for Urban Innovative. London：Earthscan Publications Ltd. 2000.

9. Luberoff D. The Impact of Rappaport Public Policy Fellows Program on Career Trajectories. Policy Briefs，The Rappaport Public Policy Fellows Program，2011.

10. Qian H. Talent，Creativity and Regional Economic Performance：The Case of China. The Annals of Regional Science，2010，45（1）：133－156.

11. Simmie J. Innovative Cities. London/New York：Spon Press，2001.

12. Scott，A. Creative Cities：Conceptual Issues and Policy Questions. http://www.ur-plaza.osaka-cu.ac.jp/en/2006/12/061221KNspeech.pdf，2006.

13. Scott A. Cultural-Products Industries and Urban Economic Development Prospects for Growth and Market Contestation in Global Contex. Urban Affairs Review，2004，39（4）：461－490.

14. The World Bank. East Asia Decentralizes Making Local Government Work. The World Bank，1818 H Street NW，Washington，DC 20433，USA，2005.

15. 北京市政府．关于进一步创新体制机制加快全国科技创新中心建设的意见．2014－09.

16. 北京市政府．北京加强全国科技创新中心建设重点任务实施方案（2017—2020年）．2017.

17. 北京市政府．北京加强全国科技创新中心建设重点任务

2018 年工作方案. 2018－04.

18. 创新型城市评价课题组. 中国创新型城市评价报告. 统计研究，2009，26（8）：3－9.

19. 方创琳，等. 中国创新型城市发展报告. 北京：科学出版社，2013.

20. 国家创新体系建设战略研究组. 2020 国家创新体系发展报告——创新型城市建设. 北京：科学出版社，2011.

21. 科技部. 关于进一步推进创新型城市试点工作的指导意见. 科技部，2010－04.

22. 李惠芬. 城市创新力指标体系的建构及实证研究. 南京社会科学，2010（7）：15－18.

23. 杨冬梅. 创新型城市的理论与实证研究. 天津：天津大学，2006：62－68.

24. 尤建新，卢超，郑海鳌，等. 创新型城市建设模式分析——以上海和深圳为例. 中国软科学，2011（7）：82－92.

25. 约瑟夫·熊彼特. 经济发展理论. 北京：商务印书馆，1990.

26. 曾刚，丰志勇，林兰. 科技中介与技术扩散研究. 上海：华东师范大学出版社，2008.

27. 詹正茂，熊思敏. 创新型国家建设报告（2010）. 北京：社会科学文献出版社，2010：82－87.

28. 中国城市竞争力研究会. 2011 中国城市分类优势排行榜. 中国城市竞争力研究会，2011.

29. 中国科技发展战略研究小组，柳卸林，高太山，周江华. 中国区域创新能力报告. 北京：科学出版社，2014.

30. 中国科学院创新发展研究中心. 2009 中国创新发展报告. 北京：科学出版社，2009.

第一章　全国科技创新中心发展研究脉络和理论、方法基础

科技创新中心是中央赋予北京的新定位，建设全国科技创新中心，服务创新国家建设，既是首都的责任，更是首都自身发展的内在要求。了解全国科技创新中心相关理论发展研究脉络和相关理论以及方法基础，对于北京创建科技创新中心具有重要指导意义，对增强北京经济的自主创新驱动力、释放科技创新红利具有重要现实意义。

第一节　全球创新型城市理论发展脉络与实践研究进展

创新型城市是全国科技创新型城市

发展的基础，是建设创新型国家的重要阵地。科学认识创新型城市的概念、基本内涵、要素特征、城市分级等，充分了解全球创新型城市理论发展脉络、解读重要创新型城市的实践进展，对于我国诸多创新型城市建设，尤其是在更高层次上创建北京全国科技创新中心具有重要理论指导作用。

一、全球创新型城市的界定

近年来，关于创新型城市的研究文献日益增多。然而目前对于创新型城市的内涵与构成要素等方面，百家争鸣，并没有明确的界定。

（一）全球创新型城市概念

Charles Landry（2000）的代表作 *The Creative City* 是目前关于创新型城市最早的研究专著。他提出了创新型城市的七个组成要素，即富有创意的人、意志与领导力、人的多样性与智慧获取、开放的组织文化、对本地身份的强烈正面认同感、城市空间与设施和上网机会。①

方创琳等（2013）② 将创新型城市定义为：以科技进步为动力，以自主创新为主导，以创新文化为基础，主要依靠科技、知识、人力、文化、体制等创新要素驱动发展的城市。

杨冬梅、赵黎明、闫凌州（2006）③ 指出，创新型城市（或创新型城市）的英文表述有两种：creative city 和 innovative city。creative city 的提法主要来自欧洲（英国、荷兰等）的一些研究文献，主要是指对城市面临的问题提出具有创造性的解决办法，并由此带来城市的复兴。innovative city 的提法包含了目前关于创新型城市研究的主流含义，主要研究以创新作为驱动力的一种城市经济增长和经济发展模式，并不断融合社会发展的理念和思想。

---

① Charles Landry. The Creative City：A Toolkit for Urban Innovators. London：Earthscan，2000.

② 方创琳，等. 中国创新型城市发展报告. 北京：科学出版社，2013.

③ 杨冬梅，赵黎明，闫凌州. 创新型城市：概念模型与发展模式. 科学学与科学技术管理，2006，27（8）：97－101.

本书认为，全球创新型城市应该在全球创新网络中占有关键地位，凭借其自身集聚、吸引的创新资源促进创新成果高效率转化，有完善的创新扶持政策以及金融支撑体系、积极健康的创新环境，不管是在推动世界技术创新，还是在文化创新、管理创新、商业模式创新等诸多方面都发挥引领作用。

由上海社会科学院及社会科学文献出版社共同发布的《国际城市蓝皮书：国际城市发展报告（2015）》指出，国际创新中心城市的特质包含五大属性：创新性，通常是一国或地区甚至全球的新知识、新技术和新产品的产生中心；集聚性，其发展吸引力不断增加，促使越来越多创新资源向区内集中；系统性，其为各种创新资源在空间上集聚形成的区域创新系统；成长性，具有不断壮大的成长过程；外向性，其吸引众多具有强大研发实力的跨国研发机构进驻，产生显著的示范和集聚效应。

（二）全球创新型城市必备要素

（1）大批量的创新主体：大批量创新主体是全球创新型城市形成的首要条件。创新活动的行为主体包括创新型企业以及在其基础上形成的产业集群、产学研联盟等创新主体群。

（2）密集的创新资源：全球创新型城市应不仅有一批在世界范围内知名的大学和科研机构，还应该集聚了一批行业顶尖公司的研发部门，创新人才进入城市的门槛较低，人才结构多元化，并可以在其中自由流动。

（3）自主创新平台：其是创新型城市重要的基础设施，具有技术转移、技术研发、资源共享、对引进技术消化吸收再创新等功能，是培育和发展高新技术产业的重要载体。

（4）强大的辐射能力：全球创新型城市应不仅在区域、国家，更指的是在世界范围内引领科技进步，促进经济可持续发展。

（5）完善的创新服务体系：全球创新型城市不仅有为科技创新企业服务的金融资源高度集聚，而且应为其提供全方位的融资和中介服务。

（6）强大的城市创新网络：全球创新型城市应有包括创新个

人、创新企业、中介机构、相关政府部门等创新主体形成的创新网络，能推动创新成果迅速、高效率转化。

（三）全球创新型城市分级

1999 年，全球化及世界城市研究网络（Globalization and World Cities Research Network，GaWC）将世界级城市分为由高到低的 Alpha 级（下设四个副级别：Alpha＋＋、Alpha＋、Alpha 和 Alpha－）、Beta 级（下设三个副级别：Beta＋、Beta 和 Beta－）、Gamma 级（下设三个副级别：Gamma＋、Gamma 和 Gamma－），另外还有“高度自足”和“自足”两个级别。

本书认为，全球创新型城市可以分为三级，分别是全国创新型城市、区域创新型城市和全球创新型城市。其中全国创新型城市在这个层级金字塔中处于基础性位置，而全球创新型城市应该是全国创新型城市演变的最高级。

其中，全国科技创新中心属于区域创新型城市发展阶段，代表为一个国家和区域范围内的创新中心。全球科技创新中心属于全球创新型城市发展阶段，是全球创新型城市中的佼佼者（如图 1－1 所示）。

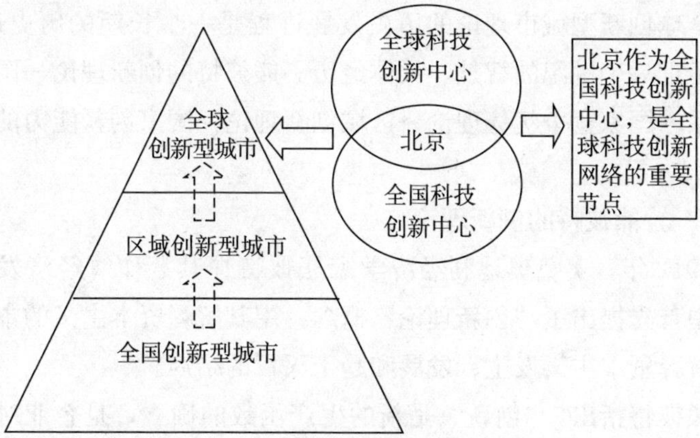

图 1－1　全球创新型城市分级

资料来源：笔者绘制。

全球科技创新中心与全国科技创新中心的对比分析见表 1－1。

表 1-1 全国科技创新中心与全球科技创新中心的对比分析

内容 类别	全国科技创新中心	全球科技创新中心
定义	全国科技创新中心作为一个国家和区域范围内的创新中心，拥有强大的科研资源，科技成果转化率高，能带动区域创新体力提升。这些要素必不可少	全球科技创新中心是全球创新要素的集聚地和全球创新网络中的枢纽性节点，对全球创新活动和产业发展具有强大的影响力和辐射力
所处阶段	区域创新型城市发展阶段	全球创新型城市成熟阶段
参照坐标	国家和区域范围内	全球创新网络
内涵特征	对一个国家和区域的创新驱动发展有示范引领力，在带动区域协同创新等方面发挥枢纽和支撑功能	具有影响世界科技创新的核心竞争力，在全球创新链中具有全球引领力、主导力；具有创新驱动发展的示范引领力；具有服务实施国家战略的创新辐射力

资料来源：笔者根据相关文献整理：杜德斌. 全球科技创新中心的兴起. 文汇报，2015-03-19；文汇报编辑部. 全球视野中的科创中心建设及上海战略. 文汇报，2015-05-25.

二、全球创新型城市理论发展脉络

全球创新型城市理论的历史发展进程是一个长期的历史过程，汇聚了近一个世纪的智慧，大体经历了熊彼特的创新理论→国家创新体系→国家竞争优势理论→区域创新理论→国家创新能力的过程（见图 1-2）。

（一）熊彼特的创新理论

1912 年，美籍奥地利经济学家熊彼特在其著作《经济发展理论》中首先提出了“创新理论”概念，用其解释资本主义的本质特征，解释资本主义发生、发展和趋于灭亡的结局。

熊彼特指出，“创新”是新的生产函数的确立，是企业对生产要素的重新组合，主要包括五种类型的创新：产品创新、技术创新、市场创新、资源配置创新、组织创新等。

随后，熊彼特在《经济周期》和《资本主义、社会主义和民主主义》等后续著作中相继对创新理论进行了补充和完善，逐渐形成了以创新理论为基础的创新经济学理论体系。

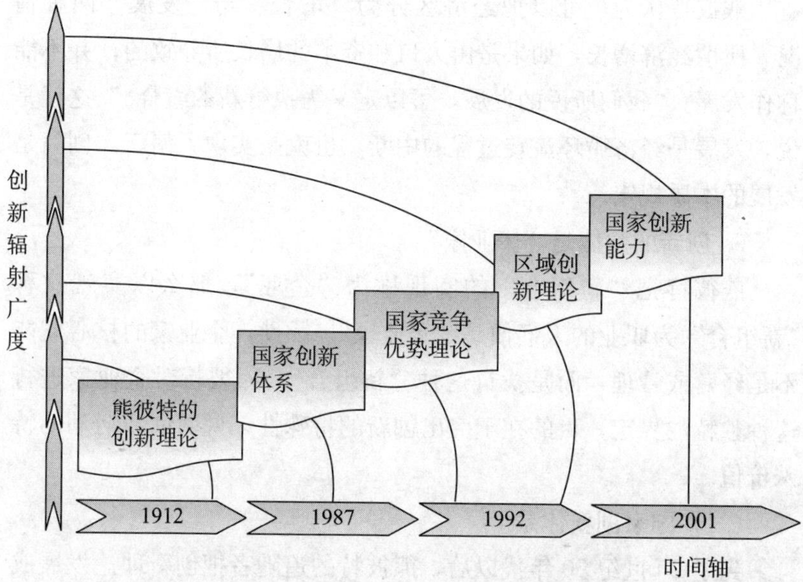

图 1-2　全球创新型城市理论的历史发展进程

资料来源：笔者绘制。

熊彼特的创新理论主要有以下基本观点：

1. 创新是生产过程中内生的

熊彼特指出，我们所说的“发展”是从经济生活内部自行发生的变化，并非从外部强加于它的。

2. 创新是一种“革命性”变化

强调创新的突发性和间断性的特点，主张对经济发展进行“动态”性分析研究。

3. 创新同时意味着毁灭

在竞争性的经济生活中，新组合意味着对旧组织通过竞争而加以消灭，尽管消灭的方式不同。随着经济的发展、经济实体的扩大，创新更多地转化为一种经济实体内部的自我更新。

4. 创新必须能够创造出新的价值

熊彼特强调，创新是新工具或新方法的应用，必须产生出新的经济价值。这对于创新理论的研究具有重要的意义。

5. 创新是经济发展的本质规定

熊彼特认为，可以把经济区分为“增长”与“发展”两种情况。所谓经济增长，如果是由人口和资本的增长所导致的，并不能称作发展。“我们所说的发展，可以定义为执行新的组合。”这就是说，发展是经济循环流转过程的中断，也就是实现了创新，创新是发展的本质规定。

6. 创新的主体是“企业家”

熊彼特把“新组合”的实现称为“企业”，那么以实现这种“新组合”为职业的人们便是“企业家”。因此，企业家的核心职能不是经营或管理，而是执行这种“新组合”。熊彼特对企业家进行这种独特的界定，目的在于突出创新的特殊性，说明创新活动的特殊价值。

（二）国家创新体系

到了 20 世纪 50 年代以后，熊彼特的追随者把创新理论发展成为当代西方经济学的另外两个分支：以技术变革和技术推广为对象的技术创新经济学；以制度变革和制度形成为对象的制度创新经济学，形成了所谓的“新熊彼特主义”。

20 世纪 80 年代末，由技术创新理论又衍生出“国家创新体系”这个全新的概念。1987 年，英国著名技术创新研究专家弗里曼发现，日本在技术落后的情况下，以技术创新为主导，辅以组织创新和制度创新，只用了几十年的时间，就使国家的经济出现了强劲的发展势头，成为工业化大国。在对日本考察、分析的基础上，弗里曼提出了国家创新体系的概念。

弗里曼认为，国家创新体系的要素构成包括政府、企业研究与开发、教育和培训、独特的产业结构。

在弗里曼看来，无论是技术创新还是制度创新，它们均源于人们思想观念的进步与创新。首先是一种新思想的产生，然后是新知识新技术的出现、传播与应用以及新产品的设计、生产。而这种思想指导下的制度安排会反过来影响创新的绩效。在这个系统中，技术创新是核心，其他因素围绕在其周围并发挥各自的作用（如图

1-3所示）。

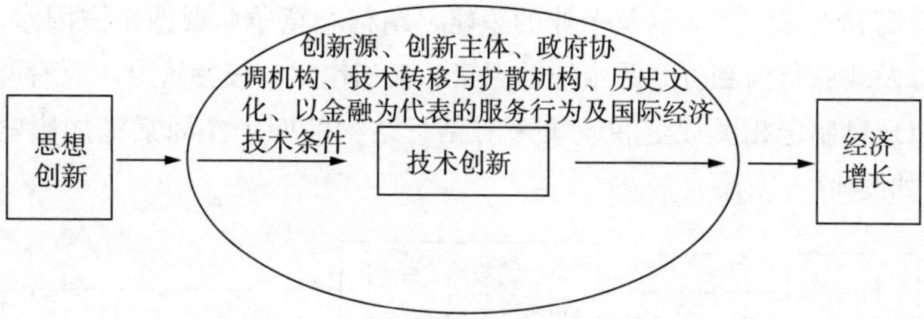

图1-3　弗里曼国家创新体系理论框架

资料来源：林衡博，陈运兴. 弗里曼国家创新体系理论的改进初探. 当代经济，2003（6）：35-36.

除此之外，1996年，经济合作与发展组织（Organization of Economic Cooperation and Development，OECD）在其报告中提出了与弗里曼的定义大致相似的定义："国家创新体系是政府、企业、大学、研究院所、中介机构等为了一系列共同的社会和经济目标，通过建设性地相互作用而构成的机构网络，其主要活动是启发、引进、改造与扩散新技术，创新是这个体系变化和发展的根本动力。"如图1-4所示。

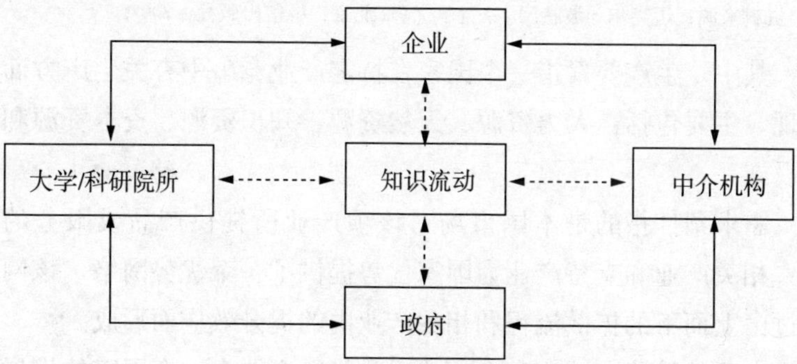

图1-4　OECD国家创新体系结构图

资料来源：林衡博，陈运兴. 弗里曼国家创新体系理论的改进初探. 当代经济，2003（6）：35-36.

（三）国家竞争优势理论

波特在1990年的《国家竞争优势》一书中提出了著名的"钻

石模型”，即一国国际竞争优势受生产要素、需求条件、相关的供应商和支撑性产业以及企业的策略、结构和竞争状况四个主因素，以及政府行为和机会两个辅助因素的互相作用。波特认为，政府可以通过制定相关规定和政策来对钻石结构的四个主因素施加影响（如图 1-5 所示）。

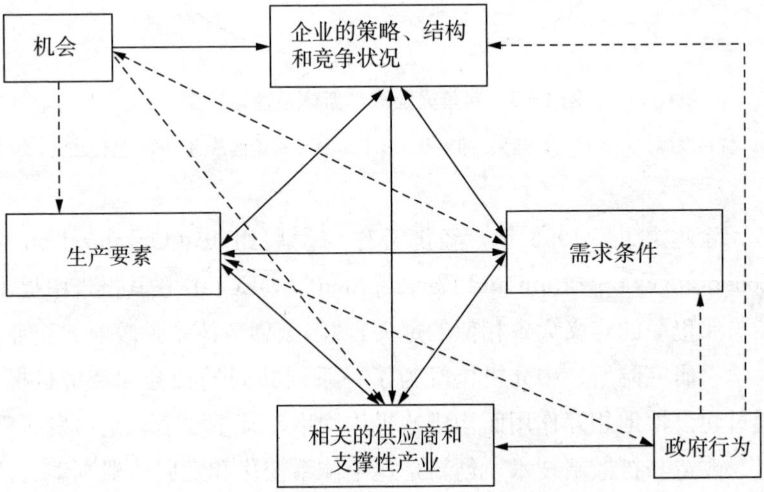

图 1-5 波特“钻石模型”

资料来源：迈克尔·波特．国家竞争优势．北京：中信出版社，2007.

其中，生产要素指一个国家在特定产业竞争中有关生产方面的表现。主要包括：人力资源、天然资源、知识资源、资本资源和基础设施。

需求条件指的是本国市场对该项产业所提供产品或服务的需求；相关产业和支持产业为国家优势提供了一个优势网络，该网络通过由上而下的扩散流程和相关产业内的提升效应而形成。

企业的策略、结构和竞争状况是指：企业在一个国家的发展基础、组织和管理形态，以及国内市场竞争对手的表现。企业怎样创立、组织和管理，国内竞争程度如何，是决定其竞争力的重要因素。

就另外两个辅助因素而言，引发机会的事件一旦出现，产业能否借助这些事件的影响形成和提升产业的竞争优势就显得非常重要。除此之外，政府行为与其他主因素之间具有互动关系，但两者的关系既非正面，也非负面。

（四）区域创新理论

在国家创新体系这个范畴内，又衍生出区域创新理论。区域创新体系概念是由英国卡迪夫大学的库克教授于 1992 年首先提出的，他认为区域创新体系主要是由在地理上相互分工与关联的生产、研究机构和高等教育机构等构成的区域性组织系统，该系统支持并产生创新。国家和区域创新体系的区别与联系如表 1 - 2 所示。

表 1 - 2　区域创新体系与国家创新体系比较

序号	项目	区域创新体系	国家创新体系	备注
1	层次性	中观	宏观	区域创新体系是国家创新体系的子体系
2	产业结构的完整性	以形成优势产业为主	壮大优势产业，扶持弱势产业	
3	创新资源的流动性	区内创新资源流动性好	跨区域创新资源流动有一定障碍	
4	基础研究的重要性	不重要	重要	
5	外交、国防	服从国家统一的国防要求而定	必须进行军事创新活动	

资料来源：顾新. 区域创新系统的内涵与特征. 同济大学学报（社会科学版），2001 (6).

（五）国家创新能力

2001 年，波特和斯特恩在国家竞争优势的基础上，进一步完善了国家创新能力的概念。他们指出，为什么不同国家的创新强度存在差异？创新如何取决于区位条件？一方面，企业和私人部门是最终的创新引擎；另一方面，一个国家公司的创新活动受国家政策以及公众机构的存在和活力度的影响。换言之，创新强度取决于私人部门和公共部门之间的策略互动。当公共和私人部门共同促成了创新的良好环境，才能实现竞争力的进步。

他们认为，国家创新能力取决于三大要素，分别是公共创新基础设施、集群特有的创新环境、公共创新基础设施与单个行业集群之间联系的质量（如图 1－6 所示）。

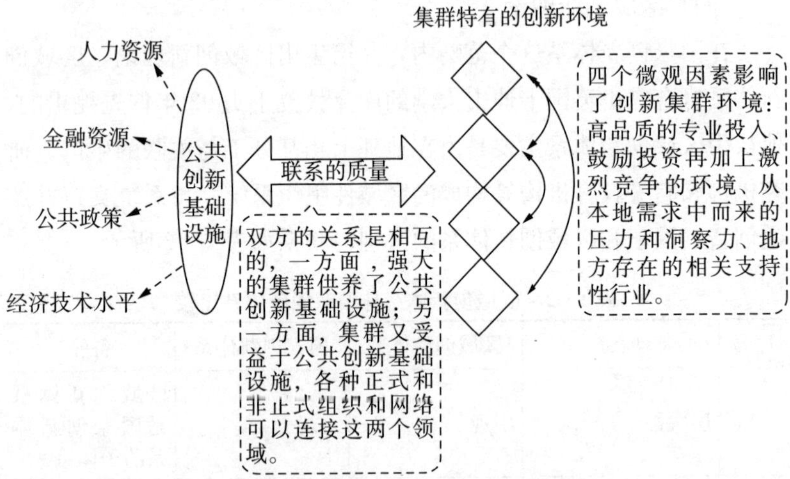

图 1－6　国家创新能力基本模型

资料来源：根据波特和斯特恩的国家创新能力理论整理。

（1）一个国家的公共创新基础设施指一套支持创新的投资和政策体系，包括一个国家致力于科技进步的总体人力资源和金融资源，以及支持创新活动的公共政策和经济技术水平。一个国家公共创新基础设施的基础是它的科学家和工程师“蓄水池”，有助于整个经济的创新。

（2）波特认为，尽管公共创新基础设施是创新的基本条件，但创新最终是公司的商业化行为。创新和新技术的商业化发生在特定的集群环境中，他认为四个微观因素影响了创新集群环境：高品质的专业投入、鼓励投资再加上激烈竞争的环境、从本地需求中而来的压力和洞察力、地方存在的相关支持性行业。

（3）公共创新基础设施与单个行业集群之间联系的质量是指，双方的关系是相互的，一方面，强大的集群供养了公共创新基础设施；另一方面，集群又受益于公共创新基础设施，我们称之为“合作机构”的各种正式和非正式组织和网络可以连接这两个领域。一个特别重要的例子是一个国家的大学制度，它为技术和公司提供了一个特别强大和开放的桥梁。如果两者没有强大的联系，一个国家上游的科学和技术的进步，相比应用于国内而言，可能更快地扩散到其他国家。

三、全球创新型城市实践研究进展

近年来，创建创新型城市已成为世界诸多国家保持竞争力的重要手段，在全球范围内兴起的创新型城市建设热潮，极大地推动了科技发展与经济进步，也给了创新追赶者以借鉴。本节通过研究国际知名科技创新中心或区域的创建过程，总结全球科技创新中心城市在创新要素、政策支撑等方面的成功经验。

按照在建设创新型城市过程中主要驱动力的不同，可以大致将全球创新型城市划分为科技创新驱动型、服务创新驱动型、文化创新驱动型等几类模式，通过研究各类模式下典型创新型城市的发展历程，筛选关键影响因素进行分析，从而得到对北京创建全国科技创新中心的启示。

（一）科技创新型城市：纽约

2001年“9·11”事件后，纽约金融业受到重创，2002年初，时任纽约市长提出纽约应避免过度倚重金融业的发展，提出多元化发展思路，宣布要将纽约从金融中心转型为“创新之都”，其中，硅巷的产生与繁荣是纽约向创意城市转型道路上重要的一笔。

1. 纽约转型过程中的主要政策

最开始，市场对于硅巷的形成起到了决定性的作用。20世纪80年代末，纽约制造业严重衰退，大量制造企业撤出，曼哈顿地区房屋空置率一度高达18.6%，租金下降，大量的新媒体、网络科技、电信、软件开发、金融技术等初创企业开始聚集，形成了最早期的“硅巷”。

随后，政府出台了一系列政策促进硅巷的繁荣（见表1-3）。目前硅巷已成长为一个无边界的高科技园区，拥有众多高科技企业群，已成为纽约经济增长的主要引擎，被誉为继硅谷之后美国发展最快的信息技术中心地带。

表 1-3　纽约政府在推动高科技创业方面的举措

创新主体	举例	创新主体的作用
研究机构群	18 个国家级研究所、65 个州立研究中心、300 所大学	知识扩散和一般研究的执行者，不仅产出最主要的基础知识，而且还是新方法、仪器和有价值的技能的源泉
企业	大企业都设有独立的研发机构	大企业是新产品开发、新技术开发运用的创新主体，也是最具创新活力的群体，由于处于市场的中心地位，因此对技术创新能做出最敏锐、最快速的反应，并且比科研机构和政府具有更大的韧性和灵活性
孵化器与科技园区	52 个孵化器、22 个科技园区	为纽约的技术创新、新产业培育、经济增长以及创造新的就业和福利机会起到了重要的加速器的作用。由纽约当地的孵化器培育的新企业数量占全美企业的 9%～10%
中介机构	资本、信息服务、法律援助、成果转化等	获得风险资本以确保好的创新点子成功进入市场
公共服务部门	纽约州科技与学术研究办公室等各类政府机构	主要功能有：对基础研究和应用研究中的共性技术予以投入，为体系提供良好的机制保障和全面的支持措施，包括立法
金融机构	美国和其他主要国家的 380 家银行，美国 10 大银行中的 4 大银行总部，美国 10 大金融服务公司中的 3 家，纽约证券交易所和美国证券交易所，发达的风险投资市场	金融体制、金融服务和金融政策

资料来源：赵清. 创新型城市的理论与实践分析. 首都经济贸易大学学报，2010 (2)：103-108.

2009 年 2 月，纽约市长迈克尔·布隆伯格宣布将执行“纽约媒体 2020 计划”（Media. NYC2020）。该计划希望能保持纽约全球电视、广告、音乐、报纸、图书出版重镇的领先地位。在传统媒体不断受到冲击的同时，用户生产内容模式、社交网络、游戏产业、移动娱乐产业都在蓬勃发展。布隆伯格管理下的纽约市政府推出了众多举措，包括表 1-4 中的内容。

表 1-4　纽约媒体 2020 计划

创新政策	具体内容
支持科研和人才培养	纽约市经济发展组织（NYCEDC）与哥伦比亚大学、纽约大学联合创立 Media Lab，主要作用是促进科研、技术转化及人才培养。NYCEDC 也提供奖学金项目，与高校开展新媒体人才培训计划
税收、办公空间等全方位财政支持	Media Tech Bond Program 为媒体公司购买新设备、技术、产品提供税收减免，鼓励其进行更新换代。创业公司也有一系列税收优惠等
公开城市部门的公共数据	科技创新人士可通过挖掘大数据，找准社会需求进行创新，举办 NYC BigApps 竞赛，为获奖项目投资
统一宣传公关	纽约制造“Made in New York”项目，为纽约本土的电影、电视、剧院、数字化产品等提供“纽约制造”认证，随后该认证被推广到时尚业和高科技产业。只要在纽约创立的公司，或 75%的公司运营团队在纽约的，就能申请这个认证，其信息会被列在纽约制造数字地图（“Made in New York digital map”）上，这些公司可以统一在该网站公布招聘广告，增加被用户认识的机会
开展“纽约应用科学发展项目”	向全球征集应用科学学院发展计划，到 2011 年 12 月，纽约市政府、康奈尔大学、以色列理工学院已签署了办校协议。纽约市政府捐赠了位于罗斯福岛上的土地，并提供部分资助

资料来源：庄巧祎. 纽约：正在崛起的高科技枢纽. 东方早报，2014-12-09.

2. 关键影响因素与对北京的启示

（1）创建开放的创新环境。

发达的媒体、时尚和金融环境成为纽约创建创新型城市的关键影响因素，这座城市以其多样性、丰富性和对外开放、包容力强著称，在这里，科技更可能与不同产业发生“化学反应”，增加不同行业产生创新的可能性。目前，北京的高等院校资源、媒体资源、金融资源虽然在我国处于领先地位，但与纽约等世界知名大都市相比还存在一定差距，在开放程度方面还需要进一步加强。

（2）加大财政支持力度。

目前，纽约在税收、办公空间等方面对于科技创新型企业提供多方面的财政支持。对于北京创建科技创新中心来说，可以加大财政资金对于小微企业和创业创新的支持力度，鼓励对孵化机构的办公用房、用水用电等给予适当优惠。除此之外，还可以按照税制改革方向和要求，对于孵化器企业以及小微企业发展提供税收优惠政策。

（二）服务创新型城市：特拉维夫

以色列创业之城特拉维夫聚集了整个国家超过六成的种子公司，其创新力度在世界范围内也久负盛名，被誉为“欧洲创新领导者”和“仅次于硅谷的创业圣地”。

1. 特拉维夫转型过程中的主要政策

以色列在建国之初，自然条件恶劣，资源匮乏，这就使得通过科技创新突破自然条件限制、发展高科技产业成为国家发展的出路，所以从 20 世纪 90 年代开始，特拉维夫市政府就将城市定位于发展成以创新为主的国际商业中心，并出台了多方面的服务措施（如表 1－5 所示）。

表 1－5　特拉维夫的创新服务措施

创新政策	具体内容
国家层面维持高研发投入	从 20 世纪 90 年代末至今，以色列一直持续稳定地维持高研发投入，其 R&D 支出占 GDP 的比重一直维持较高数值。2010 年，以色列科研支出占 GDP 的比重为 4.4%，2012 年该数据为 4.2%，在 OECD 成员中居于高位，即便放在全球范围内，这一数值也超过以科技著称的美国、日本和德国。
国家层面设立创新领导机构	首席科学家办公室（the Office of the Chief Scientist，OCS）是以色列科技创新体制中的一个特色建制。目前以色列共设有 13 个首席科学家办公室，主要职能是代表政府帮助社会和企业开展商业性的研究与开发，促进高新技术的发展，为科技人员实现从技术成果到产品产业化提供风险资助。
特拉维夫市将自身定位于服务型政府	出台诸多举措培养城市创新土壤。比如，创业公司提供税收减免优惠，提供一些基础的创业咨询、培训活动，并开放城市中部分公共区域为创业者提供免费的公共办公场地。特拉维夫市政府专门建立了名为 Tel Aviv Startup City 的网站，为在特拉维夫创业的人提供所需信息。政府主导举办特拉维夫创新节以及特拉维夫创业大赛，致力于营造创新环境，吸引来自全球的投资者以及年轻创业者。

资料来源：笔者根据相关文献整理。

2. 关键影响因素与对北京的启示

（1）设置专门负责机构。

目前，特拉维夫有专门的首席科学家办公室编制，目标对象是风险投资较少问及的“种子前公司”，帮助创业者进孵化器，帮助科研机构和产业界建立联系。对于北京来说，可以在健全专门的平台中介服务以促进产学研协同创新方面加大力度。通过这样的机构设置可以协调多方面利益。特别是在北京加大自主创新对于津冀等区域的辐射力度的过程中，需要一个超越地方利益、制度化的正式协调机构进行协调和管理，以实现资源共享、优势互补。

（2）完善投融资机制。

特拉维夫作为以色列创新、创业的主要领导城市，国家资金支持为其创新发展提供了强有力的支撑。对于北京来说，在加大对于科技创新的资金支持力度上，一方面，应加快北京金融管理中心建设，加大政府财政、银行信贷等对于科技创新的支持力度；另一方面，要完善创业投资、多层次资本市场、专利权融资等科技金融服务体系。

（3）发挥政府润滑剂的作用。

在创建科技创新中心的过程中，特拉维夫服务型政府应起到横向连接的关键作用，在政府与企业、高校、研究机构、其他社会服务体系之间起到更好的润滑剂作用，推动整个创新产业链的发展。在北京创建全国科技创新中心过程中，可以在政府机关以及国资委旗下的央企、国企采购方面，有计划地扩大对中小型科技企业创新产品和服务的采购比例，在创新企业的成长壮大时期给予订单支持。

（三）文化创新型城市：伦敦、新加坡

作为老牌的世界金融中心，伦敦发展成为全球知名的文化创意城市，对北京创建科技创新中心具有极大的参考价值。

1. 伦敦转型过程中的主要政策

20 世纪 70 年代末到 80 年代初，由于传统制造业和港口运输业发生了严重衰退，撒切尔主导的英国经济自由化改革给伦敦带来了后工业化时代的经济结构调整机会，金融服务业迅速崛起，代替制造业成为城市新的经济支柱。随后在1997年前后，伦敦完成了近几十年以来第二次重大转型，大力发展文化创意产业，使其成为伦敦仅次于金融业的第二大产业部门。其主要推进措施如表1-6所示。

表1-6　伦敦的文化创意产业措施

创新政策	具体内容
发布一系列文化产业政策，推动文化创意产业发展	2004年发布《伦敦文化之都：实现世界级城市的潜力》，这是其第一份市长文化战略报告，明确提出要在文化层面上将伦敦打造成世界级的文化和创意都市。随后又相继推出《伦敦文化审计》、《市长文化战略》以及《2014文化都市——伦敦市长文化战略》等等。除此之外，为了推动伦敦文化发展战略的顺利实施，伦敦相关政府部门也配合推出一系列政策配套措施，形成了严密的文化产业政策体系。
政府专门成立促进城市创新的领导机构	成立伦敦经济发展局，此后该机构在2004年创立了伦敦创新指导小组，以政府和企业合作的方式运作，广泛汇集重要创意公司、艺术组织和政府部门官员的建议，为伦敦创意产业发展出谋划策。
服务中小企业创新	创建“知识天使”的创新指导网络，组织一批富有创新经验的个人作为“知识天使”，将创新工艺、创新理念提供给中小企业，并协助它们申请创新基金。
税收减免优惠	发布相关税收减免政策以及推出针对小企业创新的相关贷款政策，鼓励中小企业自主研发新产品。

资料来源：笔者根据有关资料整理。

2. 新加坡转型过程中的主要政策

早在20世纪90年代初，新加坡就开始探索实施创新政策。1991年，新加坡政府成立了国家科技局，并开始制定国家科技发展五年计划。新加坡科技发展战略的目标是希望通过科技发展将新加坡建设成为发达国家。1998年，新加坡将创意产业定为21世纪的战略产业，此后在2002年9月，其发布创意产业的发展战略，宣布要建设“新亚洲创意中心”。其主要政策措施如表1-7所示。

3. 关键影响因素与对北京的启示

(1) 加快创新资源流动。

好的创新生态环境是科技创新中心成长发展的基础“土壤”，

而开放理念又是创新生态环境建设的“氧气”。北京创建全国科技创新中心，应该更加开放。在号召大众创业、万众创新的同时，应该充分利用国际先进科技资源，引导各类创新主体加快向国际化进军的速度。创新资源“引进来”、创新成果“走出去”的过程，是国内外创新要素和资源共同发酵成长的过程，只有这样才能共同推进科技创新中心建设。

表 1-7　新加坡创新政策措施

创新政策	具体内容
在政府层面设置专门机构，主抓与创新型城市建设相关的事宜	政府专门设立“研究、创新及创业理事会”，成员既包括企业界人士，也包括学术界以及政府部门成员，作为政府“智囊团”，为国家在研究、创新及创业方面的政策提供咨询。另外，原“生产力与标准局”更名为“标准、生产力与创新局”，该部门的主要任务就是增强中小型企业的创新能力。除此之外，新加坡还设立了“国家研究基金”等相关机构，以资助长期性的策略研究项目。
政府重视教育和人才引进，刺激高层次人才的创新需求	新加坡推出了一系列吸引人才的政策，比如国外人才居住计划、减少就业障碍计划、外籍人士居留权计划、特殊移民计划等，以吸引国内外高层次的科技专家。
政府出台一系列举措资助中小企业发展	建立风险投资基金、推出科技企业家投资基金计划等政策扶持创新产业的发展，除此之外，发起多项融资计划，设法解决小企业融资难的问题。
打造开放的创新环境	新加坡地处马六甲海峡这个全球航运的十字路口，得天独厚的区位优势，加上长久以来东西方文化在该地区融会贯通，更能碰撞出创新火花。政府对于生态环境、创意产业氛围的培育也推动了创新、创意产业的发展。

资料来源：笔者根据相关资料整理。

北京在建设全国科技创新中心的过程中，最为基础的一个环节是对创新人才的培养和吸引。目前北京有全国最为丰富的科研院校资源，在创新人才培养方面有一定优势，但应该探索的是，今后以什么样的方式来发展有利于推动创新的创新教育，刺激人才内在的创新需求。除此之外，在与全球其他知名创新中心竞争的过程中，北京应加大自身在吸引全世界创新人才方面的竞争力，只有形成良性的创新人才培养、引进机制，才能壮大创新活动的“大脑中枢”。

（2）加强创新扩散。

美国学者埃弗雷特·罗杰斯（E M Rogers）提出的创新扩散理论是传播效果研究的经典理论之一，指通过媒介劝服人们接受新观念、新事物、新产品的理论。创新扩散效应可以加速整个社会创新的过程，比如伦敦的“知识天使”的创新指导网络、新加坡的“研究、创新及创业理事会”，起到一个传播创新经验的渠道作用，加快了社会创新系统的创新速度。

北京创建全国科技创新中心，应该加强创新扩散。要发挥中关村国家自主创新示范区在创新扩散、创新辐射方面的作用，为科技创新的扩散提供解决方案和新模式探索。

纵观全球几类主要的创新型城市，从其建设经验中可以得出几大共同点：政府制定完善的发展规划，出台相关政策保障城市科技创新发展等，这些对于北京创建全国科技创新中心提供了借鉴。

第二节　全国科技创新中心的内涵及其理论与实践

创新型城市是开展创新活动、建设创新型国家的重要基地，在创新型城市的基础上建设全国科技创新中心，是城市创新行为发展的高级阶段。建设全国科技创新中心，北京首先要做的是理清全国科技创新中心的内涵，对于北京的现状进行辩证分析。

本节通过研究目前北京、深圳、上海等地创建创新型城市的实践现状，对制约三地发展的瓶颈因素进行梳理，提出适应未来全球科技创新中心发展的政策建议和设想方案。

一、什么是全国科技创新中心

（一）全国科技创新中心的概念

建设全国科技创新中心，需要清晰界定全国科技创新的概念以及基本内涵和特征，才能有针对性地对城市现状进行辩证分析，并为打造全国科技创新中心提出对策措施和建议。

1. 学术界观点

作为新近提出的城市定位——全国科技创新中心的概念和特征，目前在学术界尚未有具体的界定。

伍建民（2014）① 称，全国科技创新中心是指拥有丰富的科技资源、产生大量的创新成果、建立先进的制度机制、形成优良的创新环境，自主创新能力不断提高、科技支撑引领作用突出、创新驱动发展成效显著，在全球科技创新版图中占有重要地位，对全国科技创新具有示范引领和辐射带动作用的城市或区域。

骆建文（2015）② 认为，城市群科技创新中心是指具有密集的科技创新资源、雄厚的科技创新实力、发达的创新文化、浓郁的创新氛围、较强的科技辐射力与带动城市群发展的中心城市，并扮演了新知识、新技术和新产品的创新源地。

杜德斌（2015）③ 认为，全球科技创新中心是指科技创新资源密集、科技创新活动集中、科技创新实力雄厚、科技成果辐射范围广大，从而在全球价值网络中发挥显著增值功能并占据领导和支配地位的城市或地区。作为世界新知识、新技术和新产品的创新源地和产生中心之一，全球科技创新中心是全球创新要素的集聚地和全球创新网络中的枢纽性节点，对全球创新活动和产业发展具有强大的影响力和辐射力。

王战等（2015）④ 认为，具有全球影响力的科技创新中心既是全球领先的创新思想、创新技术的原创地，更是全球领先的创新产品、创新商业模式的先锋实验地。

袁红英、石晓艳（2017）⑤ 表示，创新中心是指创新要素和创

---

① 伍建民. 建设全国科技创新中心的内涵与形势. 前线，2014（10）：91-93.

② 骆建文. 国际城市群科技创新中心建设经验及对上海的启示. 华东科技，2015（3）：64-68.

③ 杜德斌. 全球科技创新中心的空间分布、发展类型及演化趋势. 上海城市规划，2015（1）：76-81.

④ 王战，等. 转型升级的新战略与新对策（上海加快建设具有全球影响力的科技创新中心研究）. 上海社科院，2015-05-01.

⑤ 袁红英，石晓艳. 区域科技创新中心建设的理论与实践探索. 经济与管理评论，2017（1）：134-140.

新活动相对集中的地区。全球或区域性科技创新中心在人才、资金、技术和信息等方面对全球或区域具有一定的影响力、引领能力和带动作用，是国家科技综合实力和创新竞争力的体现。

张健、王博、崔杰、吕元、谭鲁渊（2017）① 认为，一个城市作为科技创新中心需要具备以下几个基本特征：一是丰富的科技创新资源，包括人才储备、高校及科研机构、尖端技术、创新资本等等；二是良好的科技创新环境，主要包括集聚、高频的科技创新活动，开放、包容的创新文化氛围，便利的交通和开放的市场；三是广泛的科技创新影响，包括对本地区经济发展的带动作用、对周边地区和国家的辐射引领作用、对当地产城融合的促进以及对大众创新创业的支持。

黄晨、冯华（2018）② 从创新链的视角出发，认为科技创新中心是新知识、新技术和新产品的创新源地和产生中心。科技创新中心包括科学创新中心、技术创新中心以及产业创新中心三个有机组成部分。科学创新中心是指科技创新中心要作为新知识、新思想的发源地，能够在基础研究领域取得突破性进展，并在一定空间尺度范围内占有学术研究上的领先优势。技术创新中心指的是科技创新中心成为技术创新的策源地，并承担技术商品化和技术资本化的平台职能。产业创新中心是指高新技术产业集聚发展的区域，是新产品、新产业、新经济的策源地。产业创新是科学创新、技术创新的最终指向，是科技成果投入市场实现规模化应用的产出环节。

2. 本书界定

综合来说，与全球创新型城市相同的是，全国科技创新中心作为一个国家和区域范围内的创新中心，拥有强大的科研资源、科技成果转化率高、能带动区域创新体力提升，这些要素必不可少。与全球创新型城市不同的是，全国科技创新中心同时又是全球创新网

① 张健，王博，崔杰，吕元，谭鲁渊. 北京：城市总体规划实施评估科技创新指标研究. 北京规划建设，2017（5）：91-95.

② 黄晨，冯华. 科技创新中心形成的影响因素研究. 北京交通大学学报（社会科学版），2018（3）.

络中的节点性城市，通过创新资源流动与创新成果持续性转化，在全球创新网络中起到创新枢纽作用。

目前，北京创建全国科技创新中心，既要在全国创新网络中成为创新源头城市，更要在全球创新网络中成为节点性的创新枢纽城市。

（二）全国科技创新中心的基本内涵和特征

综合以上分析，笔者认为，全国科技创新中心既能对科技创新资源进行优化配置，有强大的自主创新能力、突破能力，又能高效促进科技成果的转化和产业化，在全国范围内具备科技创新的核心竞争力，是引领未来城市发展和区域进步的创新中心性城市。其基本内涵应该包括以下五个方面：具有集聚全球高层次创新资源的能力；具有培育并建立在全国范围乃至全球范围内能产生影响力的领先的高科技研发中心的能力；具备为科技企业以及科技成果发展提供多方融资的能力；具有集聚一批影响全球科技进程的高科技企业的能力；具有将科技成果辐射至全国，形成巨大创新效应的能力。

除此之外，全国科技创新中心还应具有以下特征：

1. 完整的产学研链条

有一批致力于科技创新的企业，并有大学、科研机构作为技术创新源和知识库，形成完整的产学研创新链条。

2. 优质的创新环境

创建科技创新中心，应该要留住高科技人才，所以，科技创新中心首先应该是创新人才集聚中心。除此之外，城市应有独特的创新文化，鼓励和激发整个城市对科技创新的需求，催化城市创新的进一步发展。

3. 强大的创新辐射能力

能持续为区域和国家输出人才及先进技术，引领整个国家的技术进步。

4. 完善的创新投融资体系

充足的资金是高新技术产业发展的基础，更是全国科技创新中心建设的重要保障。从全球科技创新中心发展的案例可以看到，美国硅谷、以色列特拉维夫针对高科技初创企业的风险投资产业发达，为该地区高科技产业的发展、高科技成果的转化起到了关键作用，所以，全国科技创新中心中，必须有完善的风险投资体系。

二、全国科技创新中心提出的背景

北京在2014年被国家赋予全国科技创新中心定位，这个定位的提出过程并非一蹴而就，此前，早在2003年前后，我国就开始酝酿提出创新型国家战略，此后，随着国家间竞争逐渐加剧，北京也有自身的转型需求，一系列国内外的背景变化促成了全国科技创新中心的提出。

（一）创新型国家战略的提出

我国创新型国家战略从酝酿到提出共经历了四大阶段，共同推进了全国科技创新中心定位的提出。

1. 第一阶段：创新型国家战略酝酿阶段（2003—2004年）

2003年10月，中共十六届三中全会在北京举行，会议提出，要深化科技教育文化卫生体制改革，创新工作机制，营造实施人才强国战略的体制环境，加快国家创新体系建设，构建现代国民教育体系和终身教育体系，促进文化事业和文化产业协调发展，提高公共卫生服务水平和突发性公共卫生事件应急能力。

2004年2月，在北京举行的国家科学技术奖励大会上，温家宝表示，当今世界，综合国力的提升和竞争，愈益取决于科学技术的进步。我国要走出一条科技含量高、经济效益好、资源能耗低、环境污染少、人力资源得到充分发挥的新型工业化路子，促进经济社会的全面、协调、可持续发展，实现2020年翻两番的目标，比以往任何时候都更加需要强有力的科技支撑。我们要立足全局，精心规划，加大投入，深化改革，加快科技事业的发展。①

2004年6月，中国科学院第十二次院士大会、中国工程院第七次院士大会在京开幕，胡锦涛强调，必须坚定不移地实施科教兴

① 温家宝. 我国比以往任何时候都更需要强有力的科技支撑. 新华网，2004-02-20.

国战略，大力推进科技进步和创新，进一步发挥科学技术对经济社会全面发展的关键性作用。胡锦涛指出，世界科学技术酝酿着新的突破，一场新的科技革命和产业革命正在孕育之中。新的形势和任务对中国科技界提出了更高的要求。广大科技人员要肩负起光荣而艰巨的历史使命，为进一步推进中国科技事业的发展，为全面建设小康社会、加快推进社会主义现代化贡献智慧和力量。①

2004 年 12 月 27 日，在中共中央政治局进行的第十八次集体学习中，胡锦涛强调，要坚定不移地树立和落实科学发展观，坚定不移地实施科教兴国战略，充分发挥科技进步和创新在经济社会发展中的巨大作用，更好地推进我国社会主义现代化建设。②

2. 第二阶段：创新型国家战略明确提出阶段（2005—2006 年）

2005 年 10 月，中共十六届五中全会通过了《中共中央关于制定国民经济和社会发展第十一个五年规划的建议》。

党的十六届五中全会把提高自主创新能力、建设创新型国家作为“十一五”时期的主要任务之一。这是党中央从我国经济社会发展全局出发作出的重大决策，是对未来五年乃至今后较长时间我国科技发展和产业结构优化升级作出的重大战略部署。全面落实这一战略任务，对于实现我国“十一五”时期经济社会发展规划，进而实现全面建设小康社会的宏伟目标，具有重大意义。③

2006 年 1 月 9—11 日，在北京召开的全国科学技术大会上，中共中央国务院发布了《关于实施科技规划纲要 增强自主创新能力的决定》，对科技规划纲要进行了全面部署，推进提高自主创新能力、建设创新型国家战略的实施。④

胡锦涛在全国科学技术大会上指出，要坚持走中国特色自主创新道路。他还指出，要把提高自主创新能力摆在全部科技工作的首位，在若干重要领域掌握一批核心技术，拥有一批自主知识产权，

① 胡锦涛出席两院院士大会 强调坚持科教兴国战略. 中国新闻网，2004 - 06 - 02.

② 胡锦涛在政治局集体学习时强调：充分发挥科技进步和创新的巨大作用. 新华网，2004 - 12 - 29.

③ 大力提高自主创新能力，建设创新型国家. 求是，2005（24）.

④ 2006 年全国科技大会提出自主创新、建设创新型国家战略. 新华网，2010 - 01 - 18.

造就一批具有国际竞争力的企业，大幅度提高国家竞争力。①

2006 年 2 月 9 日，国务院发布《国家中长期科学和技术发展规划纲要（2006—2020 年）》。该《纲要》是指导中国今后一段时期科学技术发展的重要文件。《纲要》提出，到 2020 年，我国科学技术发展的总体目标是："自主创新能力显著增强，科技促进经济社会发展和保障国家安全的能力显著增强，为全面建设小康社会提供强有力的支撑；基础科学和前沿技术研究综合实力显著增强，取得一批在世界具有重大影响的科学技术成果，进入创新型国家行列，为在本世纪中叶成为世界科技强国奠定基础。"

3. 第三阶段：创新型国家战略提速阶段（2007—2013 年）

"十一五"是围绕创新型国家建设的战略起步期，2007 年，党的十七大报告指出："提高自主创新能力，建设创新型国家。这是国家发展战略的核心，是提高综合国力的关键"。

2012 年 9 月，中共中央、国务院印发了《关于深化科技体制改革加快国家创新体系建设的意见》称，抓住机遇大幅提升自主创新能力，激发全社会创造活力，真正实现创新驱动发展，迫切需要进一步深化科技体制改革，加快国家创新体系建设，并对深化科技体制改革、加快国家创新体系建设作出重要部署。

2012 年 11 月修订的《中国共产党章程》指出，要"促进工业化、信息化、城镇化、农业现代化同步发展，建设社会主义新农村，走中国特色新型工业化道路，建设创新型国家"。

与此同时，党的十八大明确提出"科技创新是提高社会生产力和综合国力的战略支撑，必须摆在国家发展全局的核心位置。"强调要坚持走中国特色自主创新道路、实施创新驱动发展战略。

2013 年 9 月 30 日，中共中央总书记习近平在主持中共中央政治局以实施创新驱动发展战略为题的第九次集体学习时强调，实施创新驱动发展战略决定着中华民族的前途命运，全党全社会都要充分认识科技创新的巨大作用，敏锐把握世界科技创新发展趋势，紧

① 胡锦涛在全国科学技术大会上的讲话. 新华网，2006-01-09.

紧抓住和用好新一轮科技革命和产业变革的机遇，把创新驱动发展作为面向未来的一项重大战略实施好。

4. 第四阶段：创新型国家战略加速建设阶段（2014 年至今）

从 2014 年至今，北京、上海已经在加速科技创新中心建设，成为推动创建创新型国家战略的前沿城市。国内其他重要城市也都相继提出了相应的科技创新建设目标。

2014 年 2 月，中共中央总书记、国家主席、中央军委主席习近平在北京市考察工作时就推进北京发展和管理工作提出了五点要求，其中之一就是要明确城市战略定位，坚持和强化首都全国政治中心、文化中心、国际交往中心、科技创新中心的核心功能，深入实施人文北京、科技北京、绿色北京战略，努力把北京建设成为国际一流的和谐宜居之都。

2014 年 5 月 22—24 日，习近平总书记在上海考察时提出，上海要努力在推进科技创新、实施创新驱动发展战略方面走在全国前头、走在世界前列，加快向具有全球影响力的科技创新中心进军。

随后北京、上海都相继出台了相关政策意见，此外，武汉也提出创建具有全球影响力的国家创新型城市。2015 年 7 月，武汉发布《市委市政府关于加快推进全面创新改革建设国家创新型城市的意见（草案）》等政策文件，提出了武汉建设国家创新型城市的“三步走”奋斗目标：到 2020 年，形成具有全球影响力的国家创新型城市的基本框架；到 2030 年，形成具有全球影响力的国家创新型城市的核心功能；到 2049 年，全面建成具有全球影响力的综合性、开放式的国家创新型城市。

除了主要城市在加快创新型城市建设布局外，政府机关也密集出台了相关指导文件。

2015 年 3 月，中共中央、国务院颁布《关于深化体制机制改革加快实施创新驱动发展战略的若干意见》，指出要把科技创新摆在国家发展全局的核心位置。面对全球新一轮科技革命与产业变革的重大机遇和挑战，面对经济发展新常态下的趋势变化和特点，必须深化体制机制改革，加快实施创新驱动发展战略。

5. 创新型国家战略对全国科技创新中心建设的推动

从2003年至今，我国对于创新型国家战略经历了酝酿阶段，到明确提出阶段，再到提速阶段，进一步到加速建设阶段，创新驱动发展比以往任何时候都更频繁地被提及，科技创新成为提高社会生产力和综合国力的战略支撑。在这个背景下，北京建设全国科技创新中心的提出，正是紧紧抓住推进科技创新的重要历史机遇、推动创新型国家建设的必然选择。

（二）国家间创新竞争加剧

国家间创新竞争加剧，既反映在发达国家对于创新的政策支撑力度上，也在尖端科技创新领域有重大体现。

1. 国际知名城市创新加速

在全球创新浪潮的推动下，新财富创造与经济持续增长成为全球诉求。不仅是我国在积极部署提高科技创新能力，纵观全球，许多国家都把强化科技创新作为国家战略。

特别是2008年国际金融危机以来，全球重要城市纷纷转向塑造创新功能，加大财政对于科技研发的投入，提前部署和发展前沿技术及战略产业，致力于增强国家创新能力和国际竞争力。

（1）纽约打造“创新之都”。

2011年，美国纽约市长迈克尔·布隆伯格表示，纽约市正在努力构建一个新的高科技产业园区，将帮助该市超越硅谷，成为世界科技行业的“创新之都”。

（2）伦敦建设欧洲创意中心。

目前，英国已成为全球文化创意产业占GDP比重最大的国家，形成了以伦敦和曼彻斯特为基地的欧洲两大创意中心。英国自20世纪90年代开始发展文化产业起，就强调用政策来打造“创意”，推动文化产业发展。1997年，英国政府提出创意产业理念，其内容涵盖了广告、建筑、艺术、古玩、工艺品、设计、影视、广播、软件、电脑服务、音乐、表演艺术、出版等13个文化产业，成为全球第一个推出文化创意产业的国家。经过多年的发展，文化创意产业已成长为英国仅次于金融服务的第二大产业，每年创造超过7%的国内生产总值，其年均增速达5%以上，远高于其他产业。①

（3）汉堡打造欧洲创新之都。

汉堡是德国经济实力最强、最具活力的地区之一，也是德国最早实施积极的集群战略以拉动经济增长和就业的联邦州之一。汉堡州政府很早就意识到，知识创新对于地方经济增长和社会进步至关重要，而如果能够将企业、高校和科研机构纳入一个协同合作的网络，就可以高效地实现知识创新过程。出于这一认识，1997年，汉堡启动了德国首批集群倡议计划。2002年，汉堡进一步将集群政策提升为政府工作的主导理念，并纳入了本州的创新科技战略中，旨在将汉堡打造成欧洲创新之都。②

（4）新加坡推出“智慧国家2025”。

2014年，新加坡政府公布“智慧国家2025”的10年计划。这份计划是之前“智能城市2015”计划的升级版。新加坡曾在2006年公布“智能城市2015”计划，其目标包括：到2015年，通信行业价值实现翻一番，达到260亿新加坡元（1新加坡元约合5元人民币）；该行业出口收入增长3倍至600亿新加坡元；增加8万个工作岗位；使九成家庭使用宽带，学龄儿童家庭电脑拥有率达到100%等。③

2. 国家间创新竞争重点领域

近年来，全球经济竞争格局正在发生重大调整，全球主要国家纷纷推出高科技创新计划，以抢占新一轮竞争制高点。以下为国家间创新的重点竞争领域：

（1）智能机器人领域。

2013年，美国机器人协会联合麻省理工学院（MIT）、卡内基梅隆大学（CMU）、加州大学伯克利分校、宾夕法尼亚大学发布机

---

① 王涛. 英国：“创意”推动文化产业发展. 经济日报，2011-11-17.

② 伍慧萍. 从汉堡的产业集群战略看德国地方政府的科技创新. 文汇报，2015-07-17.

③ 王天乐，等. 新加坡推出“智慧国家2025”智能城市计划. 人民日报，2014-08-19.

器人发展规划路线图，对制造业、医疗服务、服务、空间探索、国防五大领域的机器人发展作了详细的规划。①

2014 年，英国发布《机器人 RAS 2020 战略》。英国政府技术战略委员会已经拨款 6.85 亿美元作为下一年的发展基金，其中 2.57 亿美元将用于发展机器人和自主系统（RAS）。英国政府希望通过《机器人 RAS 2020 战略》，使其能够在 2025 年获得届时估值约 1 200 亿美元的全球机器人市场 10%的份额。②

2015 年初，日本发布《机器人新战略》，提出三大目标：成为世界机器人创新基地，成为世界第一的应用国家，引领产业发展。日本在 2014 年的制造业白皮书中的主基调是提出发展机器人，而在 2015 年制造业白皮书中强调大数据、物联网、软件的重要性，机器人、大数据、物联网和软件技术都是日本制造业关注的领域。③

（2）智能制造领域。

2013 年，德国推出“工业 4.0”项目，主要分为智能工厂、智能生产、智能物流三大主题，涉及生产物流管理、人机互动以及 3D 技术在工业生产过程中的应用、物联网等技术。

2015 年 5 月，中国提出了我国制造业的十个重点发展领域：新一代信息技术、高档数控机床和机器人、航天航空装备、海洋工程装备及高技术船舶、先进轨道交通装备、节能与新能源汽车、电力装备、新材料、生物医药及高性能医疗器械、农业机械装备。

（3）高端医疗技术。

2015 年 1 月 20 日，美国总统奥巴马在国情咨文演讲中宣布了一个新项目——精准医疗计划（Precision Medicine Initiative），并从 2016 年财政预算中为精准医疗项目划拨 2.15 亿美元经费。

从 2012 年至 2020 年，中国政府计划投入 100 亿元人民币来推

---

①② 重估中国制造：变革与创新，强国制造乘风破浪——机械行业 2015 年中期投资策略. 长江证券，2015-07-08.

③ 龚晓峰. 在新技术潮流下努力追赶欧美 日本制造业白皮书透露啥信息. 赛迪网，2015-06-23.

动医疗科技产品的研发，这其中包含面向本土企业的资金支持。此外，科技部已将全力推动本土企业在影像诊断设备等细分市场的发展作为重要目标纳入十二五规划当中。①

2014 年 7 月 22 日，日本政府公布了《健康医疗战略》，要求利用日本最尖端的医疗技术，建设健康长寿社会。该战略提出，要将研究重点放在癌症、感染症和老年痴呆症上，要促进大学等单位将有关基础研究成果转化为新药和新型医疗器械，并早日实用化。

（4）新能源研发和推广。

2015 年 8 月 3 日，在美国白宫宣布其气候变化创新项目行政指令时，奥巴马总统宣布了新《清洁能源计划》，旨在到 2030 年将美国电厂的碳污染降低为 2005 年的 32%。

自 1990 年起，德国开始逐步建立可再生能源的政策体系。1991 年德国制定了《电力入网法》，强制要求公用电力公司购买可再生能源电力，奠定了全球可再生能源发展最为重要的强制入网原则，德国开始进入可再生能源的规模化发展阶段。2000 年德国正式颁布《可再生能源法》（EEG），其核心是建立可再生能源发电的固定上网电价（feed-in tariff）制度，对推动风电、太阳能光伏等可再生能源的发展发挥了决定性的作用。此外，EEG 还建立了可再生能源发电的成本分摊制度，运营商承担可再生能源电厂到电网的接网费用，电网公司负责电网的改造、升级费用，并负责可再生能源上网电量的整体平衡，在全网范围内分摊可再生能源发电的高成本。②

（5）新材料技术前沿。

2011 年 6 月底，白宫发布了美国国家科学技术委员会起草的《“材料基因组计划”（Materials Genome Initiative，MGI）白皮书》。白皮书提出，要实现材料领域发展模式的转变，把新材料研发和应用的速度从目前的 10～20 年缩短为 5～10 年。

---

① 罗英，等. 制胜日新月异的中国医疗科技市场. 波士顿咨询公司，2014-10.

② 德国新能源发展大盘点. http://www.cpnn.com.cn/sd/gj/201501/t20150109_776732.html.

2014 年 6 月 20 日，美国白宫科学技术政策办公室（Office of Science and Technology Policy）发布了《材料基因组计划战略规划》（Material Genome Initiative Strategic Plan），为材料基因组计划的发展指明了方向。

新材料产业是国民经济的先导产业，中国高度重视，近年先后发布了《关于加快培育和发展战略性新兴产业的决定》《“十三五”国家战略性新兴产业发展规划》，旨在促进高端装备与新材料产业突破发展，引领中国制造新跨越。《中华人民共和国国民经济和社会发展第十四个五年规划和 2035 年远景目标纲要》继续把新材料作为核心产业构筑战略性新兴产业体系的重要支柱。

3. 国际创新竞争促使全国科技创新中心建设

创新和科技永远是第一生产力。进入 21 世纪以来，以信息技术为代表的新科技革命席卷全球，在经济和社会层面酝酿着新的重大突破，加快科技成果转化。为应对新一轮科技革命，加快我国创新型城市建设，提高自主创新能力成为我国应对竞争的紧迫之举。而建设全国科技创新中心，集中体现国家综合科技实力，成为我国应对新一轮科技革命的客观需要。

（三）我国经济发展进入新常态

当前，我国经济发展进入新常态，在新的发展阶段，经济开始由高速增长转向中高速增长。

2014 年 5 月，习近平总书记在河南考察工作时首次提出新常态概念，他表示：“我国发展仍处于重要战略机遇期，我们要增强信心，从当前我国经济发展的阶段性特征出发，适应新常态，保持战略上的平常心态。”随后在 2014 年 11 月 9 日的亚太经合组织工商领导人峰会上，习近平在演讲中首次系统阐述了新常态概念。习近平认为，“中国经济呈现出新常态”，有几个主要特点：速度是“从高速增长转为中高速增长”，结构是“经济结构不断优化升级”，动力是“从要素驱动、投资驱动转向创新驱动”。①

① 习近平首次系统阐述“新常态”. 新华网，2014－11－10.

对于北京创建科技创新中心来说，新常态将带来新的发展机遇：

● 经济结构的大幅度调整刺激北京集中力量发展高精尖产业，加大创新驱动力度，提高经济发展的效率与质量。

● 体制机制改革带来新活力。新常态下，北京全面深化体制机制改革，必将成为经济社会发展的最大活力。

（四）新常态下亟须科技创新中心建设发挥引领作用

目前我国处于经济增速放缓，经济结构优化升级，增长动力从要素驱动、投资驱动转向创新驱动的新常态，但不容置疑的是，我国经济长期向好的基本面并没有发生改变，需要由创新驱动激发起来的经济增长动力和活力来持续推动我国经济继续保持中高速增长。也就是说，在经济发展新阶段，在经济传统支撑力量逐步后劲不足之时，就需要寻找新的发展引擎，在这个背景下，创建一批创新型城市是提供国家新型增长动力的长远战略。北京建设全国科技创新中心就是要发挥引领作用，带动全国各地创新型城市的发展，成为推动国家经济稳定发展的持续创新源和动力源。

（五）北京处于经济转型期

从新中国成立至今，北京在探索自身经济转型的漫长历程中，经历了几个重要阶段：

1. 1949—1980 年：粗放型经济增长阶段

新中国成立后，为了发展北京经济，重工业快速上马发展，这让北京的经济中心地位迅速夯实。

1953 年，北京市提出了把首都建设成为我国强大的工业基地和技术科学中心的设想，明确“首都应该成为我国政治、经济和文化的中心，特别要把它建设成为我国强大的工业基地和科学技术的中心”。中央批复，赞成“首都应该成为我国政治、经济和文化的中心”，不赞成把北京建成“强大的工业基地”的设想。1958 年再次确认北京作为我国政治中心、文化教育中心、现代化工业基地和科学技术的中心的定位。1973 年《北京市建设总体规划方案》提出，要“把北京建成一个具有现代工业、现代农业、现代科学文化和现代城市设施的清洁的社会主义首都”。到 1978 年，北京建成了门类比较齐全的工业体系，冶金、化工、纺织、重型机械制造加工等产业成为其支柱产业。①

2. 1981—1994 年：由粗放型向集约型调整阶段

1983 年《北京城市建设总体规划方案》确定北京城市性质为“全国的政治中心和文化中心”，不再提“经济中心”和“现代化工业基地”。1992 年编制的《北京城市总体规划（1991 年至 2010 年）》设定城市发展目标是进一步加强全国政治中心和文化中心功能，建设全方位对外开放的国际城市，成为文化教育和科学技术最发达、道德风尚和民主法制建设最好的城市；建立以高新技术为先导，第三产业发达，产业结构合理，高效益、高素质的适合首都特点的经济。1980 年后十余年，北京结束了长期片面发展工业的局面，产业结构得到调整，服务业比重迅速增加，1994 年第三产业比重首次超过第二产业，经济结构调整取得明显进展。②

3. 1995—2013 年：集约型经济增长阶段

这期间，北京形成了以第三产业为主导的经济格局。2014 年北京第三产业占 GDP 的比重达到 77.9%，服务型经济特征更加明显。实际从 2005 年起，北京市开始疏导高耗能、高耗水、高污染企业的退出，2010 年，北京首钢涉钢业务全面停产并迁出北京，为北京经济转型描出关键一笔。随后，北京多次对市内工业进行梳理精简，2013 年，北京正式发布《2013 年工业行业退出指导目录》，该目录涉及石化化工、钢铁、建材等十多个行业。

2008 年北京坚持贯彻“绿色奥运、科技奥运、人文奥运”理念，是北京奥运会、残奥会成功举办的关键。事后，北京市政府认真总结奥运会成功经验，发展人文、科技、绿色三大理念，努力建设“人文北京、科技北京、绿色北京”，有力推动首都经济社会又好又快发展。③ 2013 年开始，北京进一步加快转变经济发展方式，

① 陈志楣. 首都特色的发展战略演变. 前线，2014（5）.

② 李国平. 北京经济转型的特点与对策. 前线，2013（1）.

③ 刘淇. 建设“人文北京、科技北京、绿色北京”. 求是，2008（23）.

转变经济发展方式的根本在于实施创新驱动战略。北京抓住国务院关于调整中关村空间规模和布局批复契机，持续推进先行先试，强化企业的创新主体地位，加快建设中关村科学城、未来科技城，努力形成两城两带、一区多园、各具特色的高端产业发展格局，构建以企业为主体的技术创新体系。①

4.2014 年至今：自主创新型经济增长阶段

随着城市规模日益扩大，北京人口、资源环境与经济增长之间的矛盾开始凸显，北京在推进经济转型和产业结构优化升级的同时，向“高精尖”方向优化升级成为首选。

2014 年 2 月习近平同志在北京考察期间，明确了北京的城市战略定位：坚持和强化首都全国政治中心、文化中心、国际交往中心、科技创新中心的核心功能，提出深入实施人文北京、科技北京、绿色北京战略，努力把北京建设成为国际一流的和谐宜居之都。随后出台《北京技术创新行动计划（2014—2017 年）》和《关于进一步创新体制机制加快全国科技创新中心建设的意见》，启动实施两类重大专项，以技术创新支撑解决首都可持续发展和保障民生的重大科技问题，培育和带动相关产业发展。大力发展新一代移动通信、数字化制造、生物医药、轨道交通、能源结构、先导与优势材料、现代服务业等，引领产业转型升级、高端发展。强化首都城市战略新定位、深化科技体制改革。

除此之外，京津冀协同创新也在抓紧进行。2014 年，北京市聚焦天津滨海新区、曹妃甸区、新机场临空经济区、张承生态经济区等 4 个战略合作功能区，重点围绕体制机制改革、区域创新合作、创新资源开放共享等方面进行部署推动。推动京津冀签署战略研究框架合作协议，联合开展协同创新发展战略研究、基础研究，打造创新发展战略高地。

2015 年北京市科技工作会议提出，北京要着力推进全面深化改革，加快推动以科技创新为核心的全面创新，落实“北京技术创

① 北京市长王安顺：未来要在经济转型上有新作为. http://www.chinanews.com/gn/2013/03-04/4612667.shtml.

新行动计划”，加快构建“高精尖”经济结构，建设创新共同体，促进京津冀协同发展，优化创新驱动发展环境，激发全社会创新创业活力。[①] 2017 年出台《北京加强全国科技创新中心建设重点任务实施方案（2017—2020 年）》，聚焦“三城一区”建设、对接重大科技计划、推进全面创新改革与中关村先行先试、集聚培养顶尖人才、构建京津冀协同创新共同体、推进科技成果转化六大任务，加强全国科技创新中心建设。[②] 2018 年出台《北京加强全国科技创新中心建设重点任务 2018 年工作方案》，推进全国科技创新中心建设工作的具体化部署。

5. 全国科技创新中心建设促进北京转型

新中国成立以来，北京经历了几次重大转型，从大力发展工业化，到由第二产业到第三产业转变的服务化转型，再到强调创新驱动的科技创新中心建设转型，这几次转型都与当时的社会经济大环境契合，是经济增长动力转换的正常阶段性演进。从 2014 年起，我国赋予北京全国科技创新中心定位，既是在国家经济发展进入新阶段的情况下国家实施创新驱动发展战略的要求，也是北京推动转型发展的迫切需要。

三、全国科技创新中心的理论发展

10 余年来，全国科技创新中心相关理论的发展经历了三个主要的阶段：

（一）理论兴起阶段：2001—2010 年，提出科技创新中心相关概念

这一阶段的研究以提出概念为主。

1. 国际产业研发中心

杜德斌在其主持的上海科技发展研究基金软科学研究项目报告

① 2015 年北京市科技工作会议召开. http://www.most.gov.cn/dfkj/bj/tpxw/201503/t20150305_118427.htm,2015-03-05.

② “一图读懂”这一年，北京全国科技创新中心建设全面提速！北京日报，2018-07-02.

中率先提出国际产业研发中心的概念，认为“国际产业研发中心”是指一个城市或地区集聚众多的跨国公司全球性和区域性的研发机构，因而成为世界新产品和新技术的创新源地。①

2. 国际研发中心

2004 年，北京工业大学黄鲁成教授提出了“国际研发中心”的概念，他认为国际研发中心就是国际研发资源与活动的聚集区域，这种国际研发中心可以集聚大量的高成长公司，可以带动周边地区经济的发展，可以克服周边资源贫乏、市场规模小的发展“瓶颈”，有利于吸引人才，获取科技信息，发展服务业，也有助于促进所在地区高技术产业的发展。

3. 创新型城市

另外，值得一提的是，在这 10 年中，关于创新型城市的研究繁多。

杨冬梅等（2006）② 指出，创新型城市是城市发展理念和模式的一种创新，具备强烈的时代特征。创新性、系统性、内生性、可持续性、集聚性和开放性是创新型城市的本质特征。创新型城市的目标在于实现三个根本转变：第一，实现从城市的传统发展观向科学发展观的根本转变；第二，实现城市经济增长方式由要素和投资驱动向创新驱动的根本转变；第三，实现从不平衡发展向和谐、协调发展的转变。

4. 大学科技园区

关于中关村等高科技园区以及国内外知名科技园区的研究成果也十分丰富。

李红升（2003）③ 认为，高技术产业在特定地域上的高度聚集就形成了所谓的高技术产业园区。当然，高技术产业园区的形成除了市场力量的推动外，还可能是政府有意识推动的结果。硅谷是在

---

① 杜德斌，等. 上海创建国际产业研发中心的战略研究. 科学学与科学技术管理，2005（4）.

② 杨冬梅，等. 创新型城市：概念模型与发展模式. 科学学与科学技术管理，2006（8）.

③ 李红升. 关于中关村科技园区的经济分析. 中国工业经济，2003（7）.

一种完全自发的状况下形成的，可以看成是完全的市场竞争演化的结果，而像中国的中关村科技园区，则是市场演进和政府有意引导共同作用的结果。

李红升（2003）[①] 指出，政府的干预无疑加快了高技术企业向中关村地区的聚集，从而有利于形成集聚所产生的规模效应。但是，这也会带来某些负面效果，那就是中关村科技园区必须人为地划定行政边界，而不是由市场的自动扩展来决定园区的地理边界，否则，就无法制定和实施特殊的制度安排和歧视性的产业政策。

大学科技园的实质是创新网络，是创新资源富集并且得到活化的区域创新网络，所以，它能够依附于大学但却又构成区域经济的内在组成部分，并成为区域经济的重要生长点。大学科技园技术创新与一般企业技术创新相比，其特色在于技术创新主体主要通过大量创新型企业的创业过程来实现。企业创业过程中创新主体的阶段转移，就要依靠区域创新体系的存在才得以顺利实现。[②]

（二）理论探索阶段：2010—2014 年，提出相关政策建议及总结经验

从 2008 年深圳提出创建创新型城市之后，相关学者的研究开始在提出概念的基础上，研究相关城市与国际知名科技创新中心之间的差距，并提出相关政策建议。

1. 上海创新体系瓶颈与建议

张仁开、刘效红（2012）[③] 等提出，国际创新中心是指科技创新资源密集，科技创新实力雄厚，创新文化发达，创新氛围浓郁，科技辐射带动能力较强，具有良好科技发展潜力和人文自然环境、较强国际竞争力和影响力的城市或区域，是全球新知识、新技术和新产品的创新源地和产生中心之一。上海科技创新实力雄厚，具备建设国际创新中心的先天优势。但也存在世界一流科技创新资源比

① 李红升. 关于中关村科技园区的经济分析. 中国工业经济，2003（7）.

② 徐小钦，等. 我国大学科技园推动区域创新问题研究. 科技进步与对策，2008（1）.

③ 张仁开，刘效红. 上海建设国际创新中心战略研究. 科学发展，2012（11）.

较缺乏、科技创新实力增长后劲相对乏力、科技合作与协同创新力度不够等亟须突破的瓶颈问题。上海要实现创新驱动转型发展，必须在城市总体发展格局中进一步凸显科技创新功能，全面实施科教兴市战略、人才强市战略，使科技创新功能成为城市功能的核心和关键，着力增强城市科技创新实力和国际综合竞争力，成为全球创新资源配置中枢、国际创新知识生产源地、世界创新经济战略高地和国际科技创新竞合平台。

2. 深圳应以企业创新为特色

深圳是我国首先提出要创建科技创新中心的城市，早在 2011 年，深圳就提出要创建“东南亚地区科技创新中心”以及“成为国际知名的区域科技创新中心”。此后一些学者就深圳创建区域科技创新中心提出了相关政策建议。

林肇武等（2011）① 提出，全球技术创新中心发展的历程表明，促进产学研结合，加速城市创新建设不仅是一个单纯技术创新的过程，更是一个社会整体创新的系统工程。林肇武等提出，未来深圳作为全球技术创新中心，就是要以深圳创新型城市试点和国际化城市建设为契机，瞄准影响全球经济、科技、文化当前和未来发展的最关键领域，致力于打造成国际创新网络中物质流、人才流、货币流、信息流、能量流“五流”交汇的重要节点城市，发展成为与北美的硅谷、欧洲的伦敦相匹敌，影响全球政治、经济、科技、文化发展的重要创新中心。

沈正言（2012）② 认为，作为首个国家创新型试点城市，深圳市坚定不移把自主创新作为城市发展的主导战略，以国家创新型城市总体规划为统领，加快推进各项工作，初步形成了充满活力的区域创新中心格局。深圳市的探索给人们带来了有益启示，包括把握企业创新规律，提升企业自主创新能力和核心竞争力；顺应国际产

① 林肇武，等. 深圳建设全球技术创新中心战略构想和对策建议. 科技管理研究，2011（23）.

② 沈正言. 坚持走中国特色自主创新道路——深圳市推进国家创新型城市建设的经验与启示. 人民日报，2012-01-17.

业发展趋势，构建“高新软优”的现代产业体系；突破要素制约，推动经济发展方式转变；着眼事业发展，建设高素质创新型科技人才队伍等等。

丁华等（2013）[①] 指出：与北京、上海、广州及其他一些内地大城市相比，深圳的科教资源较为匮乏、基础创新相对薄弱，所以深圳创新型城市建设是以企业创新为主要特色，并且吸收香港及周边省市的优势教育资源打造自身的原始创新能力。此外，深圳在资源有限、土地狭小的情况下，不断提出新的发展理念并加以贯彻实施，创新型城市不是深圳唯一的一张名片，低碳生态城市、智慧城市、设计之都等发展目标也在建设特色创新型城市方面起到了积极的推动作用。“十二五”期间，深圳进一步树立了深圳质量的发展理念，以转变发展方式为主线，努力实现有质量的稳定增长、可持续的全面发展。

（三）实操阶段：2014 年至今

这一阶段研究主要分为两类，其中一类是北京市、上海市相关部门出台相关文件规划科创中心建设，另一类是针对北京、上海的现有状况进行对比分析，学者提出相应的对策建议等。

1. 政府层面出台指导文件

在中央高层提出北京、上海创建科技创新中心定位后，两地政府已先后发布相关政策，力推科技创新中心建设。

（1）北京力促科技成果转化，服务科技创新中心建设。

2014 年 2 月，北京发布实施《关于加快推进高校科技成果转化和科技协同创新若干意见（试行）》（即“京校十条”），旨在改革科技成果转化体制机制，促进高校院所成果转移转化和协同创新。同年 4 月，北京市政府发布实施《北京技术创新行动计划（2014—2017 年）》，遴选若干重大战略领域、关键共性技术或重大工程作为重大专项，以整合技术创新资源。9 月，北京市科学技术委员会（简称“北京市科委”）出台《关于进一步创新体制机制

① 丁华，等. 深圳创新型城市建设经验及启示. 第九届中国科技政策与管理学术年会论文集，2013.

加快全国科技创新中心建设的意见》，探索如何提高科技成果转化效率、盘活科技资源等多方面难题，深化科技体制机制改革。2015年3月，中关村科技园区管委会、海淀区政府发布《中关村促进智能硬件产业创新发展的若干支持措施》，29条措施为智能硬件产业发展保驾护航。同年4月，科技部发布《“创业中国”中关村引领工程》，以进一步激励大众创业、万众创新，打造中国经济发展新的“发动机”，发挥中关村对全国创新发展的示范带动作用。5月，北京制定《北京市关于推动科技金融创新支持科研机构科技成果转化和产业化的实施办法》，旨在优化北京市科技金融服务环境，为科研机构科技成果转化和产业化提供服务和支持。2016年11月，北京发布《北京市促进科技成果转移转化行动方案》，旨在进一步加快推动科技成果转化为现实生产力，努力构建高精尖经济结构。2017年6月，北京市经济信息化委员会发布《加快全国科技创新中心建设促进重大创新成果转化落地项目管理暂行办法》，推动“三城一区”协同发展，加快打造创新型产业集群和“2025”示范区。2018年4月，教育部制定发布《促进在京高校科技成果转化实施方案》，以加速科技成果转化，推动传统产业升级，推动科技服务北京发展。

（2）上海出台系列意见方案推进科技创新中心形成。

2015年5月，上海市政府发布《关于加快建设具有全球影响力的科技创新中心的意见》，提出创建科创中心“两步走”规划：2020年前形成科创中心基本框架体系，到2030年形成科创中心城市的核心功能。8月，上海市政府印发《关于促进金融服务创新支持上海科技创新中心建设的实施意见》，进一步推动科技与金融紧密结合。9月，上海市政府印发《关于进一步加大财政支持力度加快建设具有全球影响力的科技创新中心的若干配套政策》，完善财政资金投入方式，推进简政放权，激励科技成果转移转化。2017年4月，上海市成立上海张江综合性国家科学中心办公室、上海推进科技创新中心建设办公室，为建设具有全球影响力的科技创新中心提供保障。同年6月，上海发布《上海市科技创新计划专项资金管理办法》，规范专项资金管理，贯彻落实创新驱动发展战略，加快建设具有全球影响力的科技创新中心。同年10月，上海市就进一步支持外资研发中心更加深入、更加广泛地参与上海具有全球影响力的科技创新中心建设提出一系列意见，推动向具有全球影响力的科技创新中心进军，促进创新要素跨境流动和全球配置。2018年5月，上海印发《上海市建设闵行国家科技成果转移转化示范区行动方案（2018—2020年）》，服务上海科技成果转移转化体系建设，助推上海形成国际技术交易中心。11月，上海制定《上海市科技创新券管理办法（试行）》，优化财政资助方式，降低创新创业成本，进一步推广应用科技创新券。12月，上海印发《上海市深化科技奖励制度改革的实施方案》，致力于充分调动全社会支持科技创新的积极性，为加快建设具有全球影响力的科技创新中心注入更大动力。2019年8月，上海公布《上海市科学技术奖励规定》，通过奖励机制调动科技工作者的积极性和创造性，促进上海市科学技术事业的发展，加快建设具有全球影响力的科技创新中心。

2. 学者与机构研究对策建议

自2014年中央高层相继提出上海、北京创建科技创新中心以来，关于全国科技创新中心的相关研究开始逐步丰富，学者们关注的焦点在于北京、上海在创建科技创新中心过程中的优劣势以及相关政策建议。

（1）北京需完善加快科技成果应用措施。

伍建民（2014）① 指出，北京建设全国科技创新中心还存在促进首都科技资源融合发展的组织模式和运行机制需要进一步探索，加快科技成果应用和新兴产业发展的政策措施需要进一步完善，首都科技对京津冀协同发展的支撑作用需要进一步加强等问题，需要采取有效措施促进问题解决，推进科技创新中心建设进程。

赵继敏（2016）② 认为，北京建设科技创新中心已有一定基础，但是也面临研发投入结构不尽合理、企业研发投入严重不足、研发投入产出效率不高等问题，未来北京应当营建科研环境和创新

① 伍建民. 建设全国科技创新中心的内涵与形势. 前线，2014（10）.

② 赵继敏. 北京国家科技创新中心建设路径. 城市管理与科技，2016（4）.

氛围，加强科技成果转化能力，有效促进科技创新与经济实践结合等。

陆园园（2018）[①] 认为，北京市创新主体优势凸显、创新人才储备丰富、科技创新成果领跑全国、创新改革成效显著、国际竞争优势不断增强，但原始创新能力不足，基础研究还存在短板，企业尚未成为科技创新主体，缺乏高水平、专业化的科技管理队伍，知识产权保护不够精细化等，未来需要深化创新改革，完善创新体系，整合创新资源，集聚创新要素，围绕创新主体，激发创新活力，优化创新环境，营造创新氛围。

王亮、陈军、石晓冬（2019）[②] 指出，当前北京科技创新发展呈现出政府主导与市场内生并存、郊区拓展与城区聚合并存的特征，并产生了制度供给与市场需求不匹配、空间组织与发展要求不匹配等多重问题。未来的科技创新空间建设应当以构建完善的创新生态系统为重点，以优化增量空间配给和存量空间利用作为抓手，实现空间的保障和政策的支撑。

（2）上海应加快集聚高层次科技创新人才和机构。

汤汇浩等（2014）[③] 对照全球科技创新中心建设的战略目标，指出上海在创新资源、成果转化、支撑体系、创新文化和合作网络等方面仍然面临严峻挑战、存在较多瓶颈制约。他还提出了完善、实施科技创新战略规划，加快集聚高层次科技创新人才和机构，完善科技创新转化和扶持方式，营造良好的科技创新文化环境，加强国内外科技创新合作等政策建议。

汪怿（2015）[④] 认为，上海在科技人才队伍建设、体制机制、人才政策等方面相对落后。未来上海应突出科技创新人才的协同创新，注重人才和其他创新要素紧密结合、共同作用的创新生态，主

① 陆园园. 北京科技创新中心建设路径. 前线，2018（10）.

② 王亮，陈军，石晓冬. 北京市科技创新空间规划研究：特征、问题与发展路径. 北京规划建设，2019（5）.

③ 汤汇浩，等. 上海加快建设全球科技创新中心的若干思考. 科学发展，2014-10.

④ 汪怿. 上海建设全球科技创新中心的人才问题——基于上海科技人员的抽样调查. 上海经济研究，2015（4）.

动嵌入全球科技创新及人才网络。吴贝贝（2017）[①] 研究提出了如何更好地建立完善科技人才使用和评价机制以加快上海科技创新中心建设的若干对策建议。

申峥峥、张玉娟、于怡鑫（2018）[②] 认为，上海的科技人才政策和法制环境为上海创建具有全球影响力的科技创新中心提供了有力的人才支撑，但在未来仍需注重政策的落实和完善。

（3）上海应抓住第5次创新资源跨国大转移机遇。

杜德斌（2014）[③] 认为，亚洲正处于第5次创新资源跨国大转移中新一轮科技浪潮的活化地带，已经确立了在全球生产网络中的枢纽地位并正从边缘向核心区域过渡，上海应顺势而为，加快向具有全球影响力的科技创新中心进军。他同时认为，全球科技创新中心建设不可能一蹴而就，而必然是一个逐步发展、阶段演进的连续过程。他建议，应根据当今世界科技发展趋势、我国科技创新态势以及上海自身特色优势，到2050年将上海基本建设成为具有全球影响力的科技创新中心，可遵循三维（驱动力维度、创新机构来源维度、产业维度）立体发展路径。

（4）提出北京创建全国科技创新中心的基本目标。

申建军（2015）[④] 指出，应从我国国情出发看国家科技创新中心的建设目标。他提出，北京市在向建设国家科技中心方向迈进的过程中的基本目标应是，实现产业结构向“高精尖”方向发展的转型升级，进一步增强中央和地方高校、科研院所在当地科技创新中的源头作用，进一步发挥中关村科技园区的创新要素聚集作用和示范引领作用，拥有一批在世界市场上有影响力的骨干科技企业和活跃的创新型中小企业，集聚一大批多样化高层次的国际化人才队伍，大力发展科技服务业与科技金融产业，营造有利于科技创新的

---

① 吴贝贝. 上海科研院所科技人才使用与评价机制浅析. 上海管理科学，2017（3）.

② 申峥峥，张玉娟，于怡鑫. 上海科技人才政策文本分析. 情报工程，2018（1）.

③ 杜德斌. “大洗牌”前夜：第5次创新资源跨国大转移看亚洲 兼谈上海建设全球科技创新中心的发展路径. 东方早报，2014-10-14.

④ 申建军. 关于建设国家科技创新中心的思考. 前线，2015（1）：87-89.

政策环境和基础设施环境，营造有开放性和包容性的创新文化氛围等，并提出了一系列建设国家科技创新中心的途径。

（5）提出科技创新中心五大发展模式。

上海市人民政府发展研究中心课题组、肖林、周国平、严军、徐诤、钱智（2015）[①] 分析认为，从全球看，典型的科技创新中心有硅谷模式、纽约模式、伦敦模式、以色列特拉维夫模式、新加坡模式等五种模式，并将全球科技创新中心的发展规律总结为：新技术革命产生是全球科技创新中心崛起的重大契机，市场机制作用是全球科技创新中心形成的根本力量，创新生态系统形成是全球科技创新中心形成的基础条件，发挥特色优势是全球科技创新中心形成的重要支撑，政府服务引导是全球科技创新中心形成的有力保障，优秀人才集聚是全球科技创新中心形成的关键要素。

四、全国科技创新中心在中国的实践

截至目前，深圳、上海、北京等地的创新建设已经如火如荼地进行，下面将在分析深圳、上海、北京提出创建创新型城市背景、瓶颈的基础上，总结其建设的主要经验和相关启示，为进一步推动全国创新中心建设提供参考和借鉴。

（一）深圳定位“建成现代化国际化创新型城市”

作为首个国家创新型试点城市，深圳的建设已经取得了显著成效，还原近年来深圳市的探索过程，将给全国创新城城市建设带来有益启示。

1. 深圳打造“现代化国际化创新型城市”阶段

（1）第一阶段：创建创新型城市。

我国在2006年全国科技大会上向全世界宣布，2020年将建成创新型国家。随后，作为全国改革开放的“窗口”和综合配套改革试验区，深圳最早提出创新型城市建设，是推动创新型国家建设的重要力量。

---

① 上海市人民政府发展研究中心课题组，肖林，周国平，严军，徐诤，钱智. 从国际比较看上海科技创新体制机制改革. 科学发展，2015（6）：79－86.

2008年，深圳成为首个国家创新型城市建设试点城市，发布了《深圳国家创新型城市总体规划（2008—2015）》，这是我国第一部国家创新型城市规划，在该规划中，创新型产业用房定位为政策性产业用房，成为深圳市政府扶持创新型企业在深圳创业的重要政策。

2008年9月，深圳市召开自主创新大会，在大会上发布了《中共深圳市委深圳市人民政府关于加快建设国家创新型城市的若干意见》。

2009年2月，深圳市又发布了《深圳国家创新型城市总体规划实施方案》，发布了深圳近期重点推进的十项工作，包括提高本土企业自主创新能力、新建一批国家工程实验室、组建国家华南超级计算中心、组建深圳国家高技术产业创新中心、建设一批高新技术重大项目、建设南方科技大学、设立创业投资基金、建设创业投资大厦和国家工程实验室平台大楼、推进韩国SKT信息技术合作项目和建设深圳科技中心。并提出到2015年，力争拥有10～15家国家工程实验室、工程研究中心以及15～20家国家级企业技术中心。

（2）第二阶段：扩大辐射范围，提高国际影响力。

在深圳创建创新型城市步入快车道后，如何进一步提高自身在国际创新网络中的知名度与影响力，成为新的课题与发展重点。

2011年12月，深圳市政府公布《科学技术发展“十二五”规划》，提出深圳发展的总体目标为：科技创新生态体系显著完善，科技创新质量大幅提升，自主创新能力居全国前列，打造华南地区重大科技基础设施高地和东南亚地区科技创新中心，成为国际知名的区域科技创新中心，为深圳未来30年发展奠定坚实基础。规划还明确了深圳在未来4年将重点发展的十大技术领域、八项重点工程，并且别出心裁地制定了十大重点领域的技术路线图。

2014年5月13日，国务院正式批复深圳建设国家自主创新示范区，成为继北京中关村、武汉东湖、上海张江之后第四个获得国务院批复同意建设的国家自主创新示范区，也是我国首个以城市为基本单元的示范区。

2015年5月，在中共深圳市第六次代表大会上，深圳市委书记马兴瑞代表第五届市委作党代会报告，报告围绕落实“四个全面”提出了全新的发展思路和定位，重新定义深圳的城市定位。报告首次提出“建成现代化国际化创新型城市”新概念，提出努力打造国际创客中心和创业之都、打造“创投之都”等新的发展目标。

2015年7月，深圳市人民政府出台《深圳国家自主创新示范区建设实施方案》，方案提出到2020年，率先形成符合创新驱动发展的体制机制，建成一批具有国际先进水平的重大科技基础设施，掌握一批事关国家竞争力的核心技术，推动建立一批产业标准联盟，聚集一批具有世界水平的科学家和研究团队，拥有一批世界知名的科研机构、高等院校和骨干企业，科技支撑引领经济社会发展能力大幅提升。

2019年9月，深圳市通过《深圳国家自主创新示范区产业规划（2019—2025）》，此次规划将自创区发展目标分为两个阶段：到2020年，自创区创新能力全国领先，成为大湾区科技产业创新的制高点，助力深圳完成国际科技产业创新中心基本框架体系的构建；到2025年，自创区创新能力进入国际前列，助力深圳形成国际科技产业创新中心的核心功能。

2. 深圳创新瓶颈

作为一个年轻的城市，深圳的创新资源积累历史相对较短。在近年来创建创新型城市的过程中，深圳面临着诸多瓶颈：

（1）科研资源匮乏。

深圳市大学、研究院所等成为最大的创新瓶颈，过去40年，深圳速度创造了经济上的奇迹，但在高等院所建设方面，仅有深圳大学一所本地高校。

（2）高端人才缺口大。

一方面，由于科研院所较少，科技人力资源出现了“先天性”匮乏；另一方面，随着长三角和环渤海湾地区经济体的崛起，对流向深圳的人才大军也形成了分流。2015年7月，深圳市委常委、常务副市长张虎在接受媒体采访时表示：“目前预计，将来的高层次产业人才缺口是 30 万左右；结构也出现了问题，高技能人才也有很大的短板。”①

（3）企业品牌形象低端。

在深圳，除了有华为、腾讯、大疆、科大讯飞等知名科技企业，更多的是众多中小企业。这些中小企业由于品牌形象低端化，处在产业链的薄弱环节。以手机产业为例，在十余年前的手机市场中，深圳华强北山寨机横行全国，一直到现在，在智能手机代替功能机的浪潮下，深圳代工厂的山寨品牌仍是层出不穷。深圳有很多科技类代工厂，但却成为产业链上最弱小、获利最微弱的一环。若没有自主创新，没有自有技术和高端品牌，就难以在世界市场占据优势，难以和国际巨头分羹利润。

（4）商务成本过高。

2019 年 11 月 15 日，国家统计局公布 10 月 70 城房价数据，北京、上海和广州二手房环比分别下降 0.6%、0.2%和 0.1%，深圳则上涨 1%，从而带动四个一线城市整体上涨 0.1%。在新房市场上，四个一线城市环比上涨 0.1%，其中北京和广州分别下降 0.2%和 0.1%；上海和深圳均上涨 0.4%。② 房租地价高企无疑给企业发展带来了很高的商务成本压力。

3. 深圳创新驱动的关键因素

（1）企业作为创新主体。

深圳最大的特点就是以企业为主，自主创新体系也是以企业为主体，90%以上的研发机构、90%以上的研发人员、90%以上的研发资金、90%以上的发明专利均来源于企业，华为、中兴、腾讯等一批创新型领军企业迅速崛起。

（2）具有独特的区位优势。

毗邻香港是深圳创新发展得天独厚的区位优势，连接香港的全

---

① 深圳难：土地资源严重不足 高层次人才缺口 30 万. http://sz.esf.sina.com.cn/news/2015-07-27/6031263863893446664/.

② 广深二手房调研：深圳成下跌中的逆流 广州让利普遍. http://money.163.com/19/1120/07/EUDJP3PQ00258105.html.

国最大陆路口岸和便捷的通关为深圳参与国际分工、拓展国际市场、形成国际化产业基地创造了有利条件。香港国际金融中心与深圳区域金融中心相互呼应，集聚了国内外金融资源，构建了特有的深港创新金融服务体系。香港的国际化高水平大学汇聚了一批创新人才和创新成果，与深圳科研教育机构和创新型产业互利合作、互动发展，促使深圳成为全国创新条件优、创新能力强的重要区域。①

（3）创新、创业文化氛围强。

1987 年，深圳主动打破政策“天花板”，适时出台了《关于鼓励科技人员兴办民间科技企业的暂行规定》，文件最关键的一条是承认知识产权的价值，允许科技人员用专利等知识产权入股。而从深圳走向世界的华为就诞生于这波创业大潮中，创始人任正非说：“当年深圳给政策，凑齐 5 个人、2 万块钱就能办科技公司，我们是迫于生计，才走上了创业的道路。”

深圳“创一代”积淀的创业精神影响深远，而在政府扶持政策的引导下，大批高素质人才将科技创新作为创业突破口。②

4. 深圳打造区域科技创新的经验

在深圳建设创新型城市的过程中，有几点经验可以借鉴：

（1）培育创新土壤。

针对创新资源短缺、产学研链条薄弱现状，深圳加强与国内外科研机构和高校的合作，实现产学研密切结合。比如，深圳市政府与清华大学、北京大学等高校合作创办研究院，在人才、智力、科研成果转化等方面培育自己的创新土壤。

（2）吸引高端人才。

为吸引高科技人才，深圳市推出“孔雀计划”，并创立留学人员创业（产业）园，吸引高科技人才。“孔雀计划”吸引带动了各类海外人才来深工作。《广州日报》数据显示，从 2001 年起，深圳市连续 18 年每年引进留学人员超过 1 000 人；自 2011 年之后更是

---

① 深圳国家创新型城市总体规划（2008—2015）. http://www.gdstc.gov.cn/HTML/zt/2008kjdh/xdjh/1224836719115-8472061108582358398.html

② 创新密码：深圳成为中国硅谷的秘密. 南方日报，2015-05-22.

增长迅猛。2012—2014 年每年分别突破 2 000 人、3 000 人、4 000 人。近年来，深圳引进留学人员的数量一直保持较快的增长速度，连续 3 年增幅超过 40%。2017 年深圳引进留学人员再创新高，达 18 307 人（2016 年为 10 509 人），同比增长 74.2%。据统计，截至 2017 年底，深圳累计引进留学人员近 10 万人。2017 年引进的留学人员中，硕士以上学历占总人数的 82.0%，且大多留学于欧美等经济发达地区。不少留学人员是拥有多个学位、涉足多种专业、精通多种语言的复合型人才。留学回国人群呈现出年轻化趋势，绝大多数留学回国人员在 35 岁以下（占 94.0%），从事领域主要集中在金融、计算机信息技术、教育等行业。同时，2017 年有超过 10%的留学人员选择了创业，比例远高于国内大学生毕业创业比例。①

（3）出台创新政策。

深圳出台了一系列有关创新的政策文件，如《深圳国家创新型城市总体规划（2008—2015）》《深圳国家创新型城市总体规划实施方案》，出台了《关于增强自主创新能力 促进高新技术产业发展的若干政策措施》（俗称“33 条”）、创新驱动“1+10”政策文件等系列文件。近年来，深圳出台了一系列促进创新的政策，如《深圳市关于促进创客发展的若干措施（试行）》《深圳市科技创新券项目实施办法（试行）》《深圳市科学技术奖励办法》《深圳市关于加强基础科学研究的实施办法》《深圳市重大科技计划项目评审办法（试行）》《深圳市科研机构创新绩效分类评价办法（试行）》《深圳市科技研发资金管理办法》等。

（4）加大资金投入。

早在 2014 年，深圳市全社会研发投入就达到当年 GDP 的 4.02%，之后总体维持在这一高位。根据深圳的规划，深圳 2020 年研发投入比例要达到 4.25%，意味着深圳的研发创新能力将处于世界一流水平，即每年要保持与 GDP 增速同步增长，并且达到

① 深圳累计引进留学人员近 10 万人. https://baijiahao.baidu.com/s?id=1591932613061867197&wfr=spider&for=pc.

10%以上。[①] 而深圳市在2019年政府工作报告中提及，“全社会研发投入占GDP比重、PCT国际专利申请量全国领先，国家级高新技术企业数量居全国第二，数字经济发展走在全国前列”，“全社会研发投入超过1 000亿元，国家级高新技术企业预计新增3 000家以上、总量超过1.4万家，战略性新兴产业增加值增长9.1%”，并把“加大基础研究投入力度，确保基础研究投入比例不低于财政科技专项资金的30%”，“开展高新技术企业增量提质行动，新增国家级高新技术企业2 000家以上，培育更多拥有颠覆性技术的科技企业”作为目标。[②]

（5）鼓励创业活动。

深圳通过政策推动创客空间发展。2015年6月，深圳相继出台了《关于促进创客发展的若干措施（试行）》和《促进创客发展三年行动计划（2015—2017年）》，设立2亿元创客专项资金，对创客空间、创客项目、创客服务、成果转化和创客活动予以支持。按照深圳市规划，在3年内，深圳将每年新增50家创客空间，每年新增10家创客服务平台，每年新增3万名创客。[③] 另外，深圳出台了《深圳市人民政府关于加强创业带动就业工作的实施意见》和《深圳市自主创业扶持补贴办法》，在降低创业门槛和成本、加大创业教育培训力度、加大创业扶持补贴力度、提升创业服务水平等方面推出系列举措，为推动大众创业、万众创新提供有力支撑。[④]

（二）上海首提打造全球科技创新中心

1. 上海打造“具有全球影响力的科技创新中心”阶段

（1）第一阶段：世博会效应与上海转型紧迫度。

2010年举办的上海世博会以“城市，让生活更美好”为主题，

---

① 谢静. 深圳研发投入比例超欧美. 深圳商报，2015-08-11.

② 深圳市2019年政府工作报告（全文）. http://sz.people.com.cn/n2/2019/0201/c202846-32602521.html.

③ 2017年深圳创客空间将达200个. http://www.sznews.com/news/content/2015-06/26/content_11811199_2.html.

④ 我市出台新一轮创业带动就业政策扶持自主创业. http://www.lg.gov.cn/zwfw/zdfw/jiuye/zcwj/201804/t20180412_11756794.htm.

其目标之一是推广可持续的城市发展理念、成功实践和创新技术。其间令人惊叹的高科技产品及场馆展示，对促使上海发展高科技产业、强化上海创新能力产生了促进作用。

但不容忽视的是，自 2008 年起上海 GDP 增速开始放缓，2011 年上海 GDP 增速全国倒数第二，2012 年更是全国垫底，其制造业大量外迁，而高新技术产业发展缓慢，土地成本日益高企，人口和环境压力不断增大。浦东开发以来，上海再次面临迫切转型之境。①

2014 年 5 月，习近平同志在上海考察时提出，上海要努力在推进科技创新、实施创新驱动发展战略方面走在全国前头、走在世界前列，加快向具有全球影响力的科技创新中心进军。随后，上海市委、市政府等相关部门开始就创建科创中心进行深入调查研究和方案论证。

（2）第二阶段：创建政策出台。

2015 年初，上海市委将“大力实施创新驱动发展战略，加快建设具有全球影响力的科技创新中心”列为 2015 年唯一的重点调研课题，由市委书记担任课题组组长，市长担任副组长。2015 年 5 月，上海出台《关于加快建设具有全球影响力的科技创新中心的意见》，提出了上海推进科创中心建设的奋斗目标、总体要求，以及建立市场导向的创新型体制机制、建设创新创业人才高地、优化重大科技创新布局等方面的 22 条意见，成为上海建设科技创新中心的纲领性文件。随后密集出台系列相关配套政策，7 月推出《关于深化人才工作体制机制改革促进人才创新创业的实施意见》，以求为科技创新中心建设提供坚实的人才支撑和智力保障。8 月发布《关于促进金融服务创新支持上海科技创新中心建设的实施意见》，进一步推动科技与金融紧密结合，提高科技创新企业融资的可获得性。9 月印发《关于进一步加大财政支持力度加快建设具有全球影响力的科技创新中心的若干配套政策》，进一步加大财政支持力度，

① 魏枢. 上海城市转型的历史视角. 东方早报，2014－01－21.

加快建设具有全球影响力的科技创新中心；印发《上海市鼓励外资研发中心发展的若干意见》，进一步扩大开放，鼓励外国投资者参与具有全球影响力的科技创新中心建设。11 月印发《关于进一步促进科技成果转移转化的实施意见》，进一步激发创新活力和创造潜能。2016 年 1 月出台《上海市深化高等学校创新创业教育改革实施方案》，进一步深化高校创新创业教育改革，全面提高人才培养质量；3 月出台《关于加强知识产权运用和保护支撑科技创新中心建设的实施意见》，把知识产权战略贯穿于上海科技创新中心建设全过程；8 月出台科技企业孵化器的相关政策，以加速创新型科技企业的发展；9 月修订《上海市优秀科技创新人才培育计划管理办法》，进一步深化人才发展体制机制改革；2017 年 1 月制定《上海市市级科技重大专项管理办法》；4 月出台《上海市促进科技成果转化条例》，进一步促进和规范科技成果转化；6 月，为实施创新驱动发展战略，制定《上海市科技创新计划专项资金管理办法》。2018 年 1 月出台《关于本市推进研发与转化功能型平台建设的实施意见》，推动功能型平台成为创新体系建设的重要力量，支撑提升实体经济发展质量和能级；10 月制定《上海市科技计划科技报告管理办法》，推动科技报告的统一提交、规范管理和共享使用，制定《上海市农业科技园区管理办法》，推动农业技术创新和乡村振兴；11 月出台《上海市人民政府关于加快本市高新技术企业发展的若干意见》，加快完善创新生态系统，全面增强高新技术企业创新实力；制定《上海市科技创新券管理办法（试行）》，优化财政资助方式，降低创新创业成本，进一步推广应用科技创新券；12 月印发《上海市深化科技奖励制度改革的实施方案》，进一步改革完善科技奖励制度。2019 年 3 月出台《关于进一步深化科技体制机制改革增强科技创新中心策源能力的意见》，以进一步推动科技体制机制改革向纵深发展，加快向具有全球影响力的科技创新中心进军；4 月出台《关于促进新型研发机构创新发展的若干规定（试行）》；7 月制定《上海市重点实验室建设与运行管理办法》，优化完善上海科技创新基地体系建设；10 月起施行《上海市科学技术奖励规定》，调动科学技术工作者的积极性和创造性。上述系列政策措施为上海市打造全球科技创新中心奠定了良好的政策制度环境。

2. 上海创新瓶颈

（1）创新资源相对匮乏。

2015 年 3 月，上海社科院发布《上海蓝皮书：上海经济发展报告（2015）》，蓝皮书介绍，上海的创新人才相对不足，目前集聚在上海的高层创新人才并不多。同时，高水准科研机构相对较少。上海的国家级创新平台超过 130 个，其中，国家重点实验室 40 个，国家工程实验室 7 个，而北京这两个指标分别是上海的 2.8 倍和 5.4 倍。① 而根据《中国城市科技创新发展报告 2017》，上海市科技创新发展指数为 0.499，排名全国第三；创新资源指数为 0.466，排名全国第十七，创新资源相对匮乏。②

（2）体制机制存在瓶颈，环境要素成为制约。

主要表现在：理念转变难，受制于僵化的体制机制，利益条块分割。上海现行体制机制对科技创新存在三方面掣肘：一是多层级、多部门的分散化管理体制，二是分散化管理必然带来分散化投入，三是没有形成科技投入驱动效应。③ 上海处于长三角地区，与北京相比，城市面积相对较小，可用土地资源也相对较少，拓展空间约束趋紧。这些无疑对上海建设科技创新中心是一个艰巨挑战。

（3）企业创新能力偏弱。

上海缺乏“本土”大型企业。与深圳创建创新型城市以企业作为主要驱动力不同的是，在上海，本应发挥重大作用的企业这个要素是薄弱环节。上海缺少了中小企业萌芽、生长的土壤。国内科技巨头华为、中兴、腾讯、阿里巴巴等企业也都是在深圳、杭州等地从小企业

① “海派商业文化”创新热情不足 成上海建设科技创新中心短板. 东方早报，2015－03－18.

② 关成华，等. 中国城市科技创新发展报告 2017. 北京：科学出版社，2017.

③ 王战，等. 转型升级的新战略与新对策（上海加快建设具有全球影响力的科技创新中心研究）. 上海社科院，2015－05－01.

一步步发展壮大的，上海鲜有互联网巨头产生。有报道显示，2008 年初时任上海市委书记俞正声要求反思“上海为何留不住马云”。他感慨地表示：“为上海失去这样一个由小企业发展而成的巨型企业感到相当遗憾。”除此之外，以目前最为火热的电子商务为例，上海现存的较为知名的电商只有 1 号店一家，且目前已被沃尔玛全资控股。在中国人民大学中国经济改革与发展研究院、中国人民大学经济学院联合发布的 2018 年中国企业创新能力排行榜中，创新能力前 1 000 名的企业中，19%来自广东，15.8%来自北京，10.6%来自上海，相比广东和北京，上海的企业创新能力相对较弱。①

（4）总部集聚度不高。

上海跨国公司、总部经济尚有发展空间。2015 年 3 月 25 日，上海市政协教科文卫体委课题组指出，上海开放力度和开放有效度不足，根植于上海、运营全球的跨国公司总部和研发中心集聚度不高，科技创新平台资源建设滞后，缺乏有国际影响力的工业自主创新平台是阻碍上海科创中心建设的一大瓶颈。

根据《中国总部经济蓝皮书：中国总部经济发展报告（2014—2015）》，其中发布的“全国 35 个主要城市总部经济发展能力评价报告（2013）”，采用由基础条件、商务设施、研发能力、专业服务、政府服务和开放程度 6 个一级指标，15 个二级指标以及 50 个三级指标构成的总部经济评价指标体系，运用层次分析法对全国 35 个主要城市总部经济发展能力进行评价。该报告评价结果表明，上海总部经济发展能力居于北京之后（如图 1－7 所示）。

3. 上海创新驱动关键因素

（1）金融市场活跃。

上海具有金融中心这个得天独厚的优势。上海创建全球科技创新中心，势必形成新一波的创业创新浪潮，由于在企业创业、创新的各个阶段都需要不同形式的金融支持，上海金融资本集聚，成为最关键的驱动因素之一。2017 年上海金融市场交易总额约 1 430 万

① 2018 中国企业创新能力排行榜：高新技术企业扎堆北上广. 腾讯网，https://new.qq.com/omn/20181102/20181102A0JVZG.html.

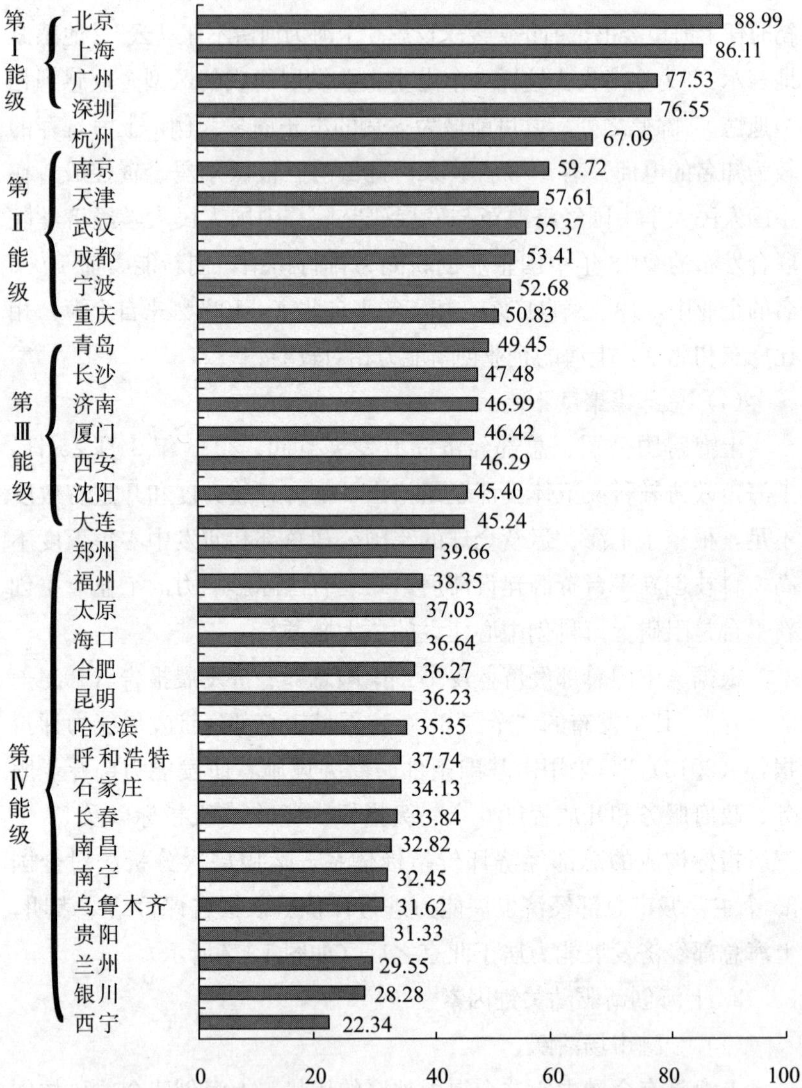

图 1－7　35 个城市总部经济发展能力综合得分及排名

资料来源：赵弘．中国总部经济蓝皮书：中国总部经济发展报告（2014—2015）．北京：社会科学文献出版社，2015.

亿元，拥有持牌金融机构 1 537 家，成为中外金融机构的重要集聚地，金融业占上海 GDP 的比例已超过 17%。目前上海集聚了股票、债券、期货、货币、票据、外汇、黄金、保险等各类金融要素市场，成为全球金融要素市场最齐备的金融中心城市之一。[①] 活跃的金融市场可为上海建设科创中心提供动力支持。

（2）对外开放程度高。

开放是上海创建全球科技创新中心最大的优势。近年来，上海利用外资实现了跨越式发展。截至 2018 年，实到外资累计超过 2 200亿美元，累计引进外资项目超过 9.2 万个，累计引进跨国公司地区总部 634 家，其中亚太区总部 72 家，投资性公司 350 家，研发中心 430 家。上海外资企业总体保持健康发展的良好势头，纳入可比口径的 1.46 万家外资企业运营情况监测结果显示，2017 年外资企业营业收入同比增长 11.2%，纳税总额增长 13.1%，利润总额增长 21.7%。[②]

（3）自贸区建设红利。

2013 年 9 月 29 日中国（上海）自由贸易试验区正式成立，面积为 28.78 平方公里，2014 年 12 月上海自贸区扩容，面积扩展到 120.72 平方公里，从保税区扩展至陆家嘴、金桥、张江等片区。在上海建设全球科技创新中心的部署中，上海张江国家自主创新示范区被认为是核心载体，将发挥重要的核心作用。张江自主创新示范区与张江自贸片区协同作战、“双自联动”，为上海建设全球科技创新中心增加了新的支持空间。

2015 年《2015 年张江高科技园区建设全球科技创新中心行动方案》出台，为全面推进上海全球科技创新中心建设给出了行动方案。2018 年 11 月，习近平同志宣布，上海自贸试验区将增设新片区，以在更深层次、更宽领域、以更大力度推进全方位高水平对外开放。2019 年《中国（上海）自由贸易试验区临港新片区总体方案》发布，提出到 2025 年，建立比较成熟的投资贸易自由化便利化制度体系，打造一批开放度更高的功能型平台，集聚一批世界一流企业，区域创造力和竞争力显著增强，到 2035 年，建成具有较强国际市场影响力和竞争力的特殊经济功能区，形成更加成熟定型

① 2017 年上海金融市场交易总额约 1 430 万亿元. 经济日报，2018－01－14.

② 上海已有跨国公司地区总部 634 家. 解放日报，2018－04－29.

的制度成果，打造全球高端资源要素配置的核心功能，成为我国深度融入经济全球化的重要载体。显然，上海自贸区对其建设科技创新中心具有巨大红利。

（4）长江经济带协同创新。

长江经济带已成为我国重大国家战略之一，而建设长江经济带需要高度重视城市间的协同发展。华东师范大学教育部人文社科重点研究基地、中国现代城市研究中心和上海市人民政府决策咨询研究基地长三角区域一体化工作室联合提出的“长江经济带城市协同发展能力指数（2018）”表明，2018 年长江经济带 110 座地级及以上城市根据协同发展能力可以分为 5 个等级，上海是龙头城市，协同发展能力在长江经济带排名首位。① 长江经济带中协同创新龙头城市可为上海创建科技创新中心注入新的动力。

（三）北京定位打造全国科技创新中心

1. 北京打造“全国科技创新中心”的阶段

（1）第一阶段：创新型城市建设期。

早在 2006 年，北京市发布实施《关于增强自主创新能力 建设创新型城市的意见》，就确定了“为建设创新型国家服务，率先建成创新型城市”的目标任务，提出了建设创新型城市的总体要求、重点任务、重点方向和政策措施，并对创新体制机制、完善首都创新体系作出了部署。2008 年北京发布《北京市中长期科学和技术发展规划纲要（2008—2020 年）》，对未来北京发展作出了前瞻性、全局性、系统性的战略谋划，北京将全力实施首都创新战略，根据北京经济社会发展的重大需求，围绕影响北京发展的重大关键瓶颈问题，组织联合攻关，取得技术突破，全面推进创新型城市建设。②

（2）第二阶段：强化中关村自主创新力度阶段。

在北京奥运会后，2009 年，北京提出了“人文北京、科技北

---

① 长江经济带城市协同发展能力指数（2018）发布. http://news.sciencenet.cn/htmlnews/2018/11/420339.shtm.

② 《北京市中长期科学和技术发展规划纲要》正式发布. http://www.bjkw.gov.cn/n8785584/n8904761/n8904885/n8918125/9009929.html.

京、绿色北京”的新思路，其中针对“科技北京”，制定了《“科技北京”行动计划（2009—2012年）——促进自主创新行动》，提出充分发挥首都科技优势，通过积极承接国家科技重大专项和重大科技基础设施建设，加快建设中关村国家自主创新示范区，大幅提高自主创新能力；通过大力实施科技振兴产业工程，加快发展高新技术产业，推动首都产业结构优化升级；通过加强企业技术创新能力建设，完善企业技术创新服务平台，增强企业综合竞争力。2009年3月中关村科技园区被国务院正式批准为国家自主创新示范区。为支持国家自主创新示范区发展，北京市发布实施《关于建设中关村国家自主创新示范区的若干意见》，要求举全市之力建设中关村示范区。2010年底，《中关村国家自主创新示范区条例》颁布实施，国务院批复中关村示范区实施“1+6”系列新试点政策，中关村创新平台正式组建并运行。随后，又相继发布《中关村国家自主创新示范区发展规划纲要（2011—2020年）》《关于中关村国家自主创新示范区建设人才特区的若干意见》等相关政策。2011年发布《北京市“十二五”时期科技北京发展建设规划》，指出北京作为全国创新资源最为密集的地区，在积极服务和配合国家科技重大专项和重大科技基础设施建设的同时，应提升自身持续创新能力；加快探索和推进创新型城市建设进程；率先形成创新驱动的发展格局，为创新型国家建设作出实质性贡献。2012年，北京制定《关于深化科技体制改革 加快首都创新体系建设的意见》，对深化科技体制改革进行全面部署。这一篮子政策法规的实施，有力地促进了中关村以及北京市科技创新发展。

（3）第三阶段：全国科技创新中心建设阶段。

2014年2月26日，习近平同志在北京考察工作时强调，北京要明确城市战略定位，坚持和强化首都全国政治中心、文化中心、国际交往中心、科技创新的核心功能。科技创新中心成为中央赋予北京的新定位。5月北京发布《北京技术创新行动计划（2014—2017年）》，行动计划将紧紧围绕国家重大战略需求和首都城市战略定位，准确把握科技创新的发展目标、实现路径和重点任务，深化科技体制改革，充分发挥市场配置资源的决定性作用，更好发挥政府作用，加快以企业为主体的技术创新体系建设，不断提高自主创新能力，促进科技成果产业化和新技术新产品的推广应用。9月发布《关于进一步创新体制机制 加快全国科技创新中心建设的意见》，为坚持和强化北京城市战略新定位、提速全国科技创新中心建设指明了方向。2015年发布《关于促进北京市智能机器人科技创新与成果转化工作的意见》，就智能机器人科技创新和成果转化工作作出部署。2016年国务院印发《北京加强全国科技创新中心建设总体方案》，提出"三步走"加强北京全国科技创新中心建设，使北京成为全球科技创新引领者、高端经济增长极、创新人才首选地、文化创新先行区和生态建设示范城。到2020年，北京全国科技创新中心的核心功能进一步强化，科技创新体系更加完善，科技创新能力引领全国，形成全国高端引领型产业研发集聚区、创新驱动发展示范区和京津冀协同创新共同体的核心支撑区，成为具有全球影响力的科技创新中心，支撑我国进入创新型国家行列；到2030年，北京全国科技创新中心的核心功能更加优化，成为全球创新网络的重要力量和引领世界创新的新引擎，为我国跻身创新型国家前列提供有力支撑。[①] 2017年12月，北京印发《关于优化人才服务 促进科技创新推动高精尖产业发展的若干措施》，进一步发挥人才的战略资源作用，促进科技创新，推动高精尖产业发展，加快全国科技创新中心建设。[②] 2018年北京发布《首都科技创新券资金管理办法》，切实加强创新券的管理，充分发挥创新券的作用，进一步强化北京作为全国科技创新中心的核心功能定位。[③] 2019年北京印发《关于新时代深化科技体制改革 加快推进全国科技创新中心建设的若干政策措施》，在加强科技创新统筹、深化人才体制

---

① 国务院关于印发北京加强全国科技创新中心建设总体方案的通知（国发〔2016〕52号）. 北京市人民政府，2016-09-11.

② 北京市人民政府印发《关于优化人才服务 促进科技创新推动高精尖产业发展的若干措施》的通知（京政发〔2017〕38号），2017-12-31.

③ 北京市财政局 北京市科学技术委员会关于印发《首都科技创新券资金管理办法》的通知（京财科文〔2018〕529号），2018-03-06.

机制改革、构建高精尖经济结构、深化科研管理改革、优化创新创业生态方面提出了30项具体措施，为北京建设具有全球影响力的科技创新中心提供有力支撑。①

2. 北京创新瓶颈

(1) 科技成果转化率低。

尽管北京拥有全国最优质的科技资源，但科技成果众多且转化效率不高却是北京必须面对的难题。根据张力和王皓（2016）②，较之欧美发达国家高校，北京高校科技成果转化率明显偏低，不论是自办企业、技术转移模式还是科技园模式，北京高校科技成果的转化工作都还有很大的改进空间。

(2) 科研资源各自为政。

北京有全国最丰富的科研资源、高校与研究院所密集，尤其是高端科教资源，比如拥有的“985”和“211”高校数量占全国总量的比重分别达20.51％和20.54％，近年来，北京高校科技成果产出数量迅猛增长，但其转化率明显偏低，而且很大程度上，众多资源之间存在着条块分割和各自为政的现象。科技资源之间缺乏交流、开放度不够，造成共享性和协调性不强，难以充分调动和发挥北京市科技资源的整体优势。

(3) 创新资源和创新环境还有很大提升空间。

2019年，首都科技发展战略研究院发布了“首都科技创新发展指数2019”。数据显示，北京正在成为创新环境最优、创新活力最足、创新成果最多、辐射带动最强的科技创新高地，其科技进步贡献率、知识创造能力、产业结构优化水平、高新技术转移和产业化等各项指标均全国领先。但北京创新资源指数增长相对乏力，创新环境指数也低于总指数增长水平，其提升空间还很大（见表1-8）。

① 北京市人民政府印发《关于新时代深化科技体制改革 加快推进全国科技创新中心建设的若干政策措施》的通知（京政发〔2019〕18号）. 2019-10-16.

② 张力，王皓. 北京高校科技成果转化率偏低的深层原因与破解路径. 新视野，2016 (6)：96-101.

表 1-8　首都科技创新发展指数得分

年份	总指数	一级指标			
		创新资源	创新环境	创新服务	创新绩效
2010	80.16	65.90	84.33	75.96	87.30
2011	84.92	67.54	92.36	81.78	91.45
2012	90.99	70.11	99.10	86.60	99.57
2013	93.66	69.91	104.49	88.13	103.39
4年增幅	16.84%	6.08%	22.72%	16.02%	18.43%
2014	100.95	76.53	107.48	97.75	111.51
2015	106.13	75.64	112.79	102.63	119.79
2016	116.17	75.10	114.90	115.11	137.86
2017	122.74	80.47	124.10	119.99	144.57
4年增幅	21.58%	5.15%	15.46%	22.75%	29.65%

资料来源：首都科技创新发展指数（2019）。

（4）商务运营成本高企。

居高不下的商务成本是打消企业创业热情的最大“杀手”。在高纬环球发布的2014年“全球写字楼排行榜”中，调查结果表明：2014年，北京中央商务区的排名由全球第九位升至全球第八位，居大陆之首。高纬环球企业租赁顾问团队中国区执行董事司徒泰山表示：“在中国所有城市中，北京的表现是最好的，即使在去年租金下降的情况下，其仍然保持了亚太区排名第四的位置。2014年，北京中央商务区优质写字楼的平均租用成本是104美元/平方英尺/年。上海陆家嘴金融区在中国大陆排名第二，平均租用成本为96美元/平方英尺/年。”① 而根据CBRE发布的《全球顶级写字楼租金调查报告》，截止到2018年第一季度，北京金融街排名全球第三位，租用成本为每年2 160美元/平方米，北京中央商务区排名全球第五位，租用成本为每年2 037美元/平方米。北京金融街的租

① 2014年北京中央商务区写字楼租金全球排名第八 居大陆之首. http://district.ce.cn/zg/201503/25/t20150325_4934055.shtml.

金排名较上一年度提高了 3 个位次。[①] 这表明北京发展高科技产业的商务运营成本高企，对其科技创新中心的建设将产生约束。

（5）企业技术创新乏力。

目前，在北京创建科技创新中心中起到主体作用的科技型企业面临技术创新乏力的瓶颈。一方面，由于革命性的技术创新之后是技术的缓慢推进和演变过程，比如在移动互联代替 PC 互联网后，5G 新技术应用后，下一个科技创新的爆炸点是什么、迭代产品究竟是什么形态还无法预测。另一方面，比如北京知名企业京东方、百度等，与各自行业的巨头相比，还有一定的距离。更值得一提的是，京东方对标的三星、LG 等外资巨头，百度看齐的谷歌等也都处于“创新天花板”压近的阶段，所以对我国的科技型企业来说，如何摆脱技术创新乏力，打破“创新天花板”至关重要。

3. 北京创建科技创新中心的有利条件

（1）创新资源高度聚集。

北京拥有中央和地方各类科研院所 400 余所，普通高等院校 91 所。拥有国家重点实验室 111 家，占全国的 30.9%；国家工程实验室 50 家，占全国的 36.0%；国家工程技术研究中心 66 家，占全国的 19.1%；国家工程研究中心 41 家，占全国的 31.3%。国家级高新技术企业超过 1 万家，数量居全国首位。在《中国城市科技创新发展报告 2017》中，北京科技创新发展指数为 0.587，排名全国第一。其中创新资源指数为 0.603，排名全国第二。北京市科委提供的数据显示，2016 年北京市经认定的国家高新技术企业有 16 000 家，占全国总数近 16%。技术合同成交额为 3 940.8 亿元，是 2011 年的 2.08 倍。中关村示范区实现总收入为 4.57 万亿元，是 2011 年的 2.4 倍。全国“领跑”世界的技术成果中，在北京产生的技术成果占 55.7%。科技创新对经济增长的贡献率超过 60%。截至 2017 年 6 月底，“新三板”挂牌企业累计 1 611 家，占全国总数的 14.2%，市值居全国首位。累计拥有国家

① 全球最贵写字楼 TOP 10 榜单新鲜出炉. 搜狐网，2018－06－28. http://www.sohu.com/a/238345573_704393.

级双创示范基地 20 个，占全国双创示范基地总数的 1/6。科技型企业总数达到 46.8 万家。拥有“两院”院士 756 名，约占全国的一半。人才资源总量达到 651 万人，人才对北京经济增长的贡献率达到了 51.8%。①

（2）企业引领作用强劲。

北京拥有国内知名的高科技企业集群，创新主体的引领作用强，其中主要代表是中关村科技园。作为第一个国家自主创新示范区，中关村取得了骄人的成绩，聚集了以联想、百度为代表的高新技术企业近 2 万家，形成了以电子信息、生物医药、新能源与节能、环保、新材料、先进制造为代表的高新产业集群。

中关村国家自主创新示范区是第一个国家级高新技术产业开发区、第一个国家自主创新示范区、第一个国家级人才特区。自 2013 年以来，中关村国家自主创新示范区（以下简称“示范区”）先后开展了多项改革试点，20 余项政策推广至全国。示范区内拥有 90 余所高等院校、400 余所各类科研院所、120 余家国家重点实验室、300 多家跨国公司研发中心，先后涌现出通用 CPU、量子点芯片、石墨烯材料制备等一大批自主创新成果，在移动互联网、电子商务、计算机视觉、无人驾驶、高清显示器等领域走在国际前列。示范区共有高新技术企业 2.5 万家，发展迅猛，至 2018 年企业总收入 5.9 万亿元（见图 1-8），约占全国高新区总收入的 10%。近五年，京东、小米等新生代企业快速崛起，已经形成信贷信息技术、生物与健康、智能制造和新材料、节能环保、现代交通、现代服务业等新兴产业集群。示范区内企业留学归国人才和外籍从业人员超过 4 万人。

（3）总部经济大放异彩。

北京集聚了众多世界 500 强企业，是名副其实的世界 500 强企业“总部之都”。总部企业超 7 成集中在朝阳区、海淀区、西城区

---

① “科技人才之都”密码. 北京市科学技术委员会. http://kw.beijing.gov.cn/art/2017/10/13/ art_362_40618.html，2017-10-13.

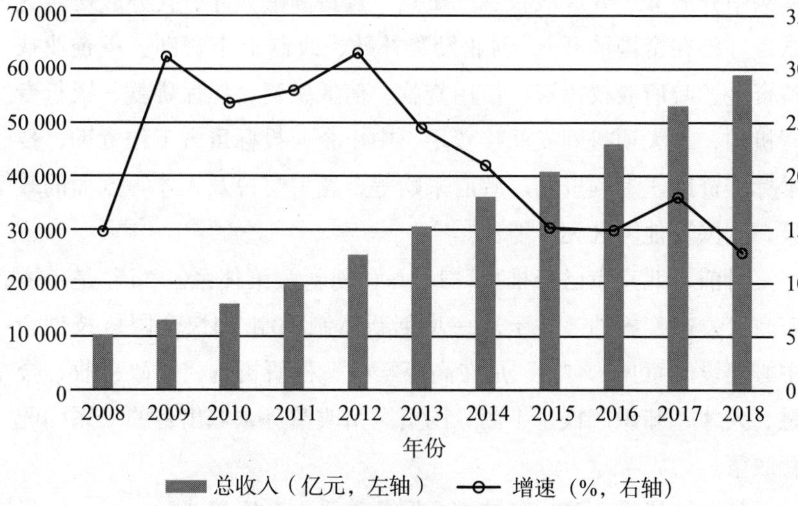

图 1-8　中关村示范区企业总收入逐年上升

资料来源：根据各年《海淀区统计年鉴》整理。

和东城区，空间聚集效应明显。① 总部经济是首都经济的重要基础，总部企业是构建首都高精尖经济结构的重要力量。目前北京 4 064家（2017 年）总部企业中，创新型企业占比六成以上，其中跨国公司总部达 179 家，总部企业人均利润是全市规模以上企业的 2.3 倍。北京拥有《财富》世界 500 强总部企业数量连续 6 年位居全球城市首位，四成以上的跨国公司地区总部来自境外世界 500 强企业，户均实际利用外资是北京市外资企业平均水平的 35.6 倍。北京总部经济在引领创新、辐射带动、扩大开放等方面发挥了重要支撑作用。② 总部经济已经成为北京高质量现代经济体系和科技创新中心建设的战略支撑。

（4）创新政策环境优越，体制机制改革稳步推进。

国家对北京市自主创新扶持力度大，创新政策环境优越。比如在国家大力推进中关村示范区建设过程中，中关村自身也出台了一系列政策扶持区内企业发展，其中包括开放实验工程、为园区企业

① 北京资产总量首次超百万亿元 总部经济占比近 7 成. 北京日报，2014-12-22.

② 北京打造总部经济创新发展“新引擎”. 中国商务新闻网，2019-05-29.

购买中介服务、开展股权激励试点、扶持高端人才、代办股份转让试点（已在全国铺开）、创业投资补贴、改制上市资助、小企业扶持资金、政府股权投资、信用贷款、信保融资、担保贷款、银行专营机构、重大项目列支间接费用、中小企业投标重大工程资助、技术标准资助、专利资助、政府采购等金融、财税及人才等方面的政策，全国其他园区无一能比。①

目前，北京市已经推出“1＋N”创新政策体系。“1”是市委市政府发布实施的《关于进一步创新体制机制 加快全国科技创新中心建设的意见》，“N”是在高等学校、科研机构、财政税收、金融、人才、知识产权、工商、国资国企改革等领域出台的一系列配套政策。

（5）科研投入高，科技中介服务体系不断完善。

2014 年，北京研究与开发（R&D）经费支出为 1 286.6 亿元，至 2018 年，北京 R&D 经费支出提高至 1 870.8 亿元，相当于地区生产总值的 6.17%，位列全国第一，文化创新驱动作用不断增强。与之相比，上海该数据为 3.6%。

2018 年，北京拥有股权投资机构 1 500 余家，天使、创投发生金额与投资案例约占全国的三分之一，是全球风投最活跃的区域之一。拥有 165 家创新型孵化器，27 家硬科技孵化器，29 家大学科技园，上千家法律、会计、知识产权服务机构和产业联盟、行业协会、民非组织，形成了有利于创新创业的“雨林生态”。创业活动空前活跃，中关村新创办科技型企业超过 1.3 万家，形成了以“90 后创业者”“创业系”“连续创业者”“海外创业者”为代表的创业群体。②

（6）专利技术授权量高。

《北京市 2018 年国民经济和社会发展统计公报》显示，全年专利申请量与授权量分别为 21.1 万件和 12.3 万件，分别比上年增长

① 科技创新之风，看中关村试点之推广. 华泰证券，2014-12-03.

② 三个“全国第一”！中关村这个创新示范区“强”在哪儿？齐鲁网，2019-07-22.

13.6%和15.5%。其中，发明专利申请量与授权量分别为10.9万件和4.8万件，分别增长10.0%和3.9%；有效发明专利24.1万件，增长17.5%，每万人发明专利拥有量达48.1件，居全国首位。全年共签订各类技术合同82 486项，增长1.5%；技术合同成交总额为4 957.8亿元，增长10.5%。《中国城市科技创新发展报告2017》显示，北京市每万人SCI/SSCI/A&HCI论文产出数指数为1，居全国第一位；每万人发明专利授权量指数为0.26，居全国第二位。

上述优越条件为北京建设全国科技创新中心提供了良好基础。

参考文献

1. 北京资产总量首次超百万亿元 总部经济占比近7成. 北京日报，2014-12-22.

2. 长江经济带城市协同发展能力指数2015“出炉” 上海是“龙头”. 中国新闻网，2015-07-28.

3. 创新密码：深圳成为中国硅谷的秘密. 南方日报，2015-05-22.

4. 大力提高自主创新能力　建设创新型国家. 求是，2005(24).

5. 德国新能源发展大盘点. http://www.cpnn.com.cn/sd/gj/201501/t20150109_776732.html.

6. 国家发改委官员：中国科技成果转化率仅10%. http://news.163.com/13/1221/21/9GLA1HCV00014JB6.html.

7. 科技创新之风，看中关村试点之推广. 华泰证券，2014-12-03.

8. 上半年深圳房价领跑全国 整体呈销售热投资冷态势. http://news.xinhuanet.com/house/gz/2015-07-21/c_1115988489.htm

9. 深圳国家创新型城市总体规划（2008—2015）. http://www.gdstc.gov.cn/HTML/zt/2008kjdh/xdjh/1224836719115-847206110858235 8398.html.

10. 深圳难：土地资源严重不足，高层次人才缺口30万. ht-

tp://sz.esf.sina.com.cn/news/2015-07-27/6031263863893446664/.

11. 习近平首次系统阐述“新常态”. 新华网，2014-11-10.

12. 中央经济工作会议闭幕 首提经济新常态九大特征. 搜狐新闻，2014-12-11.

13. Charles Landry. The Creative City：A Toolkit for Urban Innovators. London：Earthscan，2000.

14. 长江证券. 重估中国制造：变革与创新，强国制造乘风破浪——机械行业2015年中期投资策略. 2015-07-08.

15. 陈志楣. 首都特色的发展战略演变. 前线，2014（5）.

16. 丁华等. 深圳创新型城市建设经验及启示. 第九届中国科技政策与管理学术年会论文集，2013.

17. 杜德斌. 全球科技创新中心的兴起. 文汇报，2015-03-19.

18. 杜德斌. “大洗牌”前夜：第5次创新资源跨国大转移看亚洲 兼谈上海建设全球科技创新中心的发展路径. 东方早报，2014-10-14.

19. 杜德斌. 全球科技创新中心的空间分布、发展类型及演化趋势. 上海城市规划，2015（1）.

20. 杜德斌，等. 上海创建国际产业研发中心的战略研究. 科学学与科学技术管理，2005（4）.

21. 方创琳，等. 中国创新型城市发展报告. 北京：科学出版社，2013.

22. 龚晓峰在新技术潮流下努力追赶欧美 日本制造业白皮书透露啥信息. 赛迪网，2015-06-23.

23. 顾新. 区域创新系统的内涵与特征. 同济大学学报（社会科学版），2001（6）.

24. 黄晨，冯华. 科技创新中心形成的影响因素研究. 北京交通大学学报（社会科学版），2018，17（3）：41-49.

25. 李国平. 北京经济转型的特点与对策. 前线，2013（1）.

26. 李红升. 关于中关村科技园区的经济分析. 中国工业经济，2003（7）.

27. 林衡博，等. 弗里曼国家创新体系理论的改进初探. 当代经济，2003（6）：35－36.

28. 林肇武，等. 深圳建设全球技术创新中心战略构想和对策建议. 科技管理研究，2011（23）.

29. 刘淇. 建设“人文北京、科技北京、绿色北京”. 求是，2008（23）.

30. 陆园园. 北京科技创新中心建设路径. 前线，2018（10）：86－88.

31. 罗英，等. 制胜日新月异的中国医疗科技市场. 波士顿咨询公司. 2014－10.

32. 骆建文. 国际城市群科技创新中心建设经验及对上海的启示. 华东科技，2015（3）.

33. 沈正言. 坚持走中国特色自主创新道路——深圳市推进国家创新型城市建设的经验与启示. 人民日报，2012－01－17.

34. 申峥峥，张玉娟，于怡鑫. 上海科技人才政策文本分析. 情报工程，2018，4（1）：89－100.

35. 汤汇浩，等. 上海加快建设全球科技创新中心的若干思考. 科学发展，2014－10.

36. 汪怿. 上海建设全球科技创新中心的人才问题——基于上海科技人员的抽样调查. 上海经济研究，2015（4）：113－122.

37. 王亮，陈军，石晓冬. 北京市科技创新空间规划研究：特征、问题与发展路径. 北京规划建设，2019（5）：147－152.

38. 王涛. 英国：“创意”推动文化产业发展. 经济日报，2011－11－17.

39. 王天乐，等. 新加坡推出“智慧国家2025”智能城市计划. 人民日报，2014－08－19.

40. 王战，等. 转型升级的新战略与新对策：上海加快建设具有全球影响力的科技创新中心研究. 上海：上海社会科学院出版社，2015.

41. 魏枢. 上海城市转型的历史视角. 东方早报，2014－01－21.

42. 文汇报编辑部. 全球视野中的科创中心建设及上海战略. 文汇报，2015－05－25.

43. 吴贝贝. 上海科研院所科技人才使用与评价机制浅析. 上海管理科学，2017，39（3）：82－87.

44. 伍慧萍. 从汉堡的产业集群战略看德国地方政府的科技创新. 文汇报，2015－07－17.

45. 伍建民. 建设全国科技创新中心的内涵与形势. 前线，2014（10）.

46. 新华网，http://news.xinhuanet.com/zhengfu/2004－12/29/content_2389662.htm

47. 徐小钦，等. 我国大学科技园推动区域创新问题研究. 科技进步与对策，2008－01.

48. 杨冬梅，等. 创新型城市：概念模型与发展模式. 科学学与科学技术管理，2006（8）.

49. 袁红英，石晓艳. 区域科技创新中心建设的理论与实践探索. 经济与管理评论，2017，33（1）：134－140.

50. 张健，王博，崔杰，吕元，谭鲁渊. 北京：城市总体规划实施评估科技创新指标研究. 北京规划建设，2017（5）：91－95.

51. 张仁开. 上海建设国际创新中心战略研究. 科学发展，2012（11）.

52. 赵继敏. 北京国家科技创新中心建设路径. 城市管理与科技，2016，18（4）：22－25.

53. 赵清. 创新型城市的理论与实践分析. 首都经济贸易大学学报，2010（2）.

54. 庄巧祎. 纽约：正在崛起的高科技枢纽. 东方早报，2014－12－09.

第二章　全球创新型城市与科技创新中心评判理论研究

全球创新型城市是凭借其自身集聚、吸引的创新资源促进创新成果高效率转化的，有完善的创新扶持政策和金融支撑体系以及积极健康的创新环境，不管是在推动世界技术创新，还是在推动世界文化创新、管理创新、商业模式创新等诸多方面都发挥着引领作用。

在创新型城市这个创新网络中，创新主体、创新资源、支撑体系之间的作用机制是什么，影响创新的关键因素是什么，是勾勒、创建全球创新型城市理论框架与评价体系关注的重点。

除此之外，本章将在借鉴当前主要的创新型城市基本条件与评判标准的基础上，按照国际化指标体系的理论和思路，总结出全国科技创新中心的基本条件与评判标准。

第一节　全球创新型城市理论框架与评价体系

在创新驱动指标评估体系研究方面，近几年来，包括欧盟、澳大利亚等发达国家和地区的许多研究机构都对其做了大量工作，如欧盟创新记分牌（EIS）等。

值得关注的是，相对于国外而言，我国对于创新评价指标体系的研究在总体上尚处于起步阶段，创新驱动的绩效评价仍较为薄弱，本节在分析国内外典型评价指标体系的基础上，提出较为系统的创新评估指标体系，总结出北京创建科技创新中心的基本评判标准。

一、全球创新型城市基本理论框架

近年来，国内外学者有关创新型城市的相关理论与实践研究层出不穷。城市日益成为信息、技术、人才等创新资源的聚集地，如何理清创新活动中主要要素之间的逻辑关系和作用机制，也成为本书关注的重点。

（一）理论框架的提出

受经济全球化和电子信息技术飞速发展的影响，创新资源与创新人才的自由流动正日益突破区域的限制，不断向全球知名创新型城市集聚。在这个过程中，城市的创新网络成为创新资源、创新和创业活动最为重要的空间载体，在全国创新体系甚至全球创新网络中的地位和作用正日益凸显。

我国目前仍处于加速城市化进程的阶段，虽然在国家创新战略的刺激下，一大批城市提出创建创新型城市，但还没有形成真正意义上的创新型城市，可以提供借鉴的成功城市案例较少。

在这个基础上，国内有关创新型城市的理论研究正处在兴起阶段，系统地构建创新型城市的理论框架需要进行大量的研究工作。还需要进一步理顺构成创新型城市的要素之间的作用关系，以及城市创新建设对于国家创新建设的促进机制。

本章首先提出了全球创新型城市的概念，应该是在全球创新网络中占有关键地位，凭借其自身集聚、吸引的创新资源促进创新成果高效率转化，有完善的创新扶持政策和金融支撑体系，以及积极健康的创新环境，不管是在推动世界技术创新，还是在推动世界文化创新、管理创新、商业模式创新等诸多方面都发挥着引领作用。

本章提出了创新型城市的六大要素，即大批量的创新主体、密集的创新资源、开放的创新平台、强大的辐射能力、完善的创新服务体系、独特的城市创新网络等。几大要素之间的作用机制如图 2-1 所示。

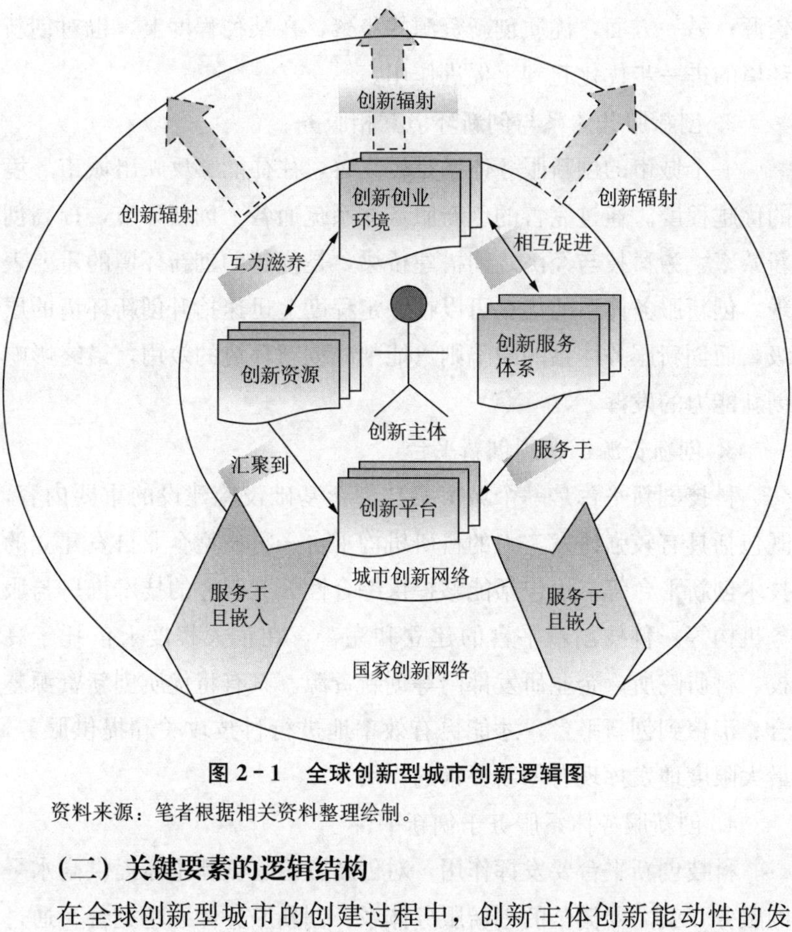

图 2-1　全球创新型城市创新逻辑图

资料来源：笔者根据相关资料整理绘制。

（二）关键要素的逻辑结构

在全球创新型城市的创建过程中，创新主体创新能动性的发挥、创新资源的集聚、创新环境的培育、创新服务体系和创新平台的搭建缺一不可。除此之外，一个创新型城市的创新辐射效应又能给区域创新经济甚至国家创新经济带来巨大的养分。其中各种要素之间的关系可以总结如下：

1. 创新资源与创新环境互为滋养

知名高等院校、实力雄厚的科研院所、重点实验室和国内外高科技人才等是一个城市重要的创新资源，也是城市创新能力的重要体现。创新资源能否达到效应最大化还与创新环境有着很大的关系。创新环境与创新资源互为滋养。一方面，营造充满鼓励创新、自主创新精神的良好创新环境，能有效吸引全国乃至全世界的创新资源；另一方面，优质创新资源的集聚，在某种程度上，也对创新环境的进一步优化起到了促进作用。

2. 创新服务体系与创新环境互相服务

一个城市的创新服务体系是否完善，往往能够反映出城市环境的优越程度。通过完善的创新服务体系疏通各个创新环节，提高创新效率，为科技与经济之间搭建桥梁，是优越的创新环境的重要表现。创新服务体系的优良可以在一定程度上迅速抬升创新环境的层级，而创新服务体系的缺陷则可能削减创新环境的效用，最终影响创新能力的发挥。

3. 创新资源汇聚到创新平台

科技创新平台是一个城市科技创新基础设施建设的重要内容，既包括具有较强研发实力的科研机构平台、科技型企业自发建立的技术创新平台等，也包括能够提供综合性公共服务的技术推广与服务机构等。科技创新平台的建立和完善，在很大程度上依托于高校、科研院所、企业研发部门等创新资源。只有将优质创新资源整合、汇聚到创新平台，才能更有效率地进行科技攻关和提供服务，最大限度地发挥现有创新要素的作用。

4. 创新服务体系服务于创新平台

科技创新平台要发挥作用，对创新资源、创新主体提供高水平的服务，就需要健全的创新服务体系。创新服务体系越完善，通过引进、发挥各类中介机构的作用，提供包括技术、专利、融资、财务、人才等方方面面的服务，越能够加强创新平台建设。

5. 城市创新网络嵌入且服务于国家创新网络

创新型城市的创新网络是整个国家创新网络的重要组成部分，作为国家创新网络的节点存在，嵌入国家创新网络。与此同时，城市创新又服从于国家创新大战略，不仅仅是满足城市自身转型升级的需要，更是国家创新体系的重要组成部分，是建设创新型国家的重要步骤。

二、全球创新型城市评价体系

目前，国际上比较有代表性的创新型城市评价指标体系包括欧盟创新记分牌、《全球创新型城市指数》、国家创新能力指数、3T创新指数、《全球创新指数报告》等，国内创新型城市评价指标体系中比较有代表性的是中国科学技术发展战略研究院发布的系列《国家创新指数报告》等。

（一）欧盟创新记分牌

欧盟创新记分牌是目前测评国家创新能力较为权威的指标体系。从20世纪90年代开始，欧盟就致力于探讨提高国家创新竞争力的途径，并推动各项创新战略的制定与实施。其中具有开创意义的是1995年通过的欧盟《创新绿皮书》，这是欧盟第一个创新计划。

随后在1996年，欧盟发布了《欧洲创新的第一个行动计划》，并为此制定了创新政策发展的建议和方案，提交欧洲议会和理事会审议、批准。1999年，欧盟提出“欧洲创新趋势图”计划，旨在收集并分析创新政策信息，进一步修改和完善创新政策、措施。

2000年3月，欧盟在西班牙里斯本召开的理事会上提出，欧盟应该提升创新水平，以应对全球化和知识经济的挑战，确定了到2010年欧盟研发经费要达到GDP 3%的目标，以便在提升企业创新能力和技术水平方面有相应的资金来源。除此之外，倡议建立欧盟创新评价指标体系，以此作为提高欧盟经济竞争力的重要手段和措施。

随后在2001年10月，应欧盟里斯本会议的要求，欧盟委员会推出了《欧盟创新指数报告（2001）》，从人力资源、知识生产、知识传播与应用以及创新金融、创新产出和创新市场四个方面分17个指标对统计资料进行了分析。

经过多年的演变，2010年的《欧盟创新指数报告》正式更名为《欧盟创新记分牌》。在《欧盟创新记分牌2015》中，其评价体系由创新驱动者、企业活动、产出3个一级指标，人力资源、开放而优秀的研究系统、资金和支持、企业投资、联系与创业、智力资产、创新者、经济效益8个二级指标，25个三级指标组成（见表2－1）。

表2－1　欧盟创新记分牌指标体系

	一级指标	二级指标	三级指标
欧盟创新记分牌创新指标体系	创新驱动者	人力资源	新博士毕业 人群完成高等教育比例 青年完成至少中等水平教育比例
		开放而优秀的研究系统	每万人口中国际科学合作出版物 排名前十引用最多的科学出版物 非欧盟博士生
		资金和支持	公共部门的R&D支出 风险投资
		企业投资	商业部门的R&D支出 非科研创新支出
	企业活动	联系与创业	中小企业内部创新 中小企业联合创新 公私合作出版物
		智力资产	每亿元GDP的PCT专利申请 PCT专利申请的社会挑战 社区商标 社区设计
		创新者	引入产品或过程创新的中小企业比例 引入营销或组织创新的中小企业比例 快速增长企业的创新部门的就业
	产出	经济效益	知识密集型活动（制造业和服务业）的就业率 中高技术产品出口占出口总额的百分比 知识密集型服务出口占出口总额的百分比 新的市场和公司的创新占销售额的百分比 国外的许可证和专利收入占国内生产总值的百分比

资料来源：《欧盟创新记分牌2015》。

值得关注的是，在 2001—2005 年的《欧盟创新指数报告》中，并未出现中国的数据。2006 年，《欧盟创新指数报告》开始对主要创新型国家的创新绩效进行定量分析。2008 年，欧盟首次将“金砖四国”的创新考核列入评估体系，此后“金砖四国”的创新能力分析一直是报告中的重要组成部分。

（二）《全球创新型城市指数》

澳大利亚智库 2thinknow 从 2007 年起开始发布《全球创新型城市指数》，是目前为止全球范围内覆盖面最广的城市创新能力考察报告。该报告认为，影响城市创新能力的 3 大基本因素包括文化资产、人力基础以及市场网络。其中，文化资产指的是可测量的思想来源（如设计师、艺术画廊、体育、博物馆、舞蹈、自然等）；人力基础指的是实施创新的包括软、硬件在内的基础设施（如交通、大学、商业、风险投资、办公空间、政府、技术等）；市场网络指的是创新的基本条件和连接（如位置、军事与经济相关的实体等）。由这 3 大因素构建的具体评价指标体系分为 31 个部分，共 162 个指标，其中每个指标的基准分数为 0～5。

在其《2014 全球创新型城市指数》中，基于其调研的 445 个城市的 3 因素得分，将城市分为 5 大创新分类：NEXUS（连接）：在多个经济和社会创新领域有关键关系；HUB（核心）：在关键的经济和社会创新领域有主导力或影响力；NODE（节点）：跨越许多创新领域；INFLUENCER（影响者）：在某些领域有竞争力；UPSTART（新贵）：在一些创新部门对未来表现有潜在的举措。

（三）国家创新能力指数

2000 年，波特和斯特恩提出了由科学家及工程师比重、创新政策、集群创新环境和联系 4 个一级指标构成的国家创新能力指数（National Innovative Capacity Index）。其中，创新政策包括知识产权保护的有效性、一个国家留住它的科学家和工程师的能力、对私人部门研发税收抵免的规模和可获得性等创新维度。集群创新环境包括来自国内买家的创新的压力、专业研究及训练供应商的存在、流行性和集群的深度等创新维度。联系包括科学研究机构的总体质量、服务于创新而非风险项目的风险投资的可获得性等创新维度。

(四) 3T 创新指数

2006 年，美国学者查德·弗洛里达（Chard Florida）提出了著名的 3T 创新指数（Creative Index）理论，该指数由才能（talent）、技术（technology）和容忍度（tolerance）组成。

他认为，技术是一个城市创新和高科技的集中表现，一个城市的竞争优势来自能够迅速动员人才资源，把创意转化成新商业商品，因此，一个城市的优势在于能够吸引人才，而包容在吸引创意人才以及支持高科技产业发展和城市经济增长方面具有关键作用。因此该指标被西方国家城市管理者看成建设创新型城市的基准。

(五)《全球创新指数报告》

《全球创新指数报告》第一期由世界知识产权组织在 2007 年发布，其中《2018 全球创新指数报告》由康奈尔大学和欧洲工商管理学院、世界知识产权组织联合发布，该报告通过 84 个基本指标构成的评价指标体系对全球 142 个经济体的创新能力进行评估和排名。

全球创新指数由“创新投入指数”和“创新产出指数”两个类别构成，这两类又分为 7 大类一级指标。其中，“创新投入指数”包含：制度（政治环境、管理环境和商业环境）、人力资本和研究（教育和研发）、基础设施（信息/通信技术、能源和一般性基础设备）、市场成熟度（信贷、投资和贸易竞争）、企业成熟度（知识型工人、创新链和知识吸收）。“创新产出指数”包含：知识和技术输出（知识创新、知识影响和知识扩散）、创新输出（无形资产创造力、创新产品和服务以及在线创新）。除此之外，在 21 个二级指标下，又分出 84 个三级指标。

2018 年榜单显示，高收入经济体创新能力更强，接下来依次是中等收入经济体和低收入经济体的创新能力。瑞士、荷兰、瑞典、英国、新加坡依次位居前 5 位，其中瑞士是第八次占据榜首位置。美国 2007 年、2009 年在榜单中排名第 1，受金融危机拖累，2010 年其排名骤降至第 11 位，2014 年的排名为第 6 位，2018 年的排名为第6位。中等收入经济体中，中国、马来西亚、印度在创新领域表现突出。中国排在第17位。报告认为，和其他“金砖国家”相比，中国的创新能力正在快速提高，未来几年在榜单中的排名有望进入前10。①

（六）《国家创新指数报告》

《国家创新指数报告》由中国科学技术发展战略研究院发布，报告采用国际通用的标杆分析法，基于2011—2012年相关统计数据，测算了全球40个国家的创新指数。评价指标体系包括创新资源、知识创造、企业创新、创新绩效、创新环境等五个一级指标，30个二级指标（见表2-2）。②

表2-2 国家创新指数指标体系

<table>
<tr><td rowspan="3">国家创新指数</td><td>创新资源</td><td>研究与开发经费投入强度
研发人力投入强度
科技人力资源培养水平
信息化发展水平
研究与开发经费占世界比重</td></tr>
<tr><td>知识创造</td><td>学术部门百万研究与开发经费的科学论文引证数
万名科学研究人员的科技论文数
知识服务业增加值占GDP的比重
亿美元经济产出的发明专利申请数
万名研究人员的发明专利授权数</td></tr>
<tr><td>企业创新</td><td>三方专利总量占世界的比重
企业研究与开发经费与工业增加值的比例
万名企业研究人员拥有PCT专利数
综合技术自主率
企业研究与开发人员占全部研究与开发人员比重</td></tr>
</table>

① 2018全球创新指数报告-中文版. 中国互联网数据资讯网. http://www.199it.com/archives/843090.html，2019-03-15.

② 解读2013年国家创新指数报告. 人民网，http://scitech.people.com.cn/GB/1059/383163/index.html?ADUIN=1105961463&ADSESSION=1396241317&ADTAG=CLIENT.QQ.5311_.0&ADPUBNO=26327.

续表

<table>
<tr><td rowspan="2">国家创新指数</td><td>创新绩效</td><td>劳动生产率
单位能源消耗的经济产出
有效专利数量
高科技产业出口占制造业出口的比重
知识密集型产业增加值占世界的比重</td></tr>
<tr><td>创新环境</td><td>知识产权保护力度
政府规章对企业负担的影响
宏观经济环境
当地研究与培训专业服务状况
反垄断政策效果
员工收入与效率挂钩程度
企业创新项目获得风险资本支持的难易程度
产业集群发展状况
企业与大学的研究与开发协作程度
政府采购对技术创新的影响</td></tr>
</table>

资料来源：笔者根据《2013 年国家创新指数报告》整理。

三、国内外知名创新指标体系关键指标对北京建设全国科技创新中心的启示

在对国内外创新型城市的研究中发现，评价指标体系对于城市的创新建设具有指导意义，在评估指标出台后，各个国家可以通过实践对本国或地区的创新建设进行完善，使创新评价指标体系与国家创新建设之间形成良好的互动。通过总结国内外知名创新指标体系中的关键指标，可以对北京建设全国科技创新中心有启示作用。

（一）强化政府作用

应突出政府在科技创新中心建设中的重要作用，主动谋划全国科技创新中心建设。

从伦敦、特拉维夫、东京等创新型城市建设经验来看，政府在城市建设过程中都积极谋划，探索合适的发展途径。与纽约、伦敦等世界知名技术创新中心相比，北京创建全国技术创新中心的发展模式需要考虑北京城市发展特色，做好定位并制定相关创新计划与规划，强化相关政府部门间合作，营造良好的制度环境，以此推进

科技创新中心建设。

（二）加大对中小企业的扶持力度

以硅谷经验为例，中小企业的“毁灭式”创新是硅谷发展的重要力量源泉，但在我国，由于融资体系不健全，股市、债市、银行贷款和风险投资设置的门槛过高，其持续、长期的创新行为没有资金保障。2018 年北京统计局数据显示，2014 年北京 R&D 经费支出 1 870.8亿元，相当于地区生产总值的 6.17%，位居国内第一，且该比例已经远远高出发达国家水平，但我国的研发支出多投向国有科研院所和大型企业，应为中小企业创新探索更多的资金来源。

（三）培育优越创新环境

全国科技创新中心不仅要有世界一流的科研院所，能吸引到创新人才，更要有适合人才发展的土壤。除了良好的城市公共服务、生活服务、生活质量外，全国科技创新中心应该培养挑战权威、鼓励冒险、宽容失败的创新文化，形成一种自下而上的主动创新文化，在此驱动下，才能形成知识创造和科技生产的凝聚力。

（四）加大科技创新园区的引领力度

科技创新园区是知识、技术、人才高度集中的区域。一个成功的科技园区不仅能促进城市科技创新的发展壮大，更能提供强大的创新辐射，带动周边地区乃至整个国家的技术创新。目前，放眼全球，为了更好地鼓励科技企业进行创新，不少国家都在大力发展科技创新园区。以美国旧金山湾区南部的硅谷为例，最早是研究和生产以硅为基础的半导体芯片的地方，目前已经是全球高新技术的重要源头之一，成为当今电子工业和计算机业的王国。

（五）引进高层次科技人才

如果说创新驱动是实现经济更好、更健康发展的动力源泉，则高层次科技创新人才就是支撑创新的关键。以以色列为例，为了在全球吸引优秀人才，以色列专门设立了移民吸收部。在移民吸收部中设立科学吸收中心，为科技移民提供就业方面的咨询，并向用人单位提供补助，开始两年用人单位只需支付科技移民工资的 15%～20%，其余的 80%～85%由科学吸收中心支付。另外，一些团体和协会也为促进以色列的科技进步发挥了很大作用。如以色列科学与人文学会由 60 名以色列最杰出的科学家组成，该学会负责管理以色列国家科学基金，积极向国内外募集资金资助基础研究。①

（六）激活风险资本市场

风险资本可以说是高科技产业发展的动力引擎。众多中小型科技企业在初创以及发展阶段，因为可供抵押贷款的重型资产较少，在通过银行渠道融资方面存在瓶颈，在这个烧钱阶段，风险资本市场是否活跃，在一定程度上制约了科技创新的速度。以美国风险资本市场为例，现代真正意义的风险投资始于美国，在创造高额产出的同时，促进了新兴科技产业的飞速发展。美国国家风险投资协会、普华永道和汤森路透最新发布的数据显示，2014 年美国风险投资机构的投资总额为 483.9 亿美元，创下自 2000 年以来的最高纪录，对推动科技创新起到了重要作用。

第二节　全国科技创新中心的基本条件与评判标准

科技创新对经济社会发展具有的强大驱动作用已经不容置疑，如何衡量和评价创新型城市向全国科技创新中心演变的条件和标准成为一大课题。笔者认为，应当借鉴当前主要的创新型城市的基本条件与评判标准，按照国际化指标体系的理论和思路，总结出全国科技创新中心的基本条件与评判标准。

一、全国科技创新中心的基本条件

（一）世界银行对全球创新型城市建设条件的阐述

2005 年，世界银行曾发表了一份关于“东亚创新型城市”的研究报告，其中提出了一系列成为创新型城市的先决条件：（1）拥有优良的交通电信基础和功能完善的城市中心区；（2）拥有充足的

① 以色列何以成为硅谷第二. 大众日报，2015-07-01.

经营文化、媒体、体育及学术活动的场所设施；(3) 拥有研究、开发与创新能力；(4) 拥有受教育程度较高的劳动力队伍；(5) 政府治理有效、服务高效；(6) 拥有多样化的文化事业基础设施和服务；(7) 拥有多样化的、高质量的居住选择；(8) 切实重视环保，在这方面有良好口碑；(9) 社会多元，能接纳各种观点的碰撞、各种文化的融合和各种体验的交汇。

(二) 英国对创新型城市建设条件的阐述

英国创新型城市权威研究机构 Comedia 的创始人查尔斯·兰德里（Charles Landry）认为，创新型城市的实现需要软件和硬件设施的结合。

软件主要是指高技能和高弹性的劳动力；活跃的思想者、创造者及执行者；大量的正式、非正式智力设施和老牌大学；释放个性的空间；城市内外的密切交流以及全面应用于社会或经济目标的企业文化。硬件则是指承载上述软件的设施与空间。

创新氛围由硬件和软件集合而成，使得城市成为创造思想和发明的容纳空间。同时，他还指出，创新型城市的建设不仅需要精英阶层的加入，更需要不同阶层的共同参与。

二、全国科技创新中心评判标准的基本要求

通过对国内外创新型城市评价指标体系的典型指标和主要创新型城市建设条件的分析，笔者认为，在构建全国科技创新中心的评价标准时，应注意以下几个基本要求：

(一) 科学性

科学性原则是评判全国科技创新中心的基本原则。首先，要保证评价指标的科学性。这就要求设计的评判指标不仅要符合理论基础，还要能客观、真实地反映被评价城市的环境、经济、社会发展的特点和状况，并且要全面反映出各指标之间的真实关系。

(二) 通用性

应确保评价指标具有一定的通用性，在评判或对比全球范围的科技创新型城市的过程中，这些指标之间应有统一的评判标准，尽

可能准确地反映出被评判城市的经济、社会、科技创新变化的诸多综合特征。

（三）系统性

全国科技创新中心评价体系中各指标之间应该是相通的，科技创新中心城市是由经济、社会、生态环境等各方面因素构成的规模巨大的生态系统，各个因素之间相互联系、相互影响，所以评价指标体系的设定需要照顾到系统中的各个因素，这样才能全面涵盖创新型城市的方方面面。

（四）导向性

指标作为目标分拆出来的细分类别的具体标准，导向性原则要求指评价指标要尽可能充分地反映目标。科技创新中心的评价体系并不是要评定一个城市在创新过程中的优劣得失，而是要尽可能指出该城市在科技创新过程中所处的位置，引导被评价城市补齐短板，向着更高效的目标发展，增强自主创新能力。

（五）可操作性

评价指标体系的可操作性不仅指数据和资料的可得性、便于收集等特性，还强调可比、可量化等特性，这就要求所选的定量指标应是国内外通用的、具有代表性的指标。除此之外，国内很多研究者提出的指标体系中指标个数偏多，会出现重复等现象，也加大了研究的操作难度。

（六）可监控性

指标的选择要充分考虑到城市创新体系庞杂、快速动态演变的特点，指标的设定应考虑到在不同时期相关监测人员对指标数据搜集的难易程度。

（七）权威性

这就要求指标的设置需要兼顾科学性、通用性、可操作性、可监控性等上述诸多特性，并且应该由政府权威部门发布，以加大评价指标体系的权威度。

三、全国科技创新中心的基本评判标准

国内对于创新型城市的基本评判标准主要有以下几种：

（一）中国创新型城市建设的评判标准

方创琳等（2013）[①] 在《中国创新型城市发展报告》中将中国创新型城市建设的评判标准确定为由一个1万美元、3个5%、3个60%和3个70%组成的10大判断标准：（1）人均GDP超过10 000美元；（2）全社会R&D投入占GDP的比重超过5%；（3）企业R&D投入占销售总收入的比重超过5%；（4）公共教育经费占GDP的比重大于5%；（5）新产品销售收入占产品销售收入的比重超过60%；（6）科技进步对经济增长的贡献率超过60%；（7）高新技术产业增加值占工业增加值的比重大于60%；（8）对内技术依存度大于70%；（9）发明专利申请量占全部专利申请量的比重大于70%；（10）企业专利申请量占社会专利申请量的比重大于70%。

凡是满足以上10大标准的城市就可认定为达到了创新型城市的建设标准，这是城市实现可持续发展的重要标志。

（二）北京市创新型城市的主要目标

2006年，北京市政府发布《关于增强自主创新能力 建设创新型城市的意见》，其中提出创新型城市的主要目标是：到2010年，全社会研发经费支出占GDP的比重达到6%，每万人专利申请数达到18件，科技进步贡献率达到60%，高技术产业增加值的增长速度高于GDP增速，企业创新主体地位初步确立，创新体系基本形成，自主创新能力明显增强，科技支撑经济社会发展的作用明显提高，初步建成创新型城市。再经过10年努力，到2020年，首都创新体系更加完善，自主创新能力显著增强，成为推动创新型国家建设的重要力量，进入全球创新型城市的先进行列。事实上，北京市2018年全社会研发经费支出占GDP的比重已经超过6%，每万人发明专利数超过48件。在拥有雄厚基础后，需要朝着国际顶尖创新型城市的目标迈进。

（三）全国科技创新中心的基本评判标准

总的来说，本节提出的全国科技创新中心基本评价标准包括创

① 方创琳，等. 中国创新型城市发展报告. 北京：科学出版社，2013.

新资源、创新成果、创新可持续性、创新环境、创新网络、创新辐射等六个层面10大标准（见表2-3），具体指标选择依据如下：

1. 研发经费支出占地区生产总值的比重

研发经费支出占GDP的比重被视为衡量一个国家和地区科技投入水平的最重要的指标。这一评价指标是国内外知名创新指标评价体系的必选指标，也是我国众多城市出台与科技创新相关规划时必选的具体措施指标。

2. 研发人员数量

清华大学技术创新研究中心的《国家创新蓝皮书》、科技部发布的《科技统计报告》、中国人民大学的中国创新能力指数评判指标等都将研发人员数量作为重要指标数据。

3. 每百万人口发明专利授权数

每百万人口发明专利授权数是指在报告期内按常住人口计算的每百万人口获得发明专利授权的件数，既是体现一个国家和地区科技进步的重要指标，也是国际上比较常用的评价创新活动中知识产出水平的一个相对量指标。在我国主要城市，相关部门在发布年度与知识产权相关的总结时，会选择这个指标进行说明。

4. 战略性新兴产业增加值占地区生产总值的比重

战略性新兴产业是以重大技术突破和重大发展需求为基础，对经济社会全局和长远发展具有重大引领带动作用，知识技术密集、物质资源消耗少、成长潜力大、综合效益好的产业。其增加值对整个地区GDP的贡献程度，在一定程度上代表了这个地区各产业发展的均衡度。

5. 技术市场成交合同额增长率（三年平均）（%）

技术市场成交合同额增长率代表了创新稳定性，在《北京市国民经济和社会发展统计公报》中是反映技术市场年度发展的重要指标之一。

6. 地方R&D经费支出额增长率（三年平均）（%）

地方R&D经费支出额增长率代表了创新投入的持续性，在《北京市国民经济和社会发展统计公报》中是反映技术市场年度发展的重要指标之一。

7. 人均 GDP

人均 GDP 常作为发展经济学中衡量经济发展状况的指标，是最重要的宏观经济指标之一，它是人们了解和把握一个国家和地区的宏观经济运行状况的有效工具。在方创琳等人提出的全国创新型城市评判标准中，这也是其中的指标之一。

8. 上市公司数量

上市公司数量代表了一个地区企业金融意识的强弱，也与一个城市的创业氛围、创业热情息息相关。

9. 世界 500 强企业总部数

世界 500 强是人们对美国《财富》杂志每年评选的“全球最大五百家公司”排行榜的一种约定俗成的叫法，这一指标表明了一个城市对于跨国公司的吸引力，在《转型升级的新战略与新对策：上海加快建设具有全球有影响力的科技创新中心研究》报告中，提出上海要创建高科技领先企业的全球性集聚中心，并将世界 500 强企业总部数列为指标之一。

10. 输出技术合同成交额占全国的比重

输出技术合同成交额占全国的比重代表了一个地区在技术输出层面的成效，是衡量一个地区高技术产业高端、高效、高辐射的创新引领作用的重要指标，在科技部以及重要城市的技术交易报告中，该数据是不可或缺的指标。

表 2-3　全国科技创新中心的基本评判标准

	基本评价指标	门槛值	数据说明	城市间比较
创新资源	研发经费支出占地区生产总值的比重	达到 8%	2018 年北京该数值为 6.17%	2018 年上海该数值为 4%，2018 年深圳该数值为 4.2%
	研发人员数量	超过 40 万人	2018 年北京该数值为 39.7 万人	深圳提出到 2017 年，研发人员数量达到 20 万人左右

续表

	基本评价指标	门槛值	数据说明	城市间比较
创新成果	每百万人口发明专利授权数	3 000 件	与北京颁布的《首都中长期人才发展规划》提出的2020年目标一致，2018年北京市每百万人口发明专利授权数为5 733件	2017年上海市每百万人口发明专利授权数为3 011件
	战略性新兴产业增加值占地区生产总值的比重	达到35%	2018年，北京市全年战略性新兴产业增加值占地区生产总值的比重为16.1%	2018年，上海全年战略性新兴产业增加值占地区生产总值的比重为16.7%，2018年，深圳市战略性新兴产业增加值占地区生产总值的比重为37.8%
创新可持续性	技术市场成交合同额增长率（三年平均）(%)	25%	2016—2018年三年北京技术合同成交额增长率平均值为12.8%	2016—2018年上海该数值为23.9%
	地方R&D经费支出额增长率（三年平均）(%)	15%	2016—2018年三年北京R&D经费支出额增长率为10.7%	2015—2017年三年上海R&D经费支出额增长率为11.9%
创新环境	人均GDP	超过2.5万美元	2018年北京该数值为约1.99万美元	2018年，按常住人口计算的上海市人均GDP为13.5万元，约为1.92万美元。2018年，深圳人均GDP为18.96万元，约2.86万美元
	上市公司数量	300家	截至2018年10月19日，北京共有上市公司315家	截至2018年10月19日，上海共有上市公司283家，深圳共有上市公司282家
创新网络	世界500强企业总部数	60家	2019年，《财富》世界500强中有56家总部位于北京	2019年，《财富》世界500强中有7家总部位于上海，7家总部位于深圳
创新辐射	输出技术合同成交额占全国的比重	超过45%	2018年北京输出技术合同成交额占全国的比重为33.3%	2018年上海输出技术合同成交额占全国的比重约为6%

资料来源：笔者整理。

参考文献

1. 方创琳，等. 中国创新型城市发展报告. 北京：科学出版社，2013.

2. 解读 2013 年国家创新指数报告. 人民网，http://scitech.people.com.cn/GB/1059/383163/index.html?ADUIN=1105961463&ADSESSION=1396241317&ADTAG=CLIENT.QQ.5311_.0&ADPUBNO=26327.

3. 以色列何以成为硅谷第二. 大众日报，2015-07-01.

第三章 全国科技创新中心理论框架与影响因素机理分析

全国科技创新中心城市是将全国中心城市与科技创新型城市这两个概念结合了起来，它是指在一个区域内经济、科技、社会发展水平、人文自然条件等各个方面具有最强综合实力和最具科技辐射力、科技带动力的一个点，而这个点往往就是一个城市。全国科技创新中心城市与其他中心城市最大的区别在于科技创新对于区域经济发展发挥了重要的支撑和带动作用。

第二章以全球创新型城市理论发展演进脉络和实践研究为主线，对全球创新型城市理论发展演进脉络进行梳理，归纳出全国创新型城市的理论基础为创新理论、国家创新体系、国家竞争优势理论、区域创新理论，为北京建设全国科技创新中心提供了理论借鉴。此外，对全球创新型城市的实践发展进行研究，总结出全球创新型城市在创新要素、政策支撑等方面的成功经验，为全国科技创新中心建设提供了国际经验借鉴。在分析全球创新型城市理论与实践的基础之上，归纳出全国科技创新中心的内涵和特征，提出建设全国科技创新中心的现实背景，并梳理全国科技创新中心的理论演进。通过北京、深圳、上海等地创建创新型城市的实践现状，对制约三地发展的瓶颈因素进行梳理，提出适应未来全球科技创新中心发展的政策建议和设想方案。

本章主要对北京建设全国科技创新中心的整体分析框架进行系统梳理，并归纳出全国科技创新中心的理论基础。此外，结合全球创新型城市的研究，建立了由创新网络、人力资本、创新政策、创新财力投入、创新基础、产业集群、创新文化、创新服务八大影响因素构成的全国科技创新中心的因素模型，并剖析各类因素影响全国科技创新中心发展的作用机理，为科技创新中心建设内容提供了基础。

第一节　北京建设全国科技创新中心分析框架和理论支撑

这一节主要是对北京建设全国科技创新中心的整体分析框架进行系统梳理，并归纳出全国科技创新中心的理论基础。

一、分析框架

笔者借鉴了全球创新型城市建设理论研究和实践经验，梳理了全国创新型城市理论演进和现实背景，并根据我国三大创新型城市的现实建设实践情况，归纳出北京建设全国科技创新中心的系统分析框架（如图 3-1 所示）。

图 3-1 给出了北京建设全国科技创新中心的分析框架，根据全球创新型城市的概念、理论演进、实践发展、评价体系等研究，

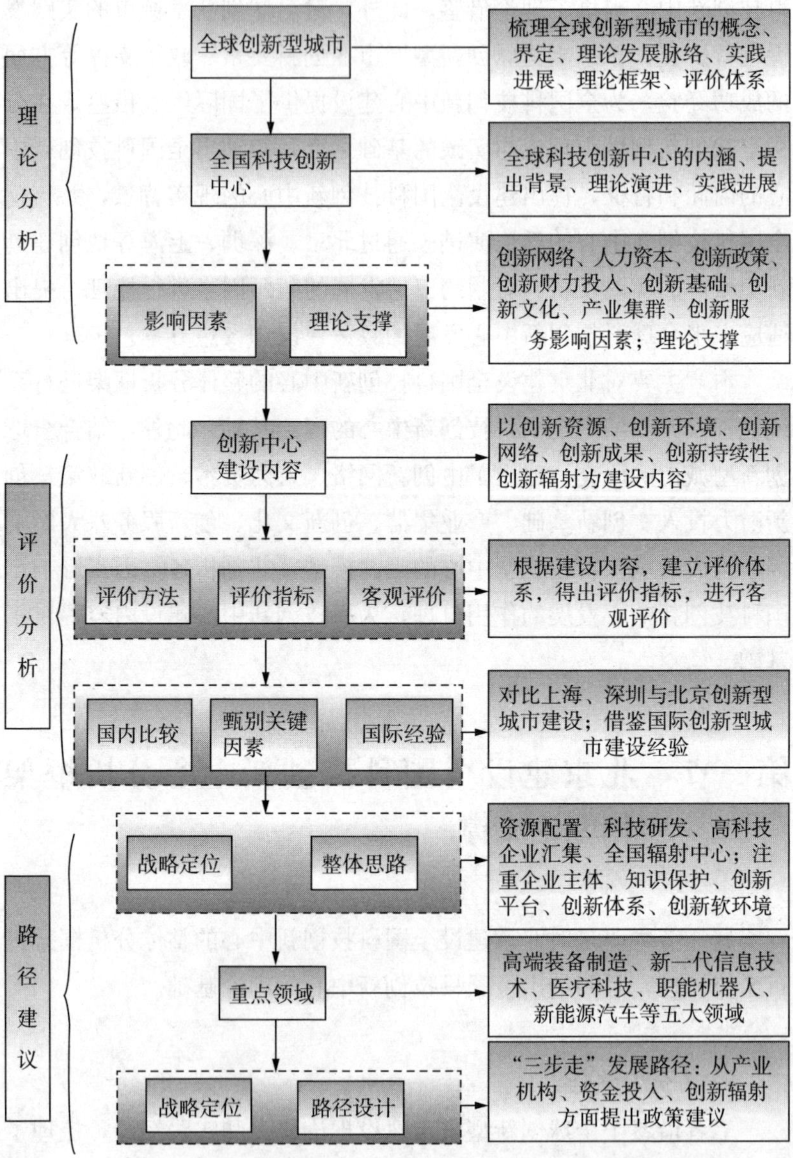

图 3-1　北京建设全国科技创新中心分析框架

资料来源：笔者绘制。

归纳出全国科技创新中心的内涵和特征，并且梳理全国科技创新中心的理论演进和实践进展。在此基础之上，提出建设全国科技创新中心的理论支撑，系统分析北京建设全国科技创新中心的影响因素及其作用机理分析。结合理论支撑和影响因素，归纳出北京建设全国科技创新中心的建设内容，并根据建设内容得出评价指标，建立评价体系，选择合适的评价方法，分为省域层面和城市层面两个层面进行创新水平比较，并结合国内创新型城市比较和借鉴国际创新型城市建设经验，甄别出北京建设全国科技创新中心的关键因素，制定出北京建设全国科技创新中心的战略定位、整体思路，最后确定建设重点领域，制定发展目标和发展路径，提出有效政策建议推进北京全国科技创新中心建设。

（一）理论分析

1. 全球创新型城市发展脉络和实践进展

本书首先论述了全球创新型城市的概念、必备要素、城市分级，并通过对全球创新型城市理论发展演进脉络进行梳理，归纳出全国创新型城市的理论基础为创新理论、国家创新体系、国家竞争优势理论、区域创新理论，为北京建设全国科技创新中心提供了理论借鉴。此外，对全球创新型城市的实践发展进行研究，总结出全球创新型城市在创新要素、政策支撑等方面的成功经验，为全国科技创新中心建设提供了国际经验借鉴。

2. 全国科技创新中心的内涵、背景、理论和实践

本书通过对全国创新型城市的分析，归纳出全国科技创新中心的内涵和特征，提出建设全国科技创新中心的现实背景，并梳理全国科技创新中心的理论演进。通过目前北京、深圳、上海等地创建创新型城市的实践经验，对制约三地发展的瓶颈因素进行梳理，提出适应未来全球科技创新中心发展的政策建议和设想方案（如图 3－2 所示）。

图 3－2 是全国科技创新中心的简单分析框架，主要包括内涵特征、现实背景、理论演进和实践进展，为北京建设全国科技创新中心提供理论背景和实践基础。

3. 全国科技创新中心建设的理论支撑

北京建设全国科技创新中心的理论基础主要包括熊彼特创新理

论、技术创新理论、制度创新理论、区域创新系统理论、三重螺旋理论。

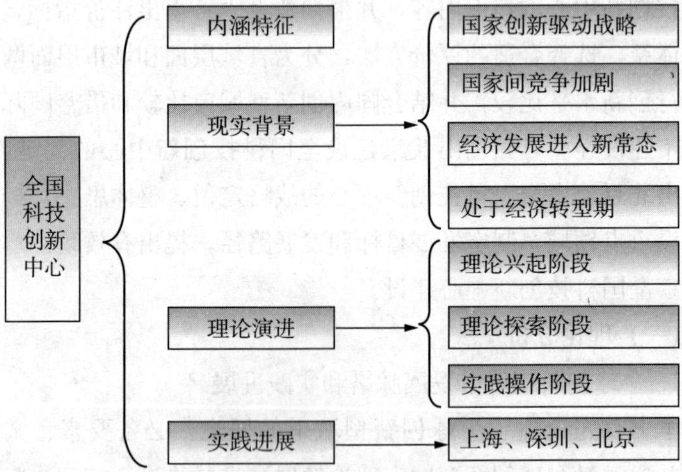

图 3-2　全国科技创新中心内涵、背景、理论与实践分析框架

资料来源：笔者绘制。

熊彼特创新理论阐述了创新的内涵，解释了北京建设全国科技创新中心的创新内容，奠定了北京建设全国科技创新中心的根本性基础。技术创新理论说明了技术创新在企业生产和创新型城市建设中的重要作用，北京建设全国科技创新中心，要加强技术推广、技术创新，促进企业、城市创新能力建设。制度创新理论强调了制度创新可以有效减少交易成本、促进创新资源的有效配置，从制度机制方面促进科技创新中心提高创新能力。区域创新系统理论强调创新型城市建设是一个系统工程。城市内各种要素集聚、相互联系、共同作用，最终促使创新型城市创新能力的提高。三重螺旋理论强调了官、产、学三者之间的紧密关系。我们要重视这种关系，积极推动官、产、学之间的合作，促进科技创新中心建设。理论之间的逻辑联系如图 3-3 所示。

图 3-3 说明了这五种理论之间的逻辑关系。熊彼特创新理论是所有相关创新理论的基石；在熊彼特创新理论的基础上，衍生出技术创新理论和制度创新理论；技术创新理论和制度创新理论相互

作用、相互促进，又形成了国家创新系统，区域创新系统是国家创新系统的重要组成部分；区域创新系统理论强调区域内所有创新资源、创新要素相互联系、共同作用，而三重螺旋理论解释了区域创新系统或者创新型城市中三个核心创新主体（政府、企业与高校和科研机构）之间的关系。这些理论都对北京建设全国科技创新中心提供了重要的理论依据和指导。

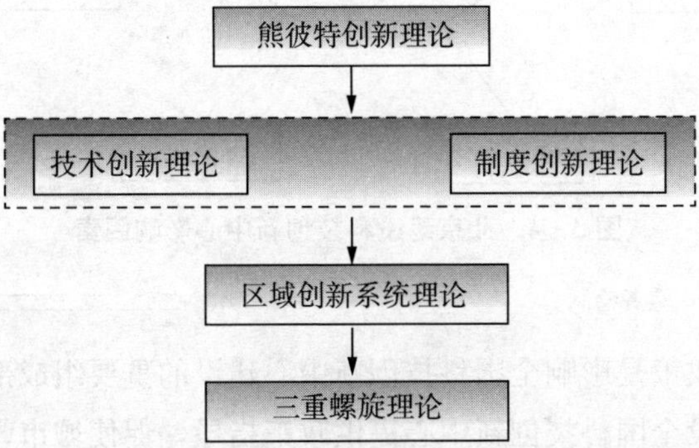

图 3-3　北京建设全国科技创新中心理论支撑逻辑关系

资料来源：笔者根据黄亮，杜德斌. 创新型城市研究的理论演进与反思. 地理科学，2014，34（7）修改绘制。

4. 全国科技创新中心建设的影响因素

结合创新型城市的理论与实践，对全国科技创新中心建设的影响因素进行分析，可以归纳为创新网络、人力资本、创新财力投入、创新政策、创新基础、产业集群、创新文化、创新服务等八大因素（如图 3-4 所示）。

创新网络是全国科技创新中心的创新主体——政府、企业与高校和科研机构形成的相互联系的网络结构，共同促进全国科技创新中心的建设。

人力资本是建设全国科技创新中心的核心动力，有了创新人才，才有创新活动产生，才可以进行科技创新中心的建设。

创新财力投入是建设全国科技创新中心的关键，没有资金投入，就无法保障创新活动的进行，无法使得政府、企业以及高校和科研机构生产出新产品、新知识、新技术。

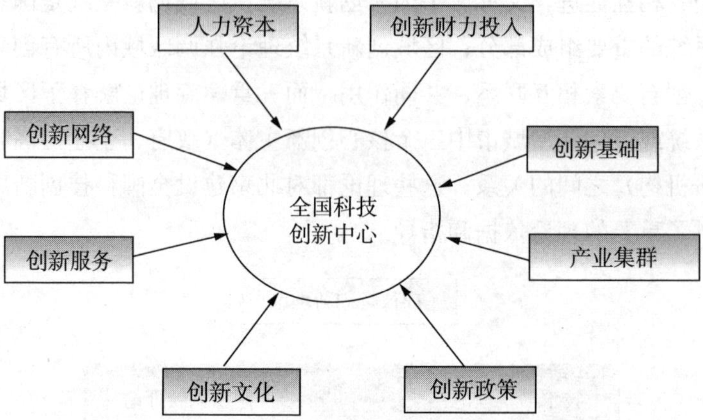

图 3-4　北京建设科技创新中心影响因素

资料来源：笔者绘制。

创新政策是影响全国科技创新中心建设的重要组成部分，创新政策为建设全国科技创新中心提供政策指导，促使城市朝着科技创新的方向发展。

创新基础是科技创新中心建设必要的物质基础条件，良好的基础设施可以吸引更多的人才和企业入住，进行科技创新中心建设。

产业集群是建设全国科技创新中心的企业创新基础，产业集群内的企业可以更多地加强联系，更快地传播新思想、新知识、新技术，促进创新型城市的建设。

创新文化是全国科技创新中心创新精神的孵化器，可以从价值观念和行为规范方面激发创新主体的创新行为，进而促进科技创新中心的建设。

创新服务是建设全国科技创新中心的基础支撑平台，为支撑和促进科技创新主体的创新活动提供社会化、专业化服务。

（二）评价分析

1. 建设内容和评价指标

（1）建设内容。

全国科技创新中心是对全国科技创新具有示范引领和辐射带动作用的城市或区域。通过第二章对全球科技创新中心影响因素与作用机理的分析，可以构建出全球科技创新中心的内容体系。全国科技创新中心的创新内容主要包括创新资源、创新环境、创新网络、创新成果、创新可持续性、创新辐射六大方面（如图 3－5 所示）。

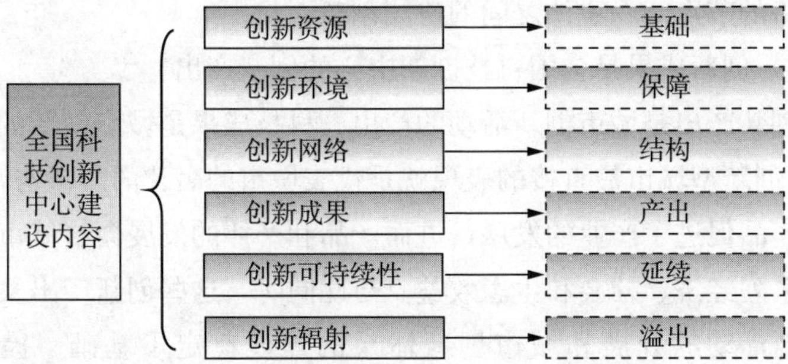

图 3－5　北京建设全国科技创新中心的创新内容

资料来源：笔者绘制。

1）创新资源是全国科技创新中心创新活动的基础。

作为创新活动的投入要素，创新资源是产生创新成果、推动经济和社会发展的要素总和。创新资源是创新活动所涉及的全部资源，是所有对企业技术创新过程实现和创新成果取得发挥作用的物质和非物质资源的统称，包括直接参与创新过程各阶段的各类资源、服务于创新过程各阶段的各类资源以及创新成果的保持扩散所需的各类资源。

2）创新环境是建设全国科技创新中心的基本保障。

创新环境是与吸引创新人力资本和资金投入有关的公共空间、城市文化、教育、金融、娱乐、休闲环境等。创新型城市的创新环境是高新技术产业发展必需的社会文化环境，它是在地方行为主体（大学、科研院所、企业、地方政府等机构及个人）之间长期正式或非正式的合作与交流基础上所形成的相对稳定的系统。更广义的创新环境还应包括制度、物质基础、生活环境等方面，可视为创新综合环境。

3）创新网络是全国科技创新中心的内部基础结构。

全国科技创新中心内部系统是在一定的社会经济文化环境下，由企业、高校、科研院所、政府、中介机构等多种类型的主体参与，且彼此之间存在着互动、耦合、协同、促进的非线性作用机制，从本质上看，是一个创新主体在环境的作用下，不断适应环境并改造环境的复杂系统。城市创新系统中多种类型的创新主体构成了网络的节点——主体之间的协同创新。

4）创新成果是全国科技创新中心的创新产出。

创新产出是城市创新活动的产出。科技成果是城市创新的“名片”，创新型城市最直接的表现就是代表城市的名片的质量与数量；创新产品促进了产业的发展，进而产品和产业的发展会给城市带来了一系列经济、社会和生态效益。与此同时，这些创新产出又为城市创新活动的开展和城市创新体系的建设奠定了基础、提供了动力。

5）创新可持续性是全国科技创新中心创新延续的关键。

全国科技创新中心建设是一个需要花费数年的过程，其创新可持续性制约着全国科技创新中心的建设能力，持续能力越强，越容易建设成科技创新中心。

6）创新辐射是全国科技创新中心的溢出效应。

全国科技创新中心的建设培植了优势产业，形成了区域创新能力。成为全国科技创新中心后的示范辐射功能能显著带动周围其他城市发展。

（2）评价指标。

根据创新内容建立指标体系，采用多指标评价方法对评价体系的指标进行计算，评价出各个不同城市的科技创新能力。根据对科技创新中心创新内容的分析，可以得出理想指标体系的一级指标、二级指标和三级指标。

如图 3－6 所示，一级指标是衡量科技创新中心的能力指数，二级指标包括衡量创新内容的创新资源、创新环境、创新网络、创新成果、创新可持续性和创新辐射指标，三级指标是对二级指标的细化。

1）创新资源指标。

创新资源二级指标包括经济投入和人才投入两个三级指标。经济投入衡量地方在科技研究方面的支出；而人才投入衡量地方投身于科学研究的人才数量。经济投入和人才投入是创新活动进行的基础，这两方面的投入将会直接限制创新水平的高低。

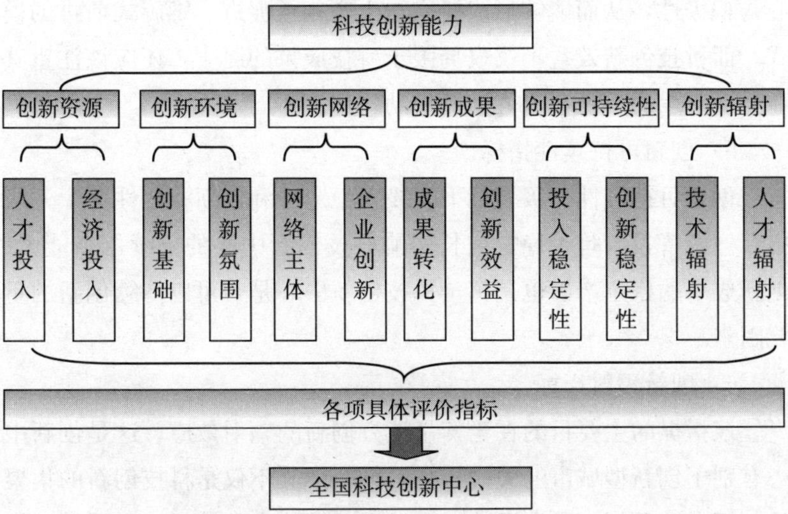

图 3-6　科技创新中心目标指标体系

资料来源：笔者绘制。

2）创新环境指标。

创新环境二级指标包括创新基础和创新氛围两个三级指标。良好的经济基础意味着政府更有能力投入科技建设，使得科技创新活动可以顺利进行。创新氛围是科技创新软环境的重要组成部分，文化气息浓厚、创新精神盛行的地方，会有更多人参与到创新之中。良好的环境与健全的基础设施则有利于吸引这些高水平的人才和创新型企业。

3）创新网络指标。

创新网络是指政府、企业以及科研机构、高校在内的联络平台，其中既有科研机构间知识、技术方面的交流，又包括学科间互补、企业生产寻求技术支持等方面。在其子指标中，主要衡量政府、企业、科研机构三者之间的联系程度：企业科研力量的支持、政府政策、网络关联度。

4）创新成果指标。

创新成果二级指标下有创新成果转化和创新效益两个三级指标。较强的科研成果转化为产品的能力将有助于提高创新人员的信心与积极性，从而能够形成研究与生产相互促进、螺旋式前进的模式。而科技创新效益不仅仅局限于科技成果的诞生，还应该注重其在经济、生态、社会等方面的带动作用。

5）创新可持续性指标。

创新可持续性二级指标下有投入稳定性和创新稳定性两个三级指标。经济投入是否稳定增长影响科技创新中心的持续创新能力；创新成果的稳定产出也是衡量科技创新中心是否可以持续创新的重要因素。

6）创新辐射指标。

该指标的主要目的在于衡量地方创新的辐射效应，这是创新中心有别于创新型城市的关键特征，创新中心不仅是科技创新的集聚地，更应该是创新的发源地，通过人才和技术的流动，对周边区域甚至是全国、全球的科技创新产生影响。其中，又分为区域交融以及区域带动两个方面，前者评估技术在区域间的流动，用于评价城市创新对周边创新能力的影响；后者用于衡量创新对周边经济方面的带动作用。

2. 评价方法和客观评价

（1）评价方法。

多指标综合评价方法是把多个描述被评价事物不同方面且量纲不同的统计指标转化成无量纲的相对评价值，并综合这些评价值，以得出对该事物一个整体评价的方法系统。对指标数据的综合评价方法主要有模糊综合评价方法（Fuzzy Synthetic Evaluation）、层次分析法（Analysis Hierarchy Process）、人工神经网络方法（Artificial Neural Network）、遗传算法（Genetic Algorithms）、主成分分析法（Principal component Analysis）、因子分析法（Factor Analysis）等。

本书将采取加权平均法对科技创新中心能力指数的评价体系进

行分析，建立科技创新中心的综合评价指标体系后，根据评标指标体系，计算科技创新能力指数。其具体步骤为：

1）指标数据的收集。

科技创新能力指标数据为定量指标数据。定量指标数据主要依据相关统计年鉴、统计网站进行数据整理，分析得出初始指标值。

2）数据处理方法。

原始数据要进行无量纲化处理。无量纲化处理的作用在于统一指标的极性和量纲。本书采用模糊隶属度函数法进行标准化处理，正向指标采用半升梯形模糊隶属度函数法进行无量纲化。

$$x'_{ij}=\begin{cases}1 & \text{当}\, x_{ij}\geqslant \max\{x_{ij}\}\,\text{时}\\ \dfrac{x_{ij}-\min\{x_{ij}\}}{\max\{x_{ij}\}-\min\{x_{ij}\}} & \text{当}\,\min\{x_{ij}\}<x_{ij}<\max\{x_{ij}\}\,\text{时}\\ 0 & \text{当}\, x_{ij}<\min\{x_{ij}\}\,\text{时}\end{cases} \tag{3-1}$$

对于逆向指标，则相应地采用半降梯形模糊隶属度函数模型，

$$x'_{ij}=\begin{cases}1 & \text{当}\, x_{ij}\leqslant \min\{x_{ij}\}\,\text{时}\\ \dfrac{\max\{x_{ij}\}-x_{ij}}{\max\{x_{ij}\}-\min\{x_{ij}\}} & \text{当}\,\min\{x_{ij}\}<x_{ij}<\max\{x_{ij}\}\,\text{时}\\ 0 & \text{当}\, x_{ij}\geqslant\max\{x_{ij}\}\,\text{时}\end{cases} \tag{3-2}$$

北京建设科技创新中心的指标体系中，x_{ij} 为第 i 个指标 j 个城市的值。$\max\{x_{ij}\}$、$\min\{x_{ij}\}$ 分别为第 i 个评价指标的最大值、最小值。x'_{ij} 为指标隶属度，取值范围为[0，1]。

3）指标权重的处理。

由于创新资源、创新环境、创新网络、创新成果、创新可持续性、创新辐射对于北京建设创新中心都很重要，所以赋予创新中心基本建设内容的六大方面以相同的权重。在详细的四级指标下，根据重要性，再赋予不同的权重。

4）加权平均法计算指数。

加权算术平均法原理：

①收集到数据为 x_{ij}。x_{ij} 具体为不同城市不同指标的数值。

②对收集到的数据 x_{ij} 进行标准化处理。

③根据上述权重处理方法得到各观测值的对应权数 w_i。

④ψ 为加权算术平均数。

加权算术平均法的计算公式为：

$$\psi_j = \sum_{i=1}^{n} x_{ij}' w_i \tag{3-3}$$

式中，n 为指标的个数，j 为特定的某个城市或省。w_i 为 i 指标所占的权重，x_{ij}' 为标准化后各指标的标准值。通过比较来判断不同城市不同省的科技创新能力。

(2) 客观评价。

根据已建立的指标体系，选择合适的评价方法分别从省域和城市两个层面分析北京与重要省市的综合创新能力、创新资源、创新环境、创新网络、创新成果和创新辐射之间的差异，评价分析北京科技创新水平，找到北京进一步提高创新能力的关键点。主要分为省域层面的创新水平比较和城市层面的创新水平比较。

3. 国内对比和国际经验

(1) 国内对比。

上海和深圳是我国创新型城市建设的典范，在城市创新战略和驱动要素方面有各自的特色和优点。通过对上海的创新指导意见、创新模式以及创新发展内容三方面进行对比研究，指出北京建设全国科技创新中心的优势和短板，以对北京的创新型城市建设提供借鉴。

(2) 国际经验。

全球有许多城市因具有突出表现而跻身为国际创新中心，如硅谷、伦敦、东京、筑波、波士顿、纽约、大田、赫尔辛基、特拉维夫等。国际创新型城市因具有不同的历史文化背景及经济发展基础而具有不同的发展战略和发展模式。通过系统分析不同创新型城市的不同创新模式，归纳出对全国科技创新中心建设有益的一些共同的因素：高效的政府管理机制、良好的区位因素、发达的对外经济联系、积极的人才培养引进和激励、完善的科技中介服务体系、开放包容的创新文化和完善的产学研合作平台。

4. 甄别关键因素

通过分析影响因素和创新内容，建设评价指标体系，比较国内创新型城市现状，借鉴国际建设创新型城市的经验，归纳出全国科技创新中心建设的关键因素，包括政府管理、区位环境、产学研、风险投资、科技中介、创新人才六大因素，并且分析北京在这些关键因素建设方面的成就或者不足（如图 3-7 所示）。

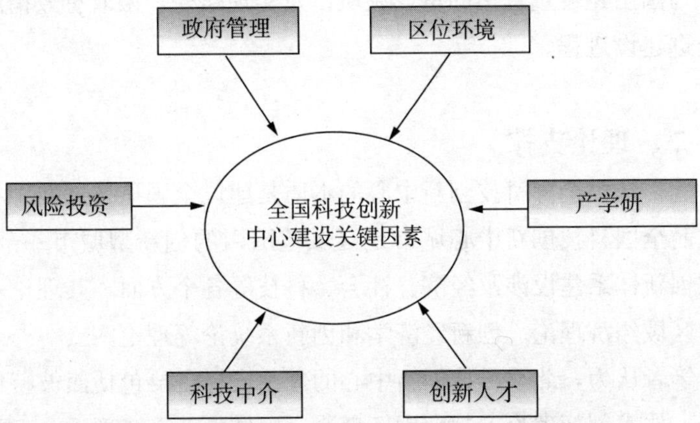

图 3-7 北京建设全国科技创新中心关键因素分析

资料来源：笔者绘制。

（三）路径建议

1. 战略定位和整体思路

通过梳理北京建设全国科技创新中心的影响因素和理论支撑，进行客观评价，并对比上海、深圳创新型城市建设实践，借鉴国际创新型城市建设经验，给出北京建设全国科技创新中心的战略定位：全国资源配置中心、全国高科技研发中心、全国金融管理中心、高科技企业汇集中心、全国辐射中心，并根据五大战略定位，给出北京建设全国科技创新中心的整体思路：强化企业在科技创新中的主体地位；构建科技创新资源汇聚大平台；以创新软环境建设为重要发展方向；强化知识产权保护；构建完善的自主创新体系。

2. 具体领域、发展路径和政策建议

根据北京建设全国科技创新中心的战略地位和整体思路，结合北京的实践情况，确定包括高端装备制造、新一代信息技术领域、医疗科技技术领域、智能机器人领域、新能源汽车领域等五大重点领域，详细论述目前北京五大重点领域建设的优势和不足，并提出“三步走”的发展路径。基于上述对全国科技创新中心的来龙去脉和建设影响因素、理论支撑、内容体系的梳理，通过比较国内城市建设实践和借鉴国际经验，客观分析北京具有的优势和存在的问题，勾画出建设过程中的重点领域以及实现路径，采取有效措施切实推进建设进程。

二、理论支撑

北京建设全国科技创新中心的本质是建设全国科技创新中心城市，而全国科技创新中心城市是区域范围内的创新型城市一部分。区域创新体系建设涉及经济、社会、科技等各个方面，其理论基础包括区域经济理论、创新经济学和创新系统论等理论。①

笔者认为，北京科技创新中心的理论支撑主要包括熊彼特创新理论、技术创新理论、制度创新理论、区域创新系统理论、三重螺旋理论。其原因是：（1）熊彼特创新理论是所有其他创新理论的基石。（2）技术创新理论和制度创新理论是建设全国科技创新中心最重要的理论，技术和制度理论的结合，可以很好地促进全国科技创新中心的建设。（3）区域创新系统理论和三重螺旋理论都是从系统的角度论述科技创新中心建设，说明科技创新中心建设是一个系统工程，而不是要素的简单组合，这两个理论强调了要素之间的联系和互动。特别地，三重螺旋理论强调了政府、企业、高校和科研机构这三个最重要主体的互动和联系，具体如图 3－8 所示。

（一）熊彼特创新理论

1. 理论简介

“创新”这一概念最早见于美籍奥地利经济学家约瑟夫·熊彼特 1912 年的“创新理论”。② 熊彼特认为，创新是“当我们把所能支配的原材料和力量结合起来，生产其他的东西，或者用不同的方

---

① 王松，胡树华，牟仁艳. 区域创新体系理论溯源与框架. 科学学研究，2013(3)：344－349.

② 约瑟夫·熊彼特，经济发展理论. 北京：商务印书馆，1990.

法生产相同的东西”时，即实现了生产手段的新组合，产生了“具有发展特点的现象”。①

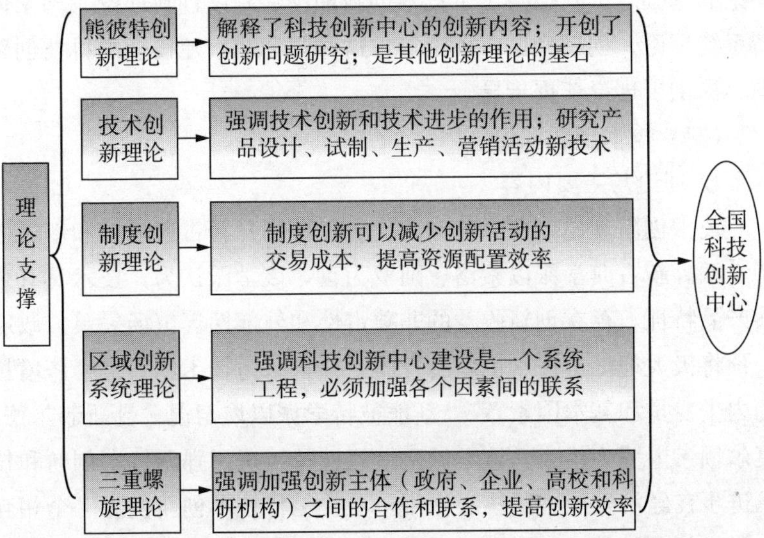

图 3-8 北京建设全国科技创新中心理论支撑示意图

资料来源：笔者绘制。

2. 主要内容

在熊彼特创新理论中，他认为创新并不是一个技术概念，不是单纯的技术上的新发明，而是一个经济概念，是指经济生活中出现的新事物，一般包括五种情况：(1) 采用了一种新产品，即消费者不熟悉或具有新特征的产品；(2) 采用了一种新的生产方法，这种方法有可能在科学上不一定成熟或者仅仅是商业上经销商品的一种方法；(3) 开辟了一个从未进入的新的市场；(4) 控制或“掠取”了新的生产原料和半成品的供给来源；(5) 出现了一种新的工业组织形式，比如形成或打破了一种垄断，或实现了托拉斯化。②

3. 对北京建设科技创新中心的意义

熊彼特创新理论阐述了创新的内涵，这解释了北京建设科技创

① 侯彬，邝小文. 熊彼特的创新理论及其意义. 科学社会主义，2005 (2)：86-88.

② 刘元凤. 创新型城市的综合评价研究. 上海：复旦大学，2010.

新中心的创新内容：新产品、新技术、新市场、新来源、新组织等。熊彼特创新理论开创了对“创新”问题的研究。在熊彼特创新理论的基础之上，衍生出了技术创新理论、制度创新理论、国家创新系统理论、创新型城市理论等，这些都为北京建设全国科技创新中心提供了理论依据指导。

（二）技术创新理论

1. 理论与主要内容

技术创新理论以两个流派为代表，分别是新古典学派和新熊彼特学派。新古典学派以索洛、阿罗为首，该学派认为，技术具有公共产品特征，存在创新收益的非独占性和外部性等市场失灵，政府干预将极大地促进技术创新的开展，并且认为技术创新是经济增长的内生变量和基本因素。①② 新熊彼特学派以埃德温·曼斯菲尔德、莫尔顿·卡罗为代表，该学派坚持熊彼特传统，强调技术创新和技术进步在经济发展中的核心作用，主要是将技术创新视为一个相互作用的复杂过程，重视揭示“黑箱”内部的运作机制。研究新技术推广、技术创新与市场结构的关系，企业规模与技术创新的关系等，侧重研究企业的组织行为及其对技术创新的影响。③

技术创新是指创新者抓住市场的潜在盈利机会，以获取商业利益为目标，重新组织生产条件和要素，建立起效能更强、效率更高和费用更低的生产经营系统，从而推出新的产品、新的生产（工艺）方法，开辟新的市场，获得新的原材料或半成品供给来源或建立企业的新的组织。它是包括科技、组织、商业和金融等一系列活动的综合过程。④

2. 对北京建设全国科技创新中心的意义

技术创新理论对于北京建设全国科技创新中心具有重要理论意义。技术创新理论强调技术创新和技术进步在经济发展中起重要作

---

① Solow R M. Technical Change and the Aggregate Production Function. The Review of Economics and Statistics，1957：312－320.

② 谢攀. 创新型城市指标评价体系问题研究. 西安：西北大学，2008.

③ 刘元凤. 创新型城市的综合评价研究. 上海：复旦大学，2010.

④ 付家骥. 技术创新学. 北京：清华大学出版社，1998.

用。建设全国科技创新中心要注重技术创新的重要作用，研究包括产品设计、试制、生产、营销和市场化一系列活动中新技术的产生和应用，促进技术创新驱动创新型城市建设。

（三）制度创新理论

1. 理论与主要内容

制度创新理论以科斯、诺斯等为代表。该派的基本思想是：由于存在交易成本，制度将影响到资源配置的效率；市场失灵是存在的，但解决的关键在于制度安排；历史上经济增长的源泉来自有效率的制度安排，不是单纯的技术革新和进步，技术革新和技术进步是经济增长的表现，而不是源泉。①

制度创新就是能使创新者获得追加利益的现存制度的变革。诺斯的制度创新理论主要有三方面的内容：首先，经济增长过程中，制度是决定性的因素；其次，由于现存制度下具有潜在获利机会，生产技术的发展和市场规模的扩大引致的制度需求是最终产生制度创新的原因；第三，一项新制度的出现，只有当制度创新的预期收益大于克服原有制度所需成本时才成为可能。②

2. 对北京建设全国科技创新中心的意义

制度创新打开了技术创新的“黑箱”，强调了制度创新对于北京建设全国科技创新中心的重大作用。制度创新可以有效减少交易成本，提高资源配置的效率，我们必须在建设科技创新型城市中，强化制度创新，保障城市中各种要素有效进行创新活动，提高城市创新能力，推动科技创新中心建设。

（四）区域创新系统理论

1. 理论与主要内容

1992 年，英国的库克率先提出了区域创新系统的概念，并从系统构成的角度对区域创新系统的概念做了界定。③ 他认为区域创新系

① 谢攀．创新型城市指标评价体系问题研究．西安：西北大学，2008．

② 戴维斯·诺斯．制度变迁与美国经济增长．上海：三联书店，上海人民出版社，1994．

③ Cooke P. Regional Innovation Systems：Competitive Regulation in the New Europe. Geoforum，1992，23（3）：11－12.

统主要是由地理上相互分工与关联的生产企业、研究机构和高等教育机构等构成的区域性组织体系，并通过这种体系支持产生创新。①

区域创新系统主要包括三个主体系统和三个支撑系统。② 三个主体系统，一是以科研院所和高等院校的科研机构为主构成的知识创新系统，它是技术创新的源泉；二是以企业为主体的技术创新系统，它是科技与经济的结合部，是区域经济发展的依托；三是各种科技推广和中介机构的创新技术扩散系统，它在科技成果商品化、产业化中起到重要作用。三个支撑体系，一是以高质量教育为特征、高等院校为主体的创新人才培育系统；二是由中介机构行使主要职能、促进创新的政策与管理系统；三是包括科研机构、信息情报、技术市场和各种社会服务机构的社会支撑服务系统。③

2. 对北京建设全国科技创新中心的意义

区域创新系统理论对于北京建设全国科技创新中心的重要意义在于，区域创新系统理论强调了创新型城市是一个系统，城市内各个要素并不是孤立起作用，而是相互关联、相互合作，最终构成创新型城市。北京在建设全国科技创新中心时，必须完善知识创新、技术创新、技术扩散三个支撑系统之间的相互联系，必须加强高校和科研机构、中介机构、政府三个主体系统之间的合作，把全国科技创新中心的建设作为系统工程，完善每一个要素和环节，提升城市的创新能力。

（五）三重螺旋理论

1. 理论与主要内容

三重螺旋理论是在 20 世纪 90 年代中后期开始流行的创新结构理论，由亨利·埃茨科威兹首次提出三重螺旋模型的概念，用以解释大学、企业和政府三者间在知识经济时代的新关系。④

---

① Cooke P N，Heidenreich M，Braczyk H J. Regional Innovation Systems：The Role of Governance in a Globalized World. Psychology Press，2004.

② 潘德均. 西部大开发战略与区域创新系统建设. 决策咨询通讯，2002（1）：36.

③ 戴超群. 创新型城市评价指标体系研究及其在南京市的应用. 南京：南京航空航天大学，2008.

④ 亨利·埃茨科威兹. 三螺旋——大学产业政府三元一体的创新战略，北京：东方出版社，2005.

三重螺旋理论可理解为官、产、学三方的关系和互动，“官”指的是体制，“产”是指企业，“学”是指科研机构和高校。① 其理论核心是：随着知识经济的出现，在区域内的科研机构与高校成为主要知识资产，具有更高的价值。在三重螺旋模型中，政府通过科学的制度安排、组织架构设计等政策措施，与院校、企业平等合作、融合而成为密切协作、协同发展的整体。在这种合作模式下，政府在创新中的作用能够得到优化与加强，政府、高校和企业形成抱成一团又呈螺旋上升的“三重螺旋”模型，就如同基因、生物体和环境三者交织在一起，以此达到三者资源和信息的共享，实现各自效应的最大化，以推动知识的生产、应用和创新。②

2. 对北京建设全国科技创新中心的意义

三重螺旋理论对于建设全国科技创新中心的重要意义在于使我们从整个系统来看待创新。创新不应该是单一部门、单一领域的行为，而是在各个部门的互动间产生的行为。政府的体制应该推动企业、高校和科研机构的创新活动，高校为企业、政府和科研机构提供创新人才，科研机构和高校为企业提供创新知识资源，企业的利润反过来对科研机构和高校、政府提供经济上的支持。创新活动实际上是很多创新主体协同完成的。建设全国科技创新中心，也必须注重政府、企业、高校和科研机构之间的关系，加强三者之间的相互联系，促进创新活动效率，提高城市创新能力。

第二节　北京建设全国科技创新中心的影响因素和作用机理

目前，在有关创新型城市和区域创新体系的探究中，影响创新型城市建设和技术创新进步的因素研究一直是一个关注焦点。本章把建设全国科技创新中心的影响因素分为创新网络、人力资本、创

---

① 王燕. 区域经济发展的自主创新理论研究. 长春：东北师范大学，2007.

② 周志太. 基于经济学视角的协同创新网络研究. 长春：吉林大学，2013.

新政策、创新财力投入、创新基础、产业集群、创新文化、创新服务八大因素，下面将详细地对这八大因素进行介绍，并剖析这些因素影响全国科技创新中心发展的作用机理。

图 3-9 为北京建设全国科技创新中心影响因素示意图，其中全国科技创新中心的影响因素为创新网络、人力资本、创新政策、创新财力投入、创新基础、产业集群、创新文化、创新服务。创新网络因素包括创新服务机构（中介服务机构和金融机构）和创新主体（政府、企业、高校和科研机构）及其相互关系，这些要素影响创新产出，进而影响全国科技创新中心建设。

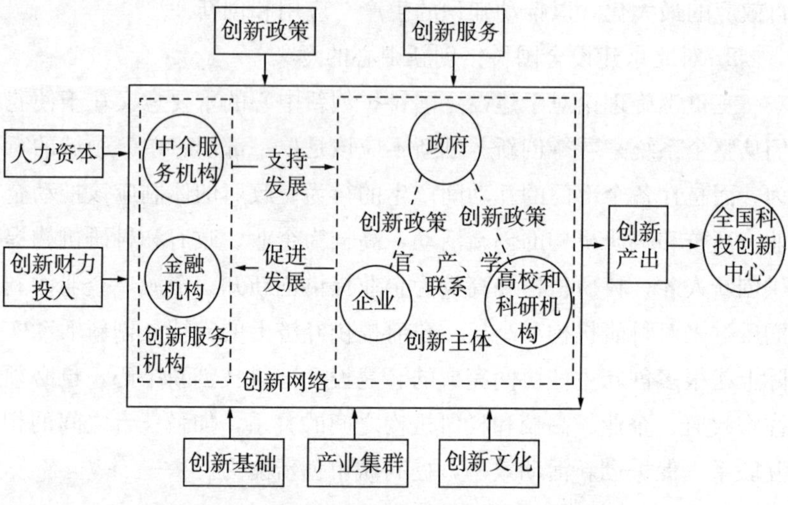

图 3-9　北京建设全国科技创新中心影响因素

资料来源：笔者绘制。

一、创新网络是建设全国科技创新中心的核心

创新网络理论是 20 世纪 80 年代中后期逐渐形成并迅速发展起来的、渗透到市场理论和组织理论领域的理论。[①] Nonaka（2000）[②] 从空间的角度认为，其是在一定的地理区间内以横向联系为主、开

① 周志太. 基于经济学视角的协同创新网络研究. 长春：吉林大学，2013.

② Nonaka I，Toyama R，Nagata A. A Firm as a Knowledge-creating Entity：A New Perspective on the Theory of the Firm. Industrial and Corporate Change，2000，9（1）：1-20.

放、以创新为目的的多主体参与、多种创新行为流动的一种新的组合与运作方式。沈运红和王恒山（2007）[①] 提出，创新网络是指为实现特定创新目标而与多个合作伙伴（地方政府、院校）形成的相对稳定的、正式或非正式的多种创新关系的总和，是各个独立组织为促进信息、知识和技术的流动和激发创意而建立的。

城市创新网络是一种组织形式，它将城市范畴内各创新主体和相关要素通过正式或非正式的方式联系起来，实现创新主体的互动及协同，从而推进城市的创新能力建设。这些组织或行为主体主要包括企业、大学和政府，各行为主体之间在特定的协同创新过程中，共同推动区域创新发展。[②] 借鉴城市创新网络的研究，本书中全国科技创新中心的创新网络是指城市创新主体（包括企业、高校、科研机构、政府）、中介服务机构和金融机构构成的协同群体，共同参与创新的产生、传播、溢出与扩散，建立科学、技术、市场之间的直接或间接互惠关系。创新网络是全国科技创新中心的核心，直接制约着科技创新中心的建设（如图 3 - 10 所示）。

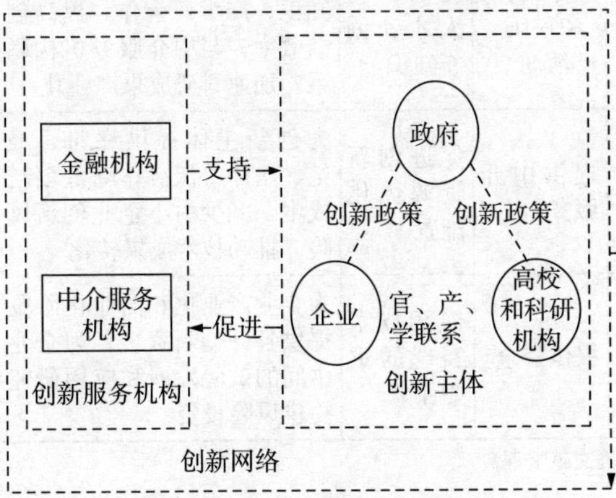

图 3 - 10　创新网络影响科技创新中心作用机理示意图

资料来源：笔者绘制。

① 沈运红，王恒山．国内外网络组织研究及其新进展．科技进步与对策，2007，24（3）：198 - 200.

② 杜德斌，杨凡．纽约城市创新网络的架构及启示．科技发展研究，2015（18）.

（一）创新网络的构成要素及作用机理分析

创新网络主要由政府、企业、高校和科研机构、中介服务机构、金融机构及其之间的相互关系构成。下面将分析各个构成要素如何影响全国科技创新中心的建设与作用机理（如表3-1所示）。

表3-1 创新网络的构成要素及作用机理分析

创新网络的构成要素	地位	方式	作用	作用机理
政府	组织者和领导者	出台政策、资金支持	创造良好的内外部环境	推动创新主体合作；集聚人力资源和财力资源；改善服务效率；改善基础设施；营造人才氛围和法制环境
企业	骨干力量	企业创新活动	生产创新产品和创新技术	根据国家创新趋势制定经营决策；与科研机构和高校合作，强化创新能力；与中介服务机构、金融机构联系，获取创新资金
高校和科研机构	智力支持	人才培养和科研活动	提供创新人才和创新知识	为创新主体培养创新人才和知识；产学研合作，提高创新效率；与中介服务机构联系，加速科研成果产业化
中介服务机构	桥梁纽带	提供中介服务	促进创新资源优化配置	为创新主体提供咨询、经纪、法律等服务；降低创新成本，减少中小企业创新风险，推动技术成果转化
金融机构	资金保障	提供资金	创新技术实现的重要保障	为企业产业化和商业化阶段提供各种创新资金；为企业中间的试验发展和应用研究提供风险投资

资料来源：笔者根据相关文献整理。

1. 政府是科技创新中心建设的组织者和领导者

首先，政府维护企业的科技创新环境，提供科技创新公共服务，调控科技创新制度与机制；其次，通过为创新主体之间传播信息、沟通创新提供服务，促进创新所需的各种资源的快速流动和高效配置；再次，科学规划、制定完善的政策法规，营造创新法制环境①；最后，通过政府投资行为引导城市产业由传统产业向低能耗的高科技产业和现代服务业发展，并通过构建自上而下的重视人才的氛围，解决培养和引进高层次人才的问题。

2. 企业是推动科技创新型城市建设的骨干力量

在创新主体中，企业是最活跃的主体，是科技与经济的结合点。企业的发展往往可以充分利用政府的相关政策，将政府政策转化为对企业自身有利的正能量；通过多种途径、多种模式、多种机制与其他企业、高校、科研机构组建联盟，借助其他组织的力量提升自身创新能力，从而推动科技创新型城市发展②；与银行、风险投资、科技交易服务机构等中介组织进行有利合作，使得科技创新活动可以有高额的资金投入，并且为了不承担较高的风险，企业加快了创新进程，提高了创新成果转化率。③

3. 科研机构是科技创新中心创新活动的重要依托

科研机构是指专门从事科技创新活动（即科学研究与技术开发）的组织，主要包括高校科研机构、独立科研机构和企业科研机构三类。④ 科研机构通过多种形式与政府合作，能够提高政府决策的科学性，确保政府制定相关政策的有效性；科研机构通过建立产学研战略联盟、产业技术创新战略联盟，发挥自身科研优势，提高企业科技研发能力；科研机构与高校之间可以通过共同参与课题、共同参与联盟等形式加强合作，发挥比较优势；科研机构的科研成果往往需要依赖中介服务机构提升科研成果转化率。科研机构通过与政府、企业、高校和中介服务机构等创新主体合作，能够实现创新财力资源的合理利用，提高资金运转效率，降低创新风险。

4. 高校为全国科技创新中心建设提供重要的智力支持

高校是城市创新的培养基地，是创新知识资源的重要来源。高

---

① 任华百. 浅析地方政府在科技创新中的作用. 知识经济，2012（3）：57－57.

② 谭清美. 区域创新系统的结构与功能研究. 科技进步与对策，2002，19（8）：52－54.

③ 马池顺. 创新资源视角下的创新型城市成长研究. 武汉：武汉理工大学，2013.

④ 邓恒进. 区域创新系统运行研究——“四三结构”模型及应用. 武汉：武汉理工大学，2010.

校的研究人员可以为政府决策提供帮助，可以为社会培养大量人才；高校大量毕业生进入相关企业，为企业发展提供重要的人才支持，高校通过为企业员工提供良好的培训和进修，增强企业的人才储备，高校对企业的人才、科研具有极其重要的作用；高校通过与科研机构的强强联合，通过整合创新人力资源、物力资源和财力资源，有利于增加创新知识资源的产出，提升科技创新中心的创新水平。①

5. 中介服务机构是科技创新中心创新资源优化配置的促进力量

科技中介服务机构是指为知识和技术的买卖双方提供信息、搭建交流平台、提供中介服务的机构。为加强创新主体之间的互动，促进知识、技术、人才的有序流动，中介服务机构工作的核心是对高校科研机构与企业之间的科技供求关系进行协调，为高校和科研机构与企业连线搭桥，起到政府难以起到的平台作用。② 科技中介服务机构通过技术评估、技术扩散、技术服务、技术搜索、管理咨询等专业性的服务，与企业、高校、政府机构建立紧密联系，充分发挥“润滑剂”的作用，降低创新成本，减少中小企业的创新风险，推动技术成果转化，进而提高区域创新系统的绩效。③

6. 金融机构为全国科技创新中心建设提供资金保障

金融机构的支持有利于企业技术顺利实现转化，资本市场的培育和金融机构的支持是全国科技创新中心建设和发展的重要保障。银行可以在企业的产业化和商业化阶段投入资金，中间的试验发展和应用研究阶段也需要风险投资，以推动技术创新成功进入市场化阶段。

7. 创新网络各构成要素之间的联系

在创新网络中，企业之间的关系首先基于产业价值链的关系连接；企业之间还存在以竞争—合作模式为基础的关系网络；企业与

---

① 马池顺. 创新资源视角下的创新型城市成长研究. 武汉：武汉理工大学，2013.

② 许爱萍. 创新型城市发展模式及路径研究. 天津：河北工业大学，2013.

③ 宋丽萍. 区域创新系统绩效评价及创新能力提升路径研究. 武汉：中国地质大学，2014.

高校、科研机构之间的关系连接包括以技术合作为基础的关系网络和以人才为基础的关系网络；中介服务机构和金融机构是为创新主体提供咨询、经纪、法律等各种专业服务的机构或组织，它们是联系科技与经济的纽带、衔接创新主体的桥梁。

反之，科技创新中心的发展促进了城市创新能力的提高，将会加强创新主体的发展和相互之间的联系，更有利于科技创新中心的建设。

（二）创新网络影响科技创新中心建设案例

创新网络影响科技创新中心建设的案例很多，表 3-2 描述了硅谷创新网络建设的现状。从表 3-2 中可以看出政府、企业、高校和科研机构对创新型城市建设的作用。

表 3-2　硅谷创新网络建设现状

创新型城市	创新网络现状	作用
硅谷	硅谷拥有企业约 3 万家，其中 1 万家公司总部设在硅谷；5 人以下的小公司约占 3/4。施乐、思科、网景、雅虎和谷歌等网络硬件、软件公司和信息服务公司成为引领全球高科技产业发展的“领头羊”	向市场推出新产品、新技术
	斯坦福大学和加州大学伯克利分校每年要向硅谷输送几千名研发与创新型高级人才；加州大学圣克鲁兹分校、山麓-迪安萨社区大学和凤凰城大学等一流的专科院校也培养了大批专业技术人员	培养了大批专业技术人员；持续不断地为硅谷输送最新的创新研究成果
	州政府和地方政府致力于硅谷基础设施建设，兴办各类职业技术学校，为企业培养了各方面的创新人才；通过和私人机构合作，开展基础设施建设和区域环境营造，如惠普公司牵头组建的圣克拉拉地区制造集团（SCCMG）合作	政府是创新环境的创造者和培育者
	西部电子制造商协会倾尽全力帮助那些活力强劲的小公司改善经营管理	为硅谷企业提供专业服务

资料来源：根据杜德斌，胡曙红．硅谷创新网络深度解析．科技发展研究，2015（19）和相关文献及网络资料整理。

（三）北京创新网络现状

北京科技创新机构数量庞大。北京高校、科研院所密集，拥有多个高等院校和科研院所，还有众多科技园区、产业基地和创新型企业。北京技术创新型企业数量惊人，高新技术企业数量位居全国第一。截至 2018 年，北京地区科技资源总量占全国的 1/3，拥有中央和地方各类科研院所 400 余所，其中中央级科研院所占全国的 74.5%。拥有普通高等院校 91 所，其中中央在京高校 38 所，市属高校 43 所。拥有国家重点实验室 111 家，占全国的 30.9%；国家工程实验室 50 家，占全国的 36.0%；国家工程技术研究中心 66 家，占全国的 19.1%；国家工程研究中心 41 家，占全国的 31.3%。经北京市认定的省部级重点实验室 330 个、工程实验室 74 个、工程（技术）研究中心 275 家、企业技术中心 464 家、企业研发机构 348 家。

目前，全市科技型企业有近 24 万家，占全市企业总数的 30%，其中国家级高新技术企业 9 300 家，占全国近 20%，居全国首位，成为促进经济持续健康发展的重要力量。近年来，北京市不断加强重点实验室、工程实验室、工程（技术）研究中心、企业技术中心等科技创新基地在经济社会发展重点领域和关键环节的布局。2018 年，北京研发经费投入强度达 6.17%，居全国之首，是全国平均水平的 2.8 倍；万人发明专利拥有量 111.2 件，位居全国第一，是全国平均水平的近 10 倍；全员劳动生产率达 24.4 万元/人，全国最高，是全国平均水平的 2 倍以上；全国近一半世界 500 强企业总部和独角兽企业汇聚北京；全国三分之一左右的创业投资额、技术合同成交额、国家科学技术奖项目发生在北京。北京的知识创造水平也在领跑全国，其中高质量论文发表数量大幅攀升，2018 年北京在《科学》、《自然》和《细胞》三大国际顶级学术期刊发表文章数量增长了 1.5 倍；高被引论文数量年均增速达 12.3%；在京单位主持完成的国家科学技术奖累计达 372 项，约占全国总量的 1/3。北京创新生态持续优化，在京国家级科技创新平台超过 300 家，国家级众创空间超过 120 家，规模领先全国；子午工程、凤凰工程等 17 个国家重大科技基础设施在京建设和运行，大科学装置数量居全国首位。①

北京致力于搭建全球协同创新网络。示范区加强海外联络处、创新中心建设，提升全球科技创新合作能力。截至 2018 年底，示范区在法国巴黎、德国柏林、以色列、白俄罗斯明斯克等地建立了 14 个海外联络处；企业在境外设立研发中心或分支机构 880 家。企业积极与国外知名研究机构、行业巨头开展跨境研发、跨境技术合作、离岸创新和孵化，加快构建全球协同创新网络。②

二、人力资本是建设全国科技创新中心的动力

创新活动的开展源于创新思想的产生，而创新思想的萌生离不开人类的智慧，受过良好教育的创新人才是城市创新活动的基础。③ 人力资本指的是可以用来产生特定结果的个人的知识、技能以及能力。④ 人才建设在创新型城市建设中处于支配地位，发挥着主观能动性的作用。⑤ 人才的集聚不但可以提高企业的创新活力，提升产业的竞争力，为创新型城市建设提供城市创新驱动基础，更能提升城市的自主创新能力，营造城市创新文化环境。⑥ 人力资本是全国科技创新中心的动力，为科技创新中心提供人才和智力支持。人力资本包括政府创新人才、企业创新人才、高校和科研机构创新人才、中介服务机构创新人才、金融机构创新人才，其作用机理图如图 3-11 所示。

---

① 北京成为全球创新网络中坚力量. 北京日报，2019-10-18.

② 中关村指数 2019 分析报告.

③ Landry C. The Creative City：A Toolkit for Urban Innovators. Earthscan，London，2000.

④ Becker G S. Investment in Human Capital：A Theoretical Analysis. The Journal of Political Economy，1962：9-49.

⑤ 王瑞文，张嘉. 创新型城市建设中人才创新资源的聚集. 科学管理研究，2011（1）：69-72.

⑥ 马晓强，韩锦绵. 由城市创新转向创新型城市的约束条件和实现途径. 西北大学学报：哲学社会科学版，2008，38（3）：86-91.

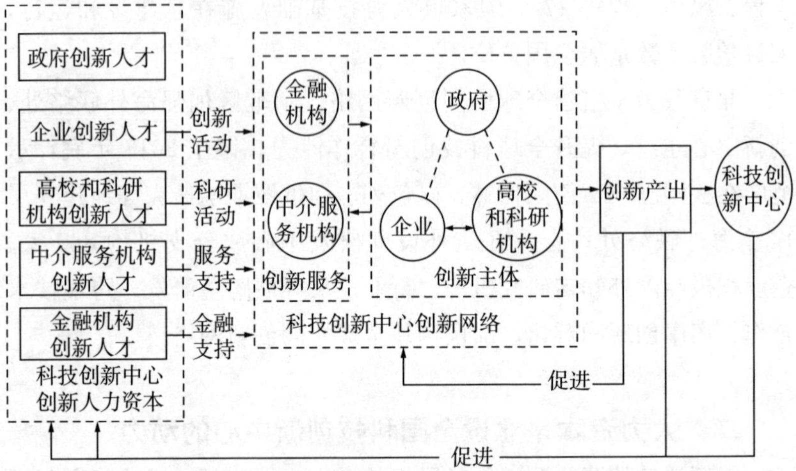

图 3-11　人力资本影响科技创新中心建设作用机理示意图

资料来源：笔者根据相关文献整理。

（一）人力资本影响科技创新中心建设作用机理

创新人力资本作用机理是指依托企业、科研机构和高校等创新主体，通过加大对具备知识、技术和创新精神的人员投入力度，提高城市创新绩效，推动创新型城市成长的基本模式。① 创新人才保证了高校、科研机构和企业对进行知识创造和技术创新的人才资源的需求，同时随着创新人才的流动，保证了知识溢出在不同创新主体之间的进行。② 政府创新人才通过制定创新政策促进创新主体进行创新活动；企业创新人才通过技术革新、企业研发等创新活动生产出创新产品，并改进了生产技术，提高了生产效率，增加了企业的利润，最终提高了企业的竞争力；中介服务机构和金融机构创新人才通过服务创新和金融创新为政府、企业与高校和科研机构提供中介服务与金融支持，促进创新主体进行创新活动，从而促进科技创新型城市的发展。这些创新人才通过共同作用于创新主体促进创新活动，使得创新主体可以进行全国科技创新中心的创新内容建设，包括知识创新、技术创新、管理和制度创新、服务创新和

① 马池顺. 创新资源视角下的创新型城市成长研究. 武汉：武汉理工大学，2013.

② 许爱萍. 创新型城市发展模式及路径研究. 天津：河北工业大学，2013.

文化创新。

（二）人力资本影响科技创新中心建设案例

香港从事专业及辅助专业人员数占总就业人口的百分比由1993年的15.3%跃升至2010年的56.4%。伦敦从事专业科技研究总人数占就业总人数之比从2000年的12.9%上升至2010年的16.8%，增长率达到30%。而同时期伦敦市总就业人口的增长率仅为9.88%。新加坡每万名劳动人口中科学家和工程师的人数从1990年的27.7人急剧增加到2009年的87.8人。由此可见，已成功建设成为创新型城市的代表在建设创新型城市的过程中都非常重视人才的集聚，这也正是在知识经济时代，政府部门和企业投入大量资金吸引创新人才在城市聚集的原因。

波士顿拥有良好的科教资源和高度密集的创新人才资源。波士顿拥有35所大学，其中包括哈佛大学和麻省理工学院等世界一流大学。研究表明，波士顿的8所研究型大学仅在2001年就为该地区经济贡献了740亿美元，为48 750名大学教员和其他3 700名各类人才提供了工作机会。州内创新资源聚集，市内有63所大学和学院，有著名的哈佛大学、麻省理工学院、波士顿大学、爱默生学院、国家航空与宇航局电子研究中心等重要科研机构，以及三大医学科研中心，其中马萨诸塞大学医学院的医学教育闻名全国，拥有丰富的科研、金融、技术资源，是区域内高等教育和医疗保健中心。

波士顿的大学是影响区域经济的主要因素，大学的聚集使城市内产生并聚集了大量计算机与软件公司、生物工程公司等高新技术产业企业，与之配套的金融业也得到了大力发展。区域内有大量高附加值的金融服务、信息技术和通信产业活动中心和生物技术中心，提高了产业的附加值。城市内人力资本储备丰富，波士顿市有着世界上教育水平最高的人力资本储备。

（三）北京人力资本现状

北京科技创新人才高度聚集。《中国科技人才发展报告2018》显示，经过70年的发展，我国科技人才队伍量质齐升，创新能力和国际影响力逐步扩大。2017 年，我国科技人力资源达到 8 705 万人，全社会研发（R&D）人员全时当量达到 403.4 万人年，均居世界首位。人才引领创新发展的作用显著增强，基础研究和前沿技术领域涌现出一批世界一流科学家和顶尖人才。①

北京有丰富的人才和科技资源。北京有 90 多所高校、1 000 多家科研院所、120 个国家重点实验室、68 个国家工程技术研究中心，还有 86 万左右的在校大学生，以及 2.5 万家国家级高新技术企业。从质量上看，北京的创新资源较好，顶尖人才、最好的学科和最佳的实验室有一半在北京，北京研发经费投入强度是 6.17%，稳居全国首位。每年国家科技成果一等奖和全国十大科技进展中，都有大概一半来自北京。②

北京呈现出人才高端化、专业化发展特征。高学历人才集聚，2018 年示范区从业人员中本科及以上学历人员占近六成，硕士及以上学历人员占 1/8。中关村创业大街中有一半以上的创业者毕业于国内“双一流”大学。截至 2018 年底，示范区国家级、市级高层次人才约占全国的 1/5。专业化人才领跑全国，示范区拥有天使投资人超 2 万名，占全国的近八成。近年来，一批优秀企业家和创业者在国内外的影响力进一步提升。示范区 13 人入选《福布斯》发布的“2019 年亚洲 30 位 30 岁以下杰出青年”，占我国入选者的两成以上；15 人入选《财富》发布的“2019 年中国最具影响力的 50 位商界领袖”，占全国三成。③

北京高端人才引进进展显著。2017 年 12 月，北京印发《关于优化人才服务 促进科技创新推动高精尖产业发展的若干措施》，提出要以更加开放的政策引进使用人才，为吸引海外高端人才创新发展，政府部门出台了一系列吸引外籍人才创业的政策，特别设立了外籍人才永久居留“直通车”。2015 年以来，北京市共受理外籍人

① 中华人民共和国科学技术部. 中国科技人才发展报告 2018. 北京：科学技术文献出版社，2019.

② 陈吉宁：北京最大的优势，是人才的优势和科技的优势. 北京市人民政府网，2019-09-29.

③ 中关村指数 2019 分析报告.

才永久居留 2 100 余人，超过前 10 年办理的总量。各科研院所已经依靠人才引进政策吸引集聚了一批战略性科技创新领军人才。①2018 年，示范区留学归国人员同比增长 14.5%，港澳台和外籍从业人员同比增长 12.8%。中关村国际青年创业平台、中关村欧洲科技创业园等一批国际性平台成立，加速了吸引国际高层次人才和创新团队的步伐。②

三、创新政策是影响全国科技创新中心建设的重要组成部分

政府可以通过实施优惠政策、完善制度、增加资助和建立相关支持性机构等措施，引导产学研合作创新的良性发展；政府可以建设相关的服务配套设施，比如产学研合作组织管理机构、技术信息网络、中介服务体系等等；政府还可以直接介入产学研合作创新组织和管理，制定知识产权保护制度、科技成果转让制度、利益分配规则，促进创新主体之间的联系，加强创新资源的流动。③ 总之，政府可以创造有利的政策环境，最大程度地促进创新主体的创新活力。

政府作为连接企业、高校及科研机构的枢纽，是创新政策的制定者，其制定的政策直接决定了企业未来的发展方向，从而决定了科技创新中心的创新发展。④ 政府可以通过制定相应的财税金融政策，鼓励企业增加研发投入，解决创新活动融资难的问题，推动自主创新活动的开展；政府也可以通过建立创业投资法律保障体系，健全技术产权交易市场，解决风险投资的后顾之忧。另外，政府还可以通过立法赋予中小型科技企业和创新型企业以优惠政策。实践证明，中小型科技企业既最具创新活力，也面临巨大的创新风险，政府应创造更适宜的政策环境以促进这些企业的创新活力。其作用

① 北京出台系列新政 吸引全球高端人才. 中国新闻网，2019-04-08.

② 北京市人民政府印发《关于优化人才服务 促进科技创新推动高精尖产业发展的若干措施》的通知（京政发〔2017〕38 号），2017-12-31.

③ 李星. 基于三螺旋模型的创新型城市运行机制研究. 北京：北京交通大学，2008.

④ 易成栋. 区域创新环境研究. 武汉：华中师范大学 2001.

机理如图 3-12 所示。

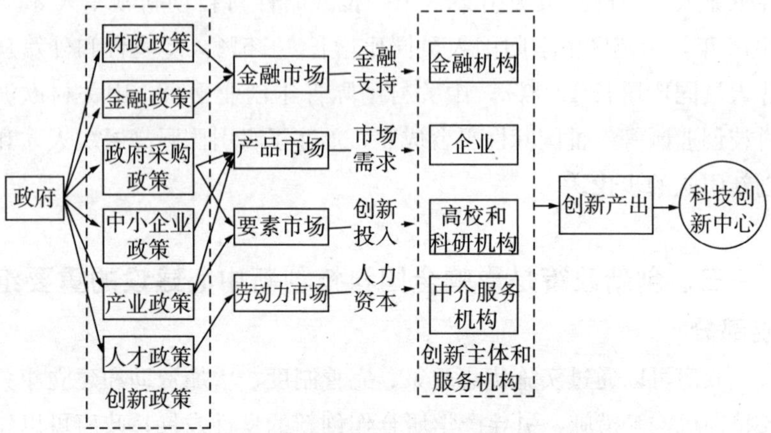

图 3-12　创新政策影响科技创新中心建设作用机理

资料来源：笔者根据相关文献绘制。

图 3-12 所示的创新政策从不同方面加强了创新主体之间的联系，促进了各种创新资源的流动，对科技创新中心建设起着不可替代的作用。

（一）创新政策影响科技创新中心建设作用机理

政府应负担起指导民用技术开发的责任，制定创新政策，尤其是与经济社会发展紧密结合的创新政策。[①] 技术创新的经济政策包括财政政策、金融政策、政府采购政策、人才政策、中小企业政策、产业政策（见表 3-3）。

表 3-3　创新政策影响科技创新中心建设作用机理

政策	内容	作用机理
财政政策	对基础研究给予研发补贴与税收优惠等	税收减免，加速 R&D 设备的折旧。技术方面，与国外交易所得收入的税收减免，向科研机构或高校提供捐款或捐赠设备的税收减免，对新产品开发或工业产品的国有化税收减免

① 易成栋. 区域创新环境研究. 武汉：华中师范大学，2001.

续表

政策	内容	作用机理
金融政策	提供买方信贷，建立风险投资基金资助和激励创新，政策性金融机构提供低息贷款	促进风险投资发展优惠政策，鼓励风险资本和各种基金对创新的投入，用于创新启动资金和发展快、能创造大量就业机会的创新企业，建立风险投资基金对创新的支持，创造条件，发展以创新企业为主的资本市场
政府采购政策	规定采购产品的对象、技术标准、价格、数量、比例，采购款的来源与支付方式	政府采购手段为技术创新创造需求和提供市场
人才政策	技术入股制度，科技人员持股经营制度，技术开发奖励制度	形成以保护知识产权为核心的分配制度和经营制度，使科学和技术成果在参与企业的经营和分配中获得应有的价值，激发科技人员的技术创新和创业精神
中小企业政策	政府融资、风险资金、项目支持、信贷担保等中小企业政策	增强了资助渠道的透明度；向中小企业提供有关组织与管理问题的咨询渠道；帮助中小企业聘用或雇用研究人员和工程技术人员；可以增强中小企业吸收和应用新知识、新技术的能力
产业政策	产业结构、产业组织、产业技术、产业布局政策	对促进技术创新十分重要，对技术的引进、联合开发与自主开发有较强的指导作用；设立科技园和高新技术开发区，促进高新技术产业发展，推动技术创新与扩散

资料来源：笔者根据易成栋．区域创新环境研究．武汉：华中师范大学，2001 及其他相关文献整理。

（二）创新政策影响科技创新中心建设案例

香港特区政府于 1999 年注资 50 亿元设立创新及科技基金，基金设有四项计划：“创新及科技支援计划”、“大学与产业合作计划”、“一般支援计划”和“小型企业研究资助计划”，用以资助产业开发创新项目和提升科技水平项目。

香港特区政府还在 2010 年设立了“投资研发现金回馈计划”，通过这些项目，鼓励企业积极进行创新活动和加强产学研之间的合作。香港特区政府为创新提供了良好的基础设施，以促进产业科技水平的提升和发展，香港通过香港科技园公司、香港科学院、香港应用科技研究院有限公司（应科院）、香港生产力促进局（促进局）

为高新技术产业技术提供研发场地及先进的实验设备，促进香港高新技术企业的研发和高新技术人才的培养。香港特区政府还通过科研机构间和产业间的合作，促进香港与内地科技合作，并已经取得了良好的成果。香港极力促成科技创新氛围的提升，每年都举办科技创新月活动。

（三）北京创新政策现状

目前，北京实行了一系列创新政策推动科技创新中心的建设，包括重大科技成果转化和产业化政策，科技人才培养和激励政策，财政、税收与金融政策，科技计划项目管理制度及相关政策，科技创新基地与平台建设，专业领域政策等政策。① 譬如，北京市发布了《关于促进产业技术创新战略联盟加快发展的意见》，鼓励产业联盟在产学研用合作、产业链协同创新、标准化促进、品牌培育、国际合作等方面大显身手。科技型中小企业技术创新资金累计资助2 500个技术创新项目，支持总金额达8.8亿元，争取国家创新基金以及带动企业自筹经费和社会投资88亿元，资金放大比例达到1∶10。

科技部火炬中心与中关村科技园区管理委员会共同研究制定了《创业中国中关村引领工程（2015—2020年）》，继续推动作为北京创新创业中心的中关村的发展。在中关村实行中关村“1＋6”先行先试政策及“新四条”政策，市科技型中小企业技术创新资金、支持中小企业发展专项资金、就业专项资金和失业保险基金等政策，促进中关村成为北京建设全国科技创新中心的引擎。

2016年国务院印发《北京加强全国科技创新中心建设总体方案》，提出“三步走”加强北京全国科技创新中心建设，使北京成为全球科技创新引领者、高端经济增长极、创新人才首选地、文化创新先行区和生态建设示范城。到2020年，北京全国科技创新中心的核心功能进一步强化，科技创新能力引领全国，形成全国高端引领型产业研发集聚区、创新驱动发展示范区和京津冀协同创新共

① 北京科学技术委员会网站，http://www.bjkw.gov.cn.

同体的核心支撑区，成为具有全球影响力的科技创新中心；到2030年，北京全国科技创新中心成为全球创新网络的重要力量，成为引领世界创新的新引擎，为我国跻身创新型国家前列提供有力支撑。同年北京市印发《北京市促进科技成果转移转化行动方案》，明确科技成果转移转化重点任务和分工，进一步加快推动科技成果转化为现实生产力，努力构建高精尖经济结构，为首都经济持续健康发展提供有力支撑。

2017年北京发布《加快全国科技创新中心建设 促进重大创新成果转化落地项目管理暂行办法》，推动“三城”创新成果向“一区”转化落地，加快打造创新型产业集群和“2025”示范区，规范科技创新中心成果转化落地项目的管理。2019年，北京印发《关于新时代深化科技体制改革 加快推进全国科技创新中心建设的若干政策措施》，在加强科技创新统筹、深化人才体制机制改革、构建高精尖经济结构、深化科研管理改革、优化创新创业生态方面提出了30项具体措施，为北京建设具有全球影响力的科技创新中心提供有力支撑。

四、创新财力投入，为建设全国科技创新中心提供财力保障

创新财力投入是全国科技创新中心建设的重要力量。① 创新财力投入的增加可以通过加大政府创新经费投入、引导各类金融机构为创新活动融资等方式拓展资金投入渠道，加大在全国科技创新中心建设中创新资金的投入。② 创新资金的投入通过不同的渠道推动了城市创新活动的开展，并由于频繁的创新活动，为科技创新中心城市的形成提供了支撑条件。③ 创新财力资源是通过政府、高校和科研机构、中介服务机构以及金融机构来影响全国科技创新中心资金投入，进而影响科技创新中心建设的。其作用机理如图3-13所示。

① 马池顺. 创新资源视角下的创新型城市成长研究. 武汉：武汉理工大学，2013.
② 陈媞. 创新型城市的形成机理及评价指标体系研究. 武汉：武汉理工大学，2012.
③ 邹德慈. 构建创新型城市的要素分析. 中国科技产业，2006（10）：13-15.

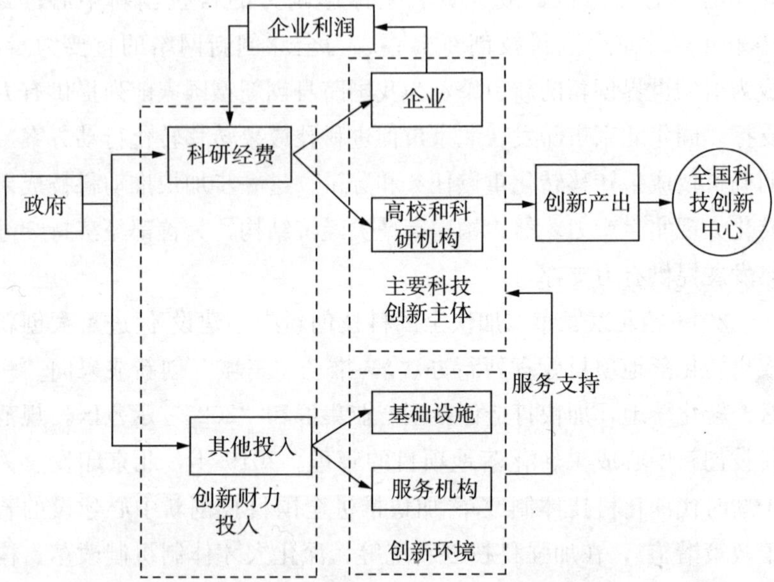

图 3-13　创新财力投入影响科技创新中心建设作用机理示意图

资料来源：笔者绘制。

（一）创新财力投入影响科技创新中心建设作用机理

政府往往通过城市财政部门加大城市基础设施、公共交通、公共休闲娱乐场所等投资，为创新型城市的成长塑造良好的外部环境，为城市居民生活提供丰富的精神文化生活，为经济发展提供重要保障，为城市软实力的增强奠定基础。政府还可以通过出台各种税收、财政政策，加大对企业的激励力度，尤其是对企业的创新行为给予财政补贴和奖励，增强企业开展技术创新活动的主动性和积极性。政府可以加大对高校、科研机构等研发机构的财政、课题、项目扶持力度，从财政上优先支持和发展具有重大社会、经济和环境效益的创新行为，提高科研成果转化率。①

企业创新资金的投入在改善产品质量、提升企业竞争力、增加企业盈利的同时，促进了城市经济的发展，尤其是企业肩负着将科

① 陈媞. 创新型城市的形成机理及评价指标体系研究. 武汉：武汉理工大学，2012.

研成果、创新思想商品化、产业化的重任，因此对于技术创新的财力投入是企业不可缺少的关键要素。企业往往通过联盟的方式与其他企业、高校或者科研机构结成战略联盟，通过共同出资、风险共担、利益共享等良好的机制，提高企业的创新水平。

高校、科研机构通过加大财力投入，一方面不断加强基础研究，拓宽视野，提升自身的影响力；另一方面积极服务企业和社会，加大应用创新力度，为产学研合作奠定良好的基础，最终提升城市的整体创新能力。

金融机构和风险投资机构往往通过与企业和良好的项目进行结合，加快创新成果产业化步伐，将资本和科技有效结合，让创新成果插上成功的翅膀，为创新型城市成长提供良好的金融环境。

（二）创新财力投入影响科技创新中心建设案例

2010 年，荷兰埃因霍温及其周边地区私人科研开发投资占荷兰全国的 27%，达到 21 亿欧元；当地政府将该地区近 8%的总收入用于科研开发，是荷兰唯一，也是欧洲极少几个超过欧洲平均 3%目标的地区之一。① 20 世纪 90 年代初，新加坡政府就计划投资 20 亿新币建立并完善科研设施，建立公共研究所和科学园，资助本地企业研发及更新技术；在新加坡第二个五年计划中（1996—2000 年），该地政府投入 40 亿新币招聘大量的研究和工程技术人员；在 2008 年设立 350 多万美元的“艺术创造基金”支持该地 5 年的新艺术品创作，将新加坡打造成亚洲艺术界的文化中心和门户。②

（三）北京创新财力投入现状

2018 年，全年研发经费支出 1 870.8 亿元，比上年增长 18.4%，相当于地区生产总值的 6.17%。北京在科研经费上的投入强度远高于全国平均水平。全市研发活动人员有 39.7 万人。专利申请量与授权量分别为 211 212 件和 123 496 件，分别增长 13.6%和 15.5%，

① 喻金田，陈媞. 荷兰埃因霍温创新型城市建设经验及启示. 科学学与科学技术管理，2012，33 (11)：46 - 51.

② 詹正茂，田蕾. 新加坡创新型城市建设经验及其对中国的启示. 科学学研究，2011，29 (4)：627 - 633.

其中发明专利申请量与授权量分别为 117 664 件和 46 978 件，增长 18.7%和 1.9%。全年共签订各类技术合同 82 486 项，增长 1.5%；技术合同成交总额为 4 957.8 亿元，增长 10.5%。[①] 北京研发资金的投入大大加快了北京建设全国科技创新中心的步伐。

五、创新基础是建设科技创新中心建设的物质基础

世界银行关于“东亚创新型城市”的研究报告中明确指出，优良的基础设施和功能完善的城市中心区是评价创新型城市的重要指标。综合现有创新型城市的经验不难发现，通过提高城市的基础设施水平，可以使城市不仅能够吸引人才，更能够留住人才，使创新要素在城市内部更高效率地流动。[②] 基础设施是支撑全社会创新活动的公共平台，是建设创新型城市必要的物质基础条件。[③] 城市的发展离不开良好的基础设施，只有具备四通八达的立体交通网络，才能加快城市资源流动和城市发展步伐。[④] 基础设施包括交通设施网络、网络设施通信和公共设施环境，其作用机理如图 3-14 所示。

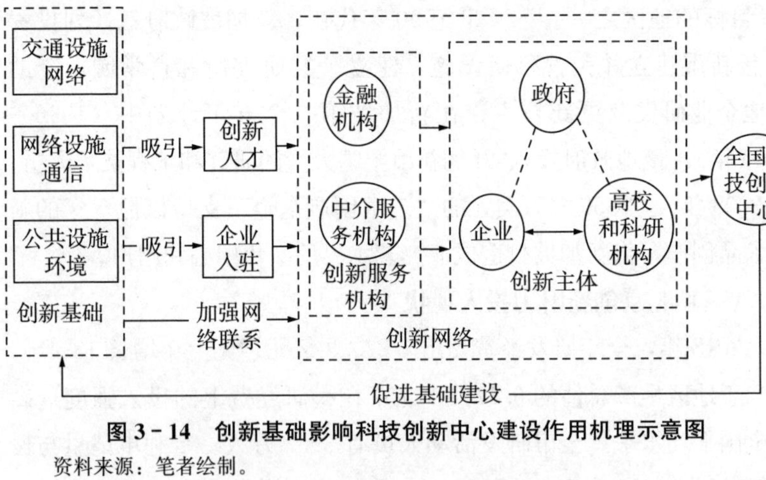

图 3-14 创新基础影响科技创新中心建设作用机理示意图

资料来源：笔者绘制。

① 北京市 2018 年国民经济和社会发展统计公报.

② 陈媞. 创新型城市的形成机理及评价指标体系研究. 武汉：武汉理工大学，2012.

③ 邱丹. 创新型城市评价指标体系研究. 长沙：长沙理工大学，2008.

④ 马池顺. 创新资源视角下的创新型城市成长研究. 武汉：武汉理工大学，2013.

（一）创新基础影响科技创新中心建设作用机理

创新基础设施是促成长期创新机会的重要因素。[①] 良好的基础设施环境能够确保为城市发展吸引大量的优秀人才，从而为城市发展不断积聚创新人力资源；在良好的基础设施环境中，通过具备良好的公共基础设施能够有效改善创新平台，政府、企业、高校和科研机构等创新主体才能将自身的优势发挥出来，才能够不断增加创新财力资源投入力度，加快创新型城市建设步伐；在良好的外部环境中，通过不断加大人力、财力、物力资源投入，不断提高科研人员的研发积极性，能够不断增加专利产出，为科技创新型城市建设提供不竭动力。[②]

完善的基础设施是保障创新活动进行和科技成果商品化的基础，是市场经济的重要支撑要素，是组织创新、衔接创新组织系统中各部门的重要载体和纽带。良好的基础设施也能为政府、企业等部门提供最新的信息，加速信息技术在城市间和城市内的流动，为创新思想的扩散发挥着催化、促进和服务的作用。

交通基础设施和网络通信的完善有利于城市内外信息技术的交流，便于创新活动的开展，有利于提升创新主体的创新能力。便捷的交通和网络通信有利于城市外的创新资金和创新人才进入城市并在城市内聚集，提升城市创新资源的数量和质量。

（二）创新基础影响科技创新中心建设案例

近年来，世界主要发达国家将加强基础设施建设置于突出的战略地位，纷纷予以政策倾斜和实施相关计划。美国为保持其国家创新能力优势，建立了由总统掌控的统一协调管理机构，制定了“服务于国家利益”的科学政策，强化了创新能力基础设施建设的国家目标，增大了投入倾斜，为创新能力基础设施建设创造了有利条件，以确保美国全球创新领先的地位。日本政府高度重视对国家创新能力基础设施的建设投入，制定了“科学技术基本计划”，建造

---

① Schleicher A. Measuring Student Knowledge and Skills：A New Framework for Assessment. Organisation for Economic Cooperation and Development，Paris，France，www. oecd. org.，1999.

② 马池顺. 创新资源视角下的创新型城市成长研究. 武汉：武汉理工大学，2013.

了大型辐射光设施、大型螺旋装置、大型光学红外望远镜等具有世界水平的大批重量级先进科研设施，其宗旨就是维持其创新先进地位。欧盟也持续推动国家创新能力基础设施的建设，英国、德国、法国等国加速发展“信息高速公路”网络和新一代互联网设施布局，把国家的实验室、图书馆、大学、医院、政府研究机构以及企业连接起来，与美国形成创新鼎立之势。

（三）北京创新基础现状

北京市基础设施投入连续稳定，处于较高位运行状态，能源、公共服务业、交通运输、邮政电信等领域的投资总体呈逐年增长态势。2018 年北京道路建设年末全市公路里程 22 255.8 公里，比上年末增加 29.8 公里。其中，高速公路里程 1 114.6 公里，增加 101.6 公里。年末城市道路里程 6 394.8 公里，比上年末增加 35.8 公里。公共交通年末公共电汽车运营线路 888 条，比上年末增加 2 条；运营线路长度 19 245 公里，减少 45 公里；运营车辆 24 076 辆，减少 1 548 辆；全年客运总量 31.9 亿人次，下降 5.0%。年末轨道交通运营线路 22 条，与上年末持平；运营线路长度 636 公里，增加 28 公里；运营车辆 5 656 辆，增加 314 辆；全年客运总量 38.5 亿人次，增长 1.9%。全年实现邮电业务总量 2 151.4 亿元，按可比价格计算，比上年增长 66.2%。年末移动电话用户达到 4 009万户，移动电话普及率为 186.1 户/百人。年末固定互联网宽带接入用户数达到 634.2 万户，增长 17.1%；移动互联网接入流量 18.2 亿 G，增长 1.3 倍。①

当前北京的交通基础设施发展迅速，有发达的通信信息网络、便捷的交通、良好的医疗设施、众多的高校科研机构，这使得北京建设全国创新中心城市成为可能。但是北京空气污染和交通堵塞情况严重，而且水资源匮乏，人口众多，这大大降低了北京的居住幸福感，在某种程度上将降低优秀创新人才的集聚，对各种创新资源的吸引力减弱，这将掣肘北京建设全国科技创新型城市。

① 北京市 2018 年国民经济和社会发展统计公报.

六、产业集群是建设科技创新中心的重要载体

20 世纪 90 年代，美国哈佛商学院的迈克尔·波特教授首次提出了产业集群理论，他把产业集群定义为“在特定领域中，同时具有竞争与合作关系，且在地理上集中，有交互关联性的企业、专业化供应商、服务供应商、相关产业的厂商以及相关的机构（如制定标准化的机构、产业协会）”。① 迈克尔·波特认为，产业集群是形成区域创新体系的重要模式。② 产业集群实际上是把产业发展与区域经济，通过分工专业化与交易的便利性有效地结合起来，从而形成一种有效的生产组织方式。纵观国际上的经验，产业集群对国家和区域发展具有多方面的积极影响，已经得到社会各个层面的广泛认同。③ 因此，产业集群是科技创新中心建设的重要载体，成为科技创新中心建设的基础和活力所在，科技创新中心如果没有本地化的产业体系为依托，就失去了根本的发展动力。产业集群影响科技创新中心建设的作用机理如图 3－15 所示。

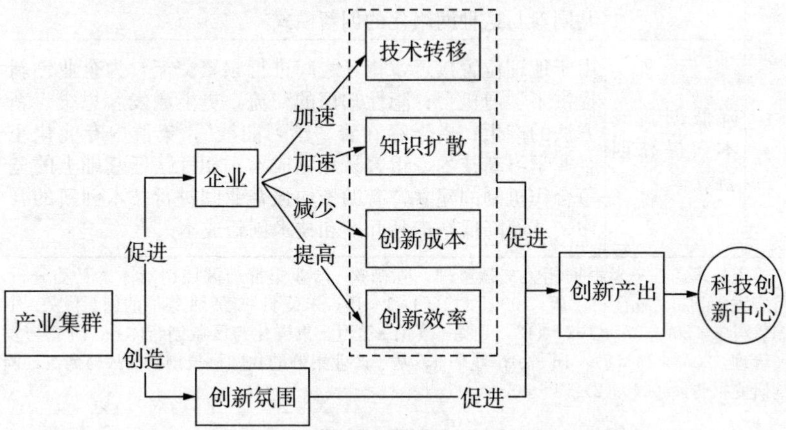

图 3－15 产业集群影响科技创新中心作用机理

资料来源：笔者绘制。

① 颜永才. 产业集群创新生态系统的构建及其治理研究. 武汉：武汉理工大学，2013.

② Porter M E. Cluster and the New Economics of Competition. 1998.

③ 陈柳钦. 产业集群与区域创新体系互动分析. 重庆大学学报：社会科学版，2006，11（6）：1－10.

（一）产业集群影响科技创新中心建设作用机理

产业集群中的企业通过联合开发新产品、共同树立区域品牌、共建共享生产供应链、共享市场销售网络等方式形成集体竞争力；同类企业扎堆，企业之间开展相互学习和沟通交流，推动产业集群的机构之间加强互动，提高企业创新能力，是科技创新中心的原动力，如表3-4所示。

表3-4　产业集群影响科技创新中心建设作用机理

	作用	作用机理
产业集群	提供良好的创新氛围	企业之间关系接近，迫使企业进行技术变革和管理制度改革创新，实现产品、技术、包装、管理模式等多个方面的改进；一家企业创新和改进，通过企业家、企业成员之间的交流，外溢到周围的其他企业，推进其他企业的技术创新和改革；企业密切合作，形成知识的溢出效应，获得“学习型经济”
	促进知识和技术扩散	同类企业较多，竞争压力激励着企业的技术创新，也迫使员工相互攀比，不断学习；企业间邻近，带来了现场参观、面对面交流的机会，促进了企业的技术创新；集群内领先的企业会主导产业技术发展方向，带动其他细分企业共同参与这种网络化的创新模式
	降低创新成本和提高创新效率	由于地理位置接近，相互之间进行频繁交流，为企业创新提供了学习机会；隐性知识的交流，更能激发新思维、新方法的产生；由于存在着“学习曲线”，集群内专业化小企业学习新技术变得容易和低成本；相互信任基础上的竞争合作机制的建立，有助于加强企业间进行技术创新的合作，从而降低新产品开发和技术创新成本

资料来源：笔者根据相关文献整理：陈柳钦．产业集群与区域创新体系互动分析．重庆大学学报：社会科学版，2006，11（6）：1-10；朱英明．论产业集群的创新优势．中国软科学，2003（7）：107-112；聂鸣，蔡铂．学习、集群化与区域创新体系．研究与发展管理，2002，14（5）：16-20；钱平凡．基于产业集群的我国科技创新的战略研究．调查研究报告，2004，（2）：1-30.

通过产业集群，科技创新中心的创新氛围和创新环境可以不断完善；科技创新中心的企业之间的知识扩散和技术转移加速实现；科技创新中心的企业创新成本将在一定程度上得到降低，创新效率必将进一步提高。

（二）产业集群影响科技创新中心建设案例

德国鲁尔工业区是典型的创新产业聚集区，鲁尔原本为德国的一个工业区，长久的工业文化积淀为创新型产业的发展提供了基础。创新型产业发展迅速，城市历史文化底蕴深厚，区域内聚集了大量的创新阶层。鲁尔的创新型城市建设主要特色是能源领域设施的创新，配合产业创新、科技创新和政策创新来支撑，产业创新试点项目空间集聚，匹配产业的科技支撑和政府公共政策的支撑，提高了产业价值链的合作，也提高了企业的国际竞争力。鲁尔注重利用现代前端技术来改善城市现有基础设施的资源消耗，产生了大量以清洁能源研发为主的产业聚集。例如，采用智能停车技术、街道的 LED 照明技术；在节能发电方面，城市采用了小型风电厂以及分布式热电联产电厂等。

（三）北京产业集群现状

北京中关村科技园区是计算机信息技术的产业集群。根据 2018 年规模以上企业统计数据，中关村国家自主创新示范区实现总收入 58 830.3 亿元，同比增长 10.9%；工业总产值 11 129.1 亿元，占全市的 56.1%；实缴税费 2 841.9 亿元，同比增长 9.39%；利润总额 4 413.3 亿元，同比增长 2.13%；出口总额 2 088.3 亿元，同比下降 5.94%，占全市出口的 41.7%；期末从业人员 272.0 万人，其中研发人员 78.5 万人，占从业人员的 28.86%。

《中关村指数 2019 分析报告》指出，2018 年示范区企业研发（R&D）经费投入 912.5 亿元，同比增长 18.9%，增速高于全国约 7 个百分点。示范区有 54 家企业入选欧盟“全球企业研发投入 2 500 强”，约占全国的 1/8，同期上海为 39 家、深圳为 34 家。2018 年科技部公布的 25 家国家优秀类企业重点实验室中，近四成集中在示范区（9 家）。示范区创新主体间联合创办研发机构，聚焦前沿技术领域开展基础研究，如商汤科技和北京大学联合成立专注于机器视觉和智能计算方面研究应用的实验室；旷视科技与北京智源人工智能研究院联合建立北京智源-旷视智能模型设计与图像感知联合实验室。

知识产权方面，2018 年示范区企业发明专利申请量（5.1 万件）和授权量（2.1 万件）均占全市企业申请和授权量的六成以上；PCT 专利申请量（4 596 件）同比增长 25.8%，占全市超七成。示范区注重培育高价值核心专利，2018 年共有 7 项专利获得第二十届中国专利金奖，占全国比重超 1/5。国际标准方面，截至 2018 年底，示范区企业和产业联盟主导创制的国际标准达 380 项，如高德成为全球首家获得英国标准协会（BSI）颁发的 ISO/IEC27018 国际安全标准认证的电子地图服务商。

示范区形成了企业、大学、科研机构等主体积极参与、市场化运作的创新协作格局，创新产出效率进一步提升。中关村技术转移服务平台依托北京大学科技开发部，2018 年校企联合开发项目近 600 项，多项技术成果实现转让或许可。2018 年，示范区企业万人发明专利申请量 186.7 件，较上年提高约 20 件；示范区企业万人发明专利授权量 78 件。示范区百亿元增加值发明专利申请量和授权量分别是全国的 3.9 倍、6.6 倍，两项均达到全市的 1.6 倍。

北京朝阳区正在大步向前迈向文化产业集群。截至 2018 年底，朝阳区已有 798、751、郎园、莱锦、懋隆、塞隆等 84 家特色文化产业园区（基地）投入运营，形成了错位、协同、融合发展的良好格局。培育了一批以大数据、人工智能和数字创意等为代表的创新型科技细分行业的特色园区，促进了园区的高端化、集约化、品牌化、国际化发展。2019 年 1—5 月，朝阳区文化产业实现收入 829.6 亿元，其中，科技含量高、创意程度高、附加值高的文化核心领域收入合计 667.1 亿元。朝阳区注册文化企业已达到 80 698 家，聚集了 98 家上市企业（含新三板）。近年来，朝阳区在构建高精尖经济结构、服务首都全国文化中心建设中的作用日益凸显，通过政策扶持、产业辅导、宣传推介等方式，优化营商营文环境，全力建设首都全国文化中心核心区，引领全国文化产业创新发展。

七、创新文化是科技创新中心创新精神的孵化器

文化是一个复杂的综合体，包括知识、信仰、艺术、道德、法律、风俗以及人类在社会里习得的一切能力与习惯。不同的区域、民族、国家有着不同的文化，呈现出不同的特点和特色，文化水平

是一个区域、民族、国家教育和知识发展程度的体现。[①] 创新文化氛围就是一种鼓励人们去参与、沟通并分享的城市环境。[②] 创新系统的每个创新因素都和文化氛围发展的历程、阶段紧密相关，不同的文化特征孕育了不同的区域创新系统，决定了创新型城市的运作模式和效率。创新文化影响科技创新中心的作用机理如图 3-16 所示。

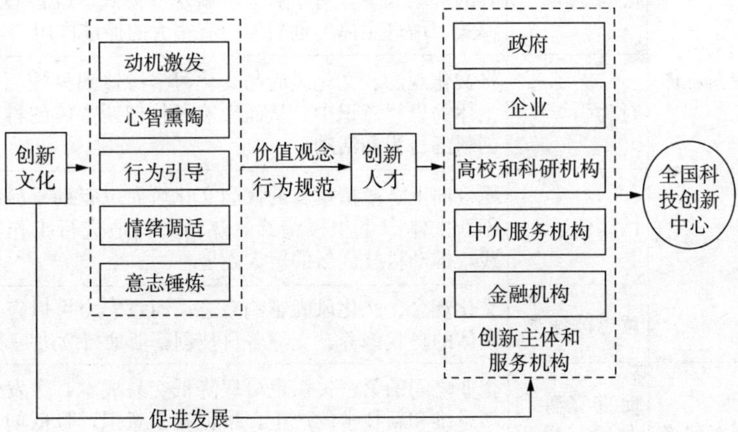

图 3-16　创新文化影响科技创新中心作用机理

资料来源：笔者绘制。

（一）创新文化影响科技创新中心建设作用机理

创新文化对创新主体有动机激发、心智熏陶、行为引导、情绪调适、意志锤炼的作用。此外，创新文化将促进创新网络发展和产生社会竞争力。具体作用机理如表 3-5 所示。

城市创新文化氛围能促进城市创新主体的创新动力，政府、中介服务机构愿意为创新活动提供便利，并推动创新意识的实践活动。创新意识要渗透到城市文化内部，形成一种文化氛围，只有形成全面的创新氛围，才能激励层出不穷的创新活动。[③]

---

① 魏玲. 文化观念，文化风尚与文化习俗对科技创新的影响研究. 合肥：合肥工业大学，2009.

② Landry C. The Creative City：A Toolkit for Urban Innovators. Earthscan，2012.

③ 宋丽萍. 区域创新系统绩效评价及创新能力提升路径研究. 武汉：中国地质大学，2014.

表 3-5　创新文化影响科技创新中心建设作用机理

作用对象	作用	作用机理
创新主体	动机激发	良好的文化观念、文化风尚和文化习俗为主体所接受并纳入其观念系统和行为系统后，能形成良好的、持续的科技创新动机，推动科技创新主体持续开展科技创新活动
	心智熏陶	个体受到良好教育和良好文化环境的熏陶，形成良好的健康心智，对于启迪创新思维模式、改善心智模式、增进主体的创新能力有很大的促进作用
	行为引导	将文化观念、文化风尚与文化习俗渗透到科技创新主体的思想意识中，从而影响科技创新主体的科技创新的行为和活动
	情绪调适	积极向上、激情奋发的社会文化风尚也有助于科技创新主体产生积极情绪，热情高涨地进行工作实践，推动科技创新的巨大发展
	意志锤炼	文化观念、文化风尚影响意志，而意志力可以完善主体的自我修养，支撑着科技创新活动持续进行
创新网络	促进完善和发展；产生社会凝聚力	企业之间的紧密关系也可以降低交易成本，激发创新思维和新技术的产生，增强竞争意识，降低创新的高风险和不确定性，进而增强区域的整体创新能力

资料来源：笔者根据魏玲. 文化观念，文化风尚与文化习俗对科技创新的影响研究. 合肥工业大学，2009 整理。

（二）创新文化影响科技创新中心建设案例

韩国科技起步比较晚，但其科技竞争力后来居上的重要原因之一就是韩国人有很强的自强精神。这种自强精神激励并鼓励着科技工作者不迷信权威、不断创新，而创新成果也极大地鼓舞了韩国民众在更高层次、更大范围内形成民族自信心，从而形成推动韩国科技发展的持续精神动力。因此，建设创新型城市，应该发扬中华文化的优良传统，大力增强全民族的自强自尊精神和全社会的创造活力。

波士顿拥有丰富的创新实践经验和深入人心的创新文化。在科学研究方面，波士顿在几百年之间推进了许多生命科学等方面的前瞻研究，取得了多项突破，屹立于美国科技发展潮头。长期以来，波士顿已经形成了一种鼓励创新和自由思考的创新文化和社会氛围。

硅谷具有宽容失败的商业文化，其创新文化也表现出很强的开放性。2012 年，硅谷地区非英语母语的人口占总人口的 51%，远远高于 21%的美国平均水平，约 1/4 初创企业的创始人中至少有一位出生在中国或印度，约 1/3 的科学家与工程师非美国本土出生。在硅谷这个创新的大熔炉里，有着不同母语、文化背景的工程师、科学家和企业家成为联结硅谷与其母国科技中心的纽带，使得硅谷的企业不断接触到其他地区的信息、技术和市场，这是硅谷始终保持创新活力的重要源泉。创新氛围是创新的土壤和基础，是城市的灵魂与标志，美国硅谷正因为具有独特的创新氛围才成为全球信息产业的摇篮。文化创新与经济、政治、制度体制有着密切联系，良好的创新氛围可以激发全体市民参与，创新创业的积极性使市民普遍具有创新理念。

（三）北京创新文化现状

北京高校云集，创新人力资源丰富，文化包容性强，创新氛围浓烈。在北京中关村，移动互联浪潮将“零售一条街”转变为“创业一条街”，在这一转变过程中，中关村完善的创新创业生态正助推其成为全球创新创业的精神地标。以“创业大街”为代表，中关村核心区打造的包括中关村软件城、科技金融一条街、知识产权保护和标准化一条街、创新创业孵化一条街的“一城三街”服务格局，形成了独特的创业文化。中关村既支持京东、小米、京微雅格等创业明星企业快速发展，也包容如车库咖啡、3W 咖啡中一个工位上的创业小团队，这种鼓励创新、支持创业的文化氛围也使得其在国内乃至世界范围内独树一帜。以移动互联趋势为契机，中关村不仅通过创新创业驱动经济发展，更主动布局构建全球创新创业的精神地标。随着中关村创业生态系统的持续构建和优化，一批有梦想、有才华、有技术的青年学生投身创业，清华、北大等高校成为培育创业者的大本营；以“90 后”为代表的创业者、连续创业者、领军企业骨干创业者、海外创业者已成为中关村新的四支创业大军；天使投资人、创新型孵化器及创客组织形成了中关村创业新生态。①

八、创新服务是建设科技创新中心的基础支撑平台

服务中介机构可以帮助新创企业更容易地与地理集群中的其他企业建立关系，从而获得与产品创新有关的知识。② 中介服务机构向创新型城市提供科技创新服务。创新服务是指为支撑和促进科技创新主体的创新活动而提供的社会化、专业化服务，其主要任务是开展与科技创新直接相关的信息服务、技术开发与推广、新技术交易服务、资金服务、组织创新政策和专业技术培训及其他专业化服务。这些服务能够有效降低创新成本，化解创新风险，加快科技成果转化，提高整体创新功效，对各类创新主体与市场之间的知识流动和技术转移发挥着关键性的促进作用。创新服务影响科技创新中心建设的机理如图 3－17 所示。

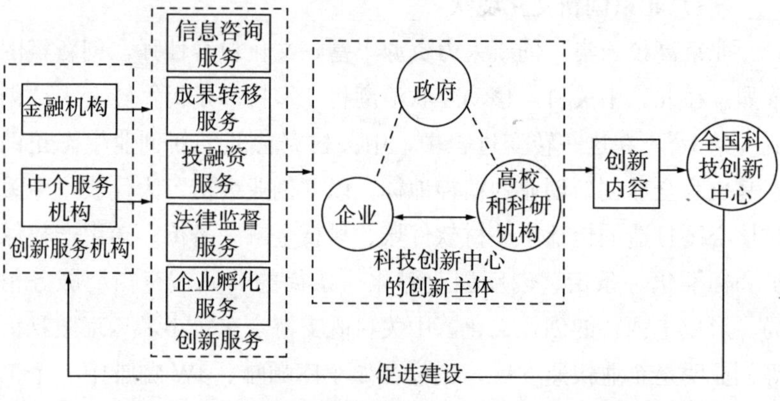

图 3－17　创新服务影响科技创新建设作用机理示意图

资料来源：笔者绘制。

① 中关村多媒体创业产业园，http://www.bjmmedia.cn.

② Zhang Y，Li H. Innovation Search of New Ventures in a Technology Cluster: The Role of Ties with Service Intermediaries. Strategic Management Journal，2010，31(1)：88－109.

（一）创新服务影响科技创新建设作用机理

创新服务主要包括信息咨询服务、成果转移服务、投融资服务、法律监督服务、企业孵化服务，具体如表 3－6 所示。

表 3－6　创新服务影响科技创新建设作用机理

创新服务	创新服务机构	作用机理
信息咨询服务	技术信息和工程技术信息服务中心	开展信息服务，遵循用户的信息需求，提供相关的科技信息，为用户消除信息的不确定性和信息的不对称性，尽可能全面、及时、准确、真实地掌握信息，使之得以充分合理利用，提高信息的使用效率
	企业技术诊断所、专家咨询思想库	对企业技术疑难病症进行会诊，找出问题的原因所在，提出解决的办法和对策，或为企业的技术发展进行战略规划，并寻求发展思路
成果转移服务	技术产权交易机构	实现技术、知识转移的商业化，以谋取最大的经济效益。交易的主要内容有专利代理、许可证办理、合同登记、交易合同认定、知识产权的认定与变更登记、技术软硬件产品等技术商品的买卖
	生产力促进中心	开展技术信息咨询、诊断、培训、代理、评估、交流、推广等服务。政府是推动企业技术进步的助动器。通过科技资源的组织，帮助企业建立技术创新体系，增强市场的核心竞争力
	企业技术中心	推动科技成果的研究、开发，形成企业主导产品关键技术的自主开发能力，拥有自主知识产权，形成核心技术，为企业发展提供持续不断的技术支持
	工程研究中心	将科研、开发、产品、市场融为一体的实体机构，解决科技成果产业化、市场化、规模化的问题
	商会、行业和协会组织	机构向会员提供技术咨询、人员培训、成果转化、资质认证、信誉评估等中介业务，尽最大可能为会员提供创收服务

续表

创新服务	创新服务机构	作用机理
投融资服务	科技投资信托，创新投资，风险投资咨询、创业投资担保	对高新技术产业化的起步和发展进行风险投资、投资咨询和担保
法律监督服务	科技法律事务所、专利事务所	为科技成果提供法律服务，包括专利申报代理、专利纠纷的法律诉求、专利实施的保护、科技法律咨询、科技法律的事务代理
	知识产权评估中心和科技评估中心	承担技术价值、技术背景、市场分析、商业化前景、技术的可开发性等内容的评估工作，同时开展科技项目的评估论证
企业孵化服务	企业服务器和技术创业服务中心	孵化科技创新企业和中小企业；为企业提供场地、后勤服务；制定经营规划；进行科研设备调研；提供资金贷款担保咨询；提供律师、会计等专业人才培训；提供工商代理、税务手续等创业条件；给予科技产品开发—生产—市场全过程支持

资料来源：笔者根据以下文献整理：肖艳玲，庄毅，朱福祥．大庆市科技创新服务体系规划研究．科技进步与对策，2007，24（1）：104－106；陈颉，李娜．科技企业孵化器商业模式构建研究．科技进步与对策，2013，30（9）：90－95；高子涵，吕华侨，李娟．科技中介服务机构发展的国际比较与借鉴．情报理论与实践，2011，34（9）：39－42．

（二）创新服务影响科技创新中心建设案例

巴黎城市群科技创新中心建设了跨国界数据中心支撑的城市创新服务平台，包括 2010 年 IBM、日本 KDDITelehouse、GE 公司等。在巴黎建立的 16 个重大数据中心项目覆盖了巴黎城市群科技创新中心的主要互联网交换点，成为为城市群提供创新数据整合服务的神经中枢。柏林城市群科技创新中心中有大量服务平台提供者，有近 20%的企业将服务平台建设作为企业发展的重点，并把创新服务作为企业活动的功能性业务。

纽约城市群科技创新中心的形成在很大程度上得益于纽约的金融力量，使纽约成为美国和国际大型创新公司总部的集中地，全美 500 家最大的公司约有 30%的研发总部与纽约的金融服务相联系，吸引了各种专业管理机构和服务部门，形成了一个控制国内、影响世界的创新服务和管理中心。此外，纽约城市群强大的科技实力与其以资本市场为主导、多种融资方式并存的科技创新金融支撑体系密不可分。除了纽约证交所和NASDAQ市场、全国性的场外交易市场和私募股票交易市场之外，纽约在担保体系和资本市场的基础上建立了比较完善的间接融资风险分担体系，为间接融资的开展提供了便利条件。

硅谷通过积极发展人力资源、技术转移、金融资本、管理信息咨询、财务和法律等服务机构，构建了完善的科技中介服务体系，加强了科技创新专业技术网络的构建，促进了硅谷创新要素的整合，提高了硅谷创新产出的效率。各种行业协会和非正式社交网络——从商业协会会议和行业会议到商品展示会和各种俱乐部等一些系列正式、非正式的聚会——是硅谷创新者们交换前沿信息的场所。在一个技术发展迅速、竞争激烈的行业中，这种非正式的交流比行业杂志这种不及时的传统论坛更有价值。硅谷地区的社会关系网和专业人员网的作用并不局限于传播技术和市场信息，还是有效的求职招聘网络。如西部电子制造商协会倾全力向那些活力强劲的小公司而不是颇负盛名的大集团公司提供各种服务，帮助它们改善经营管理。

（三）北京创新服务现状

北京目前有技术交易、信息资源、产业联盟、孵化器、战略性新兴产业科技成果转化基地等平台。① 其中，技术交易有技术合同认定机构、国际版权交易中心、中国交易所等；信息资源有北京科技成果产业化情报系统；产业联盟包括中关村物联网产业联盟、TD产业联盟、中国智慧城市产业技术创新战略联盟等；孵化器有中关村软件园孵化服务有限公司、北航国家大学科技园、北京创业孵育协会等；战略性新兴产业科技成果转化基地包括朝阳移动互联网和新一代移动通信产业基地、中关村高端人才创业基地、北京科技成果转化（密云）示范基地等。

全市目前拥有科技孵化机构130家，总面积近400万平方米，

---

① 北京市科学技术委员会，http://www.bjkw.gov.cn.

在孵企业 8 500 家，涌现出一批创新型孵化器和孵化服务新兴业态。联想之星、车库咖啡、36 氪等 17 家创新型孵化器纳入国家级科技企业孵化器的管理体系，支持在核心区打造“一城三街”，即建设软件城、知识产权保护和标准化一条街、创新创业孵化一条街、科技金融一条街。

根据《中关村指数 2019 分析报告》，经过多年的发展，示范区双创服务专业化、国际化发展特征明显。截至 2018 年底，示范区有创新创业服务机构 200 余家，其中经科技部认定的国家级科技企业孵化器 55 家、国家备案的众创空间 159 家。专业化方面，示范区着力打造硬科技孵化平台，截至目前，27 家硬科技孵化器在孵科技型企业超过 1 000 家。国际化方面，双创服务机构目前已在海外设立 55 家分支机构，遍及全球 45 个国家及地区。示范区孵化培育了一批估值高、创新性强的科技型企业。截至 2018 年底，CB Insights 发布的全球独角兽企业名单中，示范区有 46 家企业上榜，占全国的 1/2，同期伦敦 9 家、以色列 4 家、新加坡 1 家。创业持续活跃，2018 年示范区新设立科技型企业 3.2 万家，日均设立 89 家。

九、小结

通过以上分析，建设全国科技创新中心的影响因素可以分为创新网络、人力资本、创新政策、创新财力投入、创新基础、产业集群、创新文化、创新服务。创新网络是建设全国科技创新中心的核心；人力资本为建设全国科技创新中心提供人才支持；创新政策为建设全国科技创新中心提供政策指导和保障；创新财力投入为建设全国科技创新中心提供资金支持；创新基础是建设全国科技创新中心的物质基础；产业集群是建设全国科技创新中心的重要载体；创新文化是建设全国创新中心创新精神的孵化器；创新服务是建设全国科技创新中心的支撑平台。这八大因素影响着北京全国科技创新中心建设的方方面面。

参考文献

1. Becker G S. Investment in Human Capital: A Theoretical Analysis. The Journal of Political Economy, 1962: 9 - 49.

2. Cooke P N, Heidenreich M, Braczyk H J. Regional Innovation Systems: The Role of Governance in a Globalized World. Psychology Press, 2004.

3. Cooke P. Regional Innovation Systems: Competitive Regulation in the New Europe. Geoforum, 1992, 23 (3).

4. Landry C. The Creative City: A Toolkit for Urban Innovators. Earthscan, London. 2000.

5. Porter M E. Cluster and the New Economics of Competition. 1998.

6. Schleicher A. Measuring Student Knowledge and Skills: A New Framework for Assessment. Organisation for Economic Cooperation and Development, Paris, France (US $26). www.oecd.org, 1999.

7. Solow R M. Technical Change and the Aggregate Production Function. The Review of Economics and Statistics, 1957: 312 - 320.

8. The Global Competitiveness Report 2013—2014. World Economic Forum. 2013.

9. Zhang Y, Li H. Innovation Search of New Ventures in a Technology Cluster: the Role of Ties with Service Intermediaries. Strategic Management Journal, 2010, 31 (1): 88 - 109.

10. 北京市2014年国民经济和社会发展统计公报.

11. 陈颉，李娜. 科技企业孵化器商业模式构建研究. 科技进步与对策，2013，30 (9).

12. 陈劲. 中国创新发展报告（2014）. 北京：社会科学文献出版社，2014.

13. 陈柳钦. 产业集群与区域创新体系互动分析. 重庆大学学

报：社会科学版，2006，11（6）：1－10.

14. 陈媞. 创新型城市的形成机理及评价指标体系研究. 武汉：武汉理工大学，2012.

15. 戴超群. 创新型城市评价指标体系研究及其在南京市的应用. 南京：南京航空航天大学，2008.

16. 戴维斯·诺斯. 制度变迁与美国经济增长. 上海：上海三联书店，上海人民出版社，1994：270－271.

17. 邓恒进. 区域创新系统运行研究——“四三结构”模型及应用. 武汉：武汉理工大学，2010.

18. 付家骥. 技术创新学. 北京：清华大学出版社，1998.

19. 高子涵，吕华侨，李娟. 科技中介服务机构发展的国际比较与借鉴. 情报理论与实践，2011，34（9）：39－42.

20. 亨利·埃茨科威兹. 三螺旋——大学产业政府三元一体的创新战略. 北京：东方出版社，2005.

21. 侯彬，邝小文. 熊彼特的创新理论及其意义. 科学社会主义，2005（2）：86－88.

22. 黄亮，杜德斌. 创新型城市研究的理论演进与反思. 地理科学，2014，34（7）.

23. 杜德斌，杨凡. 纽约城市创新网络的架构及启示. 上海科技发展研究中心. 2015（18）.

24. 杜德斌，胡曙红. 硅谷创新网络深度解析. 科技发展研究，2015（19）.

25. 科学技术部火炬高技术产业开发中心网站，http://www.innofund.gov.cn

26. 李星. 基于三螺旋模型的创新型城市运行机制研究. 北京：北京交通大学，2008.

27. 刘元凤. 创新型城市的综合评价研究. 上海：复旦大学，2010.

28. 马池顺. 创新资源视角下的创新型城市成长研究. 武汉：武汉理工大学，2013.

29. 马晓强，韩锦绵. 由城市创新转向创新型城市的约束条件和实现途径. 西北大学学报：哲学社会科学版，2008，38（3）：86－91.

30. 聂鸣，蔡铂. 学习、集群化与区域创新体系. 研究与发展管理，2002，14（5）：16－20.

31. 潘德均. 西部大开发战略与区域创新系统建设. 决策咨询通讯，2002（1）：036.

32. 钱平凡. 基于产业集群的我国科技创新的战略研究. 调查研究报告，2004，（2）：1－30.

33. 邱丹. 创新型城市评价指标体系研究. 长沙：长沙理工大学，2008.

34. 全国科技创新中心：北京新的战略定位. 北京日报，2014－09－28.

35. 任华百. 浅析地方政府在科技创新中的作用. 知识经济，2012（3）：57.

36. 沈运红，王恒山. 国内外网络组织研究及其新进展. 科技进步与对策，2007，24（3）：198－200.

37. 宋丽萍. 区域创新系统绩效评价及创新能力提升路径研究. 武汉：中国地质大学，2014.

38. 谭清美. 区域创新系统的结构与功能研究. 科技进步与对策，2002，19（8）：52－54.

39. 王瑞文，张嘉. 创新型城市建设中人才创新资源的聚集. 科学管理研究，2011（1）：69－72.

40. 王松，胡树华，牟仁艳. 区域创新体系理论溯源与框架. 科学学研究，2013（3）：344－349.

41. 王燕. 区域经济发展的自主创新理论研究. 长春：东北师范大学，2007.

42. 魏玲. 文化观念，文化风尚与文化习俗对科技创新的影响研究. 合肥：合肥工业大学，2009.

43. 肖艳玲，庄毅，朱福祥. 大庆市科技创新服务体系规划研究. 科技进步与对策，2007，24（1）：104－106.

44. 谢攀. 创新型城市指标评价体系问题研究. 西安：西北大学，2008.

45. 许爱萍. 创新型城市发展模式及路径研究. 天津：河北工业大学，2013.

46. 颜永才. 产业集群创新生态系统的构建及其治理研究. 武汉：武汉理工大学，2013.

47. 易成栋. 区域创新环境研究. 武汉：华中师范大学，2001.

48. 约瑟夫·熊彼特. 经济发展理论. 北京：商务印书馆，1990.

49. 中关村多媒体创业产业园，http://www.bjmmedia.cn.

50. 中国经济网，http://www.ce.cn.

51. 周志太. 基于经济学视角的协同创新网络研究. 长春：吉林大学，2013.

52. 朱英明. 论产业集群的创新优势. 中国软科学，2003（7）：107－112.

53. 邹德慈. 构建创新型城市的要素分析. 北京：中国科技产业，2006（10）：13－15.

54. 中华人民共和国科技部. 中国科技人才发展报告（2014）. 北京：科学技术文献出版社，2015.

第四章　全国科技创新中心的建设内容与评判指标

在世界和国内先进创新理论的基础上，我们对科技创新以及影响科技创新能力的主要因素有了一定程度的认知。而世界科技创新的历史与趋势以及公认创新型城市的成功经验对北京建设全国科技创新中心有着重要的指引和借鉴作用。本章综合多方面的因素，以全国科技创新中心为最终建设目标和行动指导方向，对北京市的建设内容做了详细的叙述，并在建设内容的基础上构建了评判指标体系，以达到对建设科技创新中心进行评估和监测的目的。

第一节　世界科技创新发展进程与趋势

了解世界科技创新发展进程，能够让我们明晰当今创新的时代背景；把握创新的历史趋势，将利于我们捋清科技创新的脉络；而预测科技创新未来的发展可能，可以使北京市在建设科技创新中心的道路上能顺应潮流，减少代价，形成更为行之有效的建设方案。

一、世界科技创新发展进程

科技创新如海浪一般，静静地推动着人类社会的船儿向前徜徉，而科技革命则像惊涛骇浪，帮助人类登上一个又一个高点。科技革命孕育在科技创新之中，成为科技创新的重大标志，同时也是研究科技创新发展进程、预测科技创新未来趋势的重要切入点。自17世纪以来，世界先后经历了五次科技革命。

（一）16—17世纪：自然科学体系诞生与传统神学瓦解

第一次科技革命发生在16—17世纪，哥白尼打破了神学传统而又愚昧的理论，提出了“日心说”。同样反对教会陈规烂俗的伽利略，通过实验推翻了亚里士多德的诸多观点，并通过改良的天文望远镜证实了哥白尼的推测。随后，牛顿又在伽利略的研究基础上建立了经典力学体系。加之其他科学家的共同推进，近代自然科学体系由此诞生。

（二）18世纪60年代到19世纪中期：蒸汽动力出现与大机器生产兴起

自18世纪60年代起，以英国为主体的第二次科技革命开始，一直持续到19世纪中期。蒸汽机和纺织机的出现逐渐推动了以轻工业为主导、以蒸汽为主要生产动力的第一次工业革命。大机器生产代替了传统的、低效率的手工生产，释放出了巨大的生产力。

（三）19世纪70年代：电力产生与社会生产力提升

19世纪70年代，电动机、内燃机、新的交通工具和通信手段的发明使世界步入了第三次科技革命，也带动了第二次工业革命。电力的产生再次大幅提升了社会生产力，并深深地改变了人们的生活方式。此外，电力为汽车、通信等行业的发展提供了坚实的技术基础和发展条件。

（四）19 世纪末到 20 世纪初：微观科学继续推进与自然科学飞跃

19 世纪末到 20 世纪初，随着 DNA 双螺旋结构、X 射线等的发现，人类有能力对物质结构有了更深层次、更微观的认识。而进化论、相对论、量子力学等著名理论的建立，使自然科学体系形成了重大的飞跃。基因工程、生物技术、有机化学等方面的发展，共同推进了第四次科技革命的进程。

（五）20 世纪中期开始：信息技术普及与科技全面发展

20 世纪中期兴起的第五次科技革命则与我们更为息息相关，计算机的普及以及电子网络的迅速发展使人类进入了信息社会。由于信息化不断深入，促进了社会交往合作，经济和科技得以加速发展。而同时期航天空间、新材料、微电子等新技术的重大突破，对人类社会的进步产生了空前的作用。

二、世界科技创新历史趋势

自第一次科技革命至今，短短 500 年历史，人类就一改传承数千年的人力畜力，而用机器、计算机取而代之。在对这几次革新的分析中，可以发现科技创新具有一定的发展脉络。

（一）创新已成为世界各国着重加强的核心竞争力

世界各国正在不断加快科技创新的步伐，发达国家的创新更是从未停下前进的脚步。各国纷纷加紧制定了创新战略。2009 年美国发布了《美国创新战略：推动可持续增长和高质量就业》、日本制定了《创新 25》，都将科技创新作为支撑经济可持续发展的重要支柱。为了完善和支持科技创新，发达国家大多制定了相应的法律，例如美国的《技术创新法》、日本的《科技基本法》等等。①

① 曹健林. 国际科学技术发展报告 2009. 北京：科学出版社，2009.

在科技创新投入方面，美国、日本、德国在2010年科研经费分别增长了约3%、1.1%和8%。欧盟在科研方面的投入则在2010年达到所有成员国GDP的3%。[①] 在各国加快创新投入的大势下，我国作为世界第二大经济体，科技创新的发展于己或者其他国家都显得至关重要。

（二）创新已由基础科学领域向高精尖领域延伸

公元前的科学研究以亚里士多德、欧几里得以及阿基米德为代表，领域主要在于对基础理论的证实与开拓，现如今多数科学都建立在这些学者的研究基础上。深受影响的伽利略和牛顿等人站在前人的肩膀上，形成了完善的自然科学体系。

17世纪，随着蒸汽机的出现，科技创新开始集中在了生产力的发展上，随后，内燃机、发电机的出现进一步提高了生产力。在生产力已经能够满足创新人员在其他先进领域有所建树的情况下，科技创新迅速发展，渗透到各个领域，形成了百花齐放的场面。

进入21世纪后科技创新的重点领域向生物科学、航天航空、信息网络等高精尖领域研究转变。2010年后，世界发达国家将科技创新聚焦于清洁能源与可持续发展。美国预期在未来10年投入1 500亿美元支持可再生能源的研发；英国则强调在2020年前将有120万人从事绿色职业。[②] 创新先进国家的科研重点往往预示着未来发展的重点，值得引起其他国家的重视。

（三）创新已经成为新兴国家谋求发展的主要途径

历史上，创新资源总共发生了五次跨国、跨区域转移，每次转移都会造就新的创新引领城市，形成新的科技创新中心。从13—15世纪文艺复兴时期火药和指南针催生的意大利，到18世纪中期历经工业革命，被称为“日不落帝国”的英国，再到19世纪初的德国与法国，最后是二战前的美国。事实说明，只要能够在科技创

① 中华人民共和国科学技术部. 国际科学技术发展报告2010. 北京：科学出版社，2010.

② 中华人民共和国科学技术部. 国际科学技术发展报告2011. 北京：科学出版社，2011.

新的格局中占据有利的主导位置，就能够同时在经济与政治上占领制高点。

21世纪以来，亚洲新兴工业化国家在研发方面的投入不断增加，世界上的创新资金也在逐渐向亚洲转移。2009—2018年，亚洲研发支出占世界研发总支出的比重由33.6%增长到43.62%，成为研发支出最多的大洲。① 从2thinknow评选出的全球创新型城市100强的名单中，我们也会发现，亚太地区入围的城市在与日俱增，已经从2004年的11个增加到2019年的18个。随着创新要素的东移，创新引领城市也将由西方国家向亚洲地区转移。

三、世界科技创新未来的趋势

现如今，随着第五次科技革命不断成熟，中国科学院院长白春礼提出了第六次科技革命，认为“现代化进程的客观需求”与“知识体系的内在矛盾”共同导致了整个世界正处于第六次科技革命的前夜②，并预测创新最有可能发生在以下六个方面——基础科学领域、能源和资源领域、信息网络领域、先进材料和制造领域、农业领域、人口健康领域。③

但是，无论未来科技创新发生在哪一个或哪些领域，世界科技创新总会满足以下趋势（见图4-1）。

（一）知识资本是科技创新的首位要素

知识的创造与发展大大降低了创新对于自然资源的依赖性，贯穿于科技创新的始末。随着知识资本在生产中的比重加大，传统生产要素对生产的限制早已减弱，未来创新的关键则在于人才和知识的积累。

（二）风险投资支撑科技创新

科技创新需要大量的资金支持，而这些资金往往面临着研发的风险、成果转化的风险以及产品市场风险等等。因此，为获取高收

① 程如烟. 2018年全球研发资金预测. 科技中国，2018（5）：5-6.

② 白春礼. 新科技革命的拂晓. 中国科技奖励，2012（2）：6-9.

③ 白春礼. 世界科技创新趋势与启示. 科学发展，2014（3）：5-12.

益而愿意承担更大风险的风险资金就成为支撑科技创新的主力。

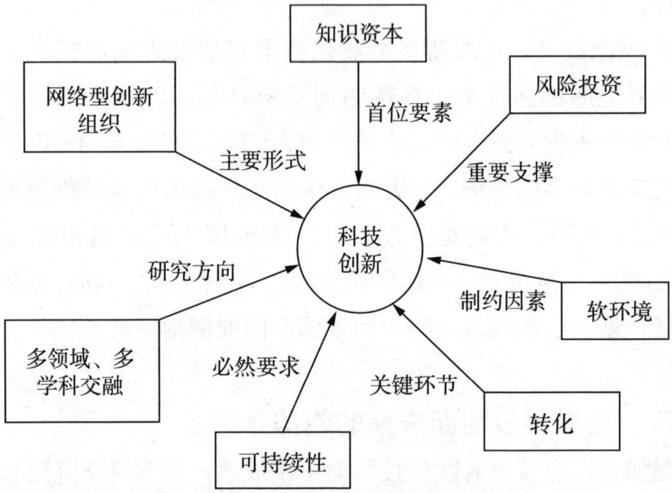

图 4-1　世界科技创新趋势

资料来源：笔者根据相关文献绘制。

（三）科技创新软环境成为制约创新发展的因素之一

随着经济发展和政府支出的扩大，创新的硬环境已基本满足了企业和科研机构的需要，文化、社会风气等隐性因素反而显得愈发重要，成为创新的瓶颈。

（四）科技创新后的成果转化将得到更大的重视

完整的创新过程应包括研究、发展、生产三个环节，形成研究—发展—生产的创新链。[①] 创新后的产品生产是科技创新得以实现的最为关键的环节，不容忽视。

（五）可持续创新是可持续发展的必然要求

创新不可以自然资源和生态环境破坏为代价，盲目追求短期效益。平衡科技创新与社会问题是世界科技创新面临的重要课题，而妥善处理这个矛盾又是科技创新的历史使命。

（六）科技创新会形成多领域、多学科的交融

科技创新将不再仅仅是某一学科自身的突破，而需要其他多种

① 姬楚楚. 世界科技创新趋势. 天津科技，2004，31（1）：52.

学科的支持。首先，计算机产业的发展离不开新材料和软件行业的发展。其次，计算机与网络是当前众多高精尖行业的基础，例如航天、生物领域等。

（七）全球网络型创新组织的形成将成为创新的主要形式之一

由于单个国家难免存在技术或资金等方面的不足，因此集合世界各国经济、人才与技术，在此基础上共同创新，并协调投入生产，将会成为重大科技创新的实现基石。① 目前，科技部先后共认定了 21 个国际创新园、93 家国际联合研究中心、26 家国际技术转移中心、301 家示范型国际科技合作基地，为国际协同创新提供了不同层次的平台。②

第二节　全球创新型城市发展的内容与模式类型

科技部在 2010 年全国科技工作会议上首批了 20 个创新型试点城市。随后国家发改委批准了 17 个城市进行国家创新型城市试点。至 2018 年末，我国已有约 300 个城市将创新型城市作为发展目标。尽管数量不少，但是我国创新型城市的建设仍然处于起步阶段。本节将对全球知名的创新型城市进行研究，通过对各城市发展历程的分析，总结城市进行科技创新过程中的经验与教训，为北京建设科技创新中心提供理论上的支持和现实中的借鉴。

一、全球创新型城市的发展内容

本部分选择国际公认的创新型城市，就其科技创新发展内容进行重点剖析。首先，从城市发展背景出发，理解政府为何转而实行科技创新；其次，分析全球科技创新中心形成的过程，具体了解各城市在科技创新中的做法；最后，在对城市发展现状的解读中，为北京市建设科技创新中心提供展望，为建成科技创新中心注入信

① 尚勇．当今世界科技创新趋势．科学咨询，2010（21）：5－9.

② http：//www. cistc. gov. cn/InterCooperationBase/details. asp?column＝741&id＝81467.

心。下面对当前世界公认创新型城市的主要发展内容做简要概述。

(一) 产业创新

1. 产业创新的定义

产业创新的概念最早由弗里曼提出的，他在产业创新与国家创新理论中强调国家创新的核心就是产业创新。随后他指出产业创新应包括技术创新、技能创新、产品创新、流程创新、管理创新和市场创新。加里·哈梅尔（Gary Hamel）和 C.K. 普拉哈拉德（C.K. Prahalad）认为，竞争优势的形成最终源头就在于产业创新。因此，对于受限于资源逐渐匮乏的城市，选择发展新产业，或对现有产业进行科技化改造是地方摆脱资源束缚的首选途径。

产业创新的具体领域会因城市发展条件的不同而有所差别，有的城市放弃现有的逐渐没落的产业，将创新资源转移到不同的领域，从而形成了新的增长极，带动了城市的发展；而有的城市则在原有产业的基础上进行产业的深化与繁衍。

2. 产业创新成功案例

英国伦敦在第一次科技革命后成为世界工业制造的中心，但工业生产以生态环境和生活环境为代价，迅速加剧了城市的污染，再加上战争的摧残，在这种情况下政府不得不思考未来的发展方向，考虑到伦敦丰富的文化资源后，政府决定打造文化发展平台，将文化产业作为经济复苏的重要途径。①

19 世纪，匹兹堡因其煤铁禀赋、区位优势而迅速崛起，成为美国的“钢都”，但是随之而来的产能过剩、管理僵硬、工业污染等问题，制约着匹兹堡的进一步发展，城市亟须进行结构调整与转换。匹兹堡为扭转单一产业结构的弊端，大力发展新兴服务业、高技术制造业以及文化产业，着力打造绿色宜居城市。

英国伯明翰曾因冶金业和机械制造业而成为工业革命的摇篮，但资源的匮乏、战争的破坏、制造业的衰退使这个城市的发展走向衰竭。在这种情况下，伯明翰探索出一条以服务业为主导的多元化产业体系，

---

① 韩瑾. 国外创新型城市建设策略研究. 北方经济：学术版，2007 (6)：58－59.

着力打造三大中心：国际会议中心、展览中心、现代商业购物中心。经过一系列的“转型手术”，伯明翰实现了真正的复苏。

除了上述三个城市之外，进行产业创新的主要城市还有新加坡①、柏林②、东京③、纽约④等。

（二）技术创新

1. 技术创新的定义

熊彼特在其《经济发展理论》中将技术创新定义为把一种从没有过的关于生产要素的“新组合”引入生产体系。索洛在1951年对技术创新进行了较为全面的研究，认为技术创新的实现有两个前提条件：新思想的来源与随后阶段的实现和发展。技术在人类的发展历程中有着举足轻重的作用，技术的不断创新为人类的发展提供了有力的保障。

2. 技术创新成功案例

硅谷是科技创新的最佳体现，其从一个水果生产区历经短短几十年就成为全球著名的高科技园区，关键之处就在于不断地创新，从微电子革命到互联网革命，以及当下的绿色技术革命，硅谷时时刻刻走在科技创新的前沿，引领世界科技创新的浪潮。

班加罗尔地处印度南部，以软件外包产业闻名于世，有印度“硅谷”之称。⑤ 从最早的重工业城市，到如今聚集着2 000多家软件相关的企业，其中40家更是世界著名企业。班加罗尔早在1988年就被美国《新闻周刊》评为世界十大高科技城市之一。班加罗尔的迅速崛起离不开科技的进步，正是科技创新支撑着班加罗尔奇迹。

---

① 沈丽娟，王瑞斌. 创新型城市建设条件类型及模式的综述. 商场现代化，2009（14）：325-326.

② 李新. 文化产业已成柏林创新发动机. 中国文化报，2011-12-06.

③ 许正权，潘雄锋. 点-线-面一体的创新型城市建设构架. 科技与经济，2008（5）：6-9.

④ 王仁祥，邓平. 创新型城市评价指标体系的构建. 工业技术经济，2008（1）：69-73.

⑤ 王程韡. 反思创新型城市：以印度硅谷班加罗尔为例. 科学学研究，2011，29（4）：634-640.

筑波是一座平地而起的、以基础研究为主的国家级科研城市。筑波科学城总面积约 28 400 公顷，区域内有科研和教育机构 60 家，研究人员超 20 000 人。科学城的建设促进了日本从技术模仿向技术创新、从应用研究向基础研究的转变，弥补了日本缺少原创技术的短板。①

其他很多城市也都采用过技术上的创新来谋求整个城市的发展，如赫尔辛基②、大田③、柏林、新竹④等。

（三）知识创新

1. 知识创新的定义

知识创新是指在已有的知识基础上，通过科学研究获得新的科学知识的过程。⑤ 通过定义，我们可以将知识创新与科技创新区分开来。知识创新只是创新的一种表现形式，不能涵盖其他的表现形式，例如产业创新、技术创新等。相比于知识创新主要在于理论的发展与开拓，技术创新偏重于发明的应用，主要是指引进新产品或者新工艺。⑥

2. 知识创新成功案例

在伯明翰复苏的过程中，知识发挥了重要的作用。在 2005—2015 年城市发展规划中，伯明翰政府将知识创新纳入其中，提倡居民提高素质，终身学习。同时，伯明翰大学在理论研究中体现出巨大的作用，为伯明翰的知识创新做出了突出贡献。

硅谷的发展同样离不开知识的创新，也正是知识创新为硅谷在技术和产品上的进步奠定了基础。一方面，硅谷大力发展高水平教育，建立起大学科技园，用以鼓励学生开发新的思想；另一方面，硅谷积极吸引来自世界各地的创新人才，汇聚世界前沿知识，为硅

① 王海芸. 日本筑波科学城发展的启示研究. 科技中国，2019（3）：20－27.

② 季必发. 国外创新型城市发展模式借鉴. 杭州科技，2010（3）：49－51.

③ Tjallingii S P. Ecopolis：Strategies for Ecologically Sound Urban Development. Leiden：Backhuys Publishers，1995.

④ 陈翁翔，林喜庆. 科技园区创新模式比较与启示——基于硅谷、新竹和筑波创新模式的分析. 中国行政管理，2009（10）：113－115.

⑤ 何传启，张凤. 知识创新：竞争新焦点. 北京：经济管理出版社，2001.

⑥ 栗沛沛，钟昊沁. 知识创新的含义与运作过程. 科学管理研究，2002（12）.

谷的创新带来活力与灵感。

（四）人才体制创新

1. 人才体制创新的定义

人才是指具有一定的专门知识、较高的技能，能对社会发展、技术进步有所贡献的人。① 同时人作为知识的载体，人才的创新与知识活动在很大程度上密切相关。美国 3T 理论也早已将人才作为创新的关键内容。也可以这样认为，全球科技中心本质上就是人才与知识的聚集中心。

这里我们更着重于分析人才机制体制的创新，主要包括三个方面：人才的培养、人才的聚集以及人才创造能力的发挥。

2. 人才体制创新成功案例

波士顿依托自身教育上的优势，在科教资源的基础上进行创新。波士顿有着美国第一所公立学校——波士顿拉丁学校以及美国首所大学——哈佛大学，而至今，波士顿的大学规模已经超过 100 所。② 除了诸多综合性大学，波士顿也拥有如波士顿音乐学校这样的专业院校，每年培养超过 25 万大学生。③ 波士顿充分利用自身优势，已成为科技发展道路上的开拓者与带路人。

韩国大田市在政府的支持下，投入了 15 亿美元建设大德科学城。④ 目前，大田聚集了韩国将近 40 所高等学府、近 90 个韩国一流的研究所，极大支持了韩国经济的发展和科技竞争力的提升。⑤ 此外，高等院校、科研机构的合作促进了成果的转化，为创新提供了坚实的保障。

在哈斯菲尔德，政府通过双渠道实现了人才创新：一方面进行人才培训，使员工获得更高水平的技术和知识；另一方面，政府努力推动人才转型，将传统产业从业人员引向创意产业。在引进人才

① 赵刚，孙健. 自主创新的人才战略. 北京：科学出版社，2007.

② 陈静怡. 20 世纪美国波士顿高技术城市转型研究. 昆明：云南师范大学，2019.

③ The Boston Public Schools at a Glance. http://www.bostonpublicschools.org/.

④ 赵峥. 国外主要创新型城市发展实践与借鉴. 决策咨询，2011 (1)：87 - 92.

⑤ Tjallingii S. P. Ecopolis：Strategies for Ecologically Sound Urban Development. Leiden：Backhuys Publishers，1995.

困难的情况下，这种人才的“升级”与“转型”将会是人才创新最好的方式。

（五）环境创新

1. 环境创新的定义

环境创新是指各种与创新相联系的主体要素、非主体要素以及在要素之间起协调作用的制度和政策的网络。具体来讲，一方面是指科研设施、创新基地、信息网络等硬环境；另一方面是指法律法规、政策制度、管理体制等软环境。环境创新范围广泛、内容较为多样，常常贯穿于各个城市创新的历程之中，起着极为重要的辅助作用。①

2. 环境创新成功案例

首尔是韩国的经济、政治以及文化中心，也是世界十大城市之一。但早在 20 世纪 60 年代之前，首尔以传统农业为主，经济发展落后。首尔城市的发展得益于一系列政策与制度的推动，首先政府主导的“工业为主、大企业为主、大城市为主”战略转变了工业与人口的布局；科技创新战略则促进了高科技产业的发展；而近年来“绿色首尔”战略推动了创新型城市的进一步建设。

德国鲁尔区的经济转型大致经历了“再工业化”、“新型工业化”和“产业多样化”三个阶段。②③在整个转型过程中，政府起着积极的作用，比如组建工作机构、编制转型规划、多渠道吸引外资等，为鲁尔区的产业创新提供了良好的制度环境，实现了其由单一产业向多产业协调发展模式的转变。

赫尔辛基作为芬兰经济增长的引擎，如今已经聚集了众多高科技产业，成为借科技之力进行升级的创新型城市的典范。赫尔辛基在实现城市发展的过程中，创新环境也有了很大的改变，政府先后实施了包括目标聚集的跨越式发展战略、大进大出的科技国际化战

---

① 张润彤，朱晓敏，耿建东. 国家科技创新系统与可持续发展. 北京：北京交通大学出版社，2014.

② 陈涛. 德国鲁尔工业区衰退与转型研究. 长春：吉林大学，2009.

③ 任保平. 欧盟一体化进程中德国鲁尔区的产业转型分绩效分析及启示. 西安财经学院学报，2006，19（6）：5－10.

略、投资推动的产学研一体化制度等。合适的制度营造了适宜的创新氛围，推动了赫尔辛基的跨越式发展。

环境创新是其他一切创新的必备条件，促进了创新的成功，因此其在任何一个创新成功城市的发展历程中都有着重要的地位。

二、全球创新型城市发展类型模式

最早对创新型城市发展模式作出阐述的是国外学者彼得·霍尔（Peter Hall），他将创新型城市分为三类：文化型创新型城市、工业型创新型城市和服务型创新型城市。其中，文化型创新型城市强调文化艺术对于城市经济发展的突出作用，工业型创新型城市强调通过发达的工业引领城市创新，而服务型创新型城市则通过服务业的改善，从而达到社会和经济发展的目的。此外，G. J. 霍斯珀斯（G J Hospers）也对创新型城市进行了研究，认为创新型城市主要有技术创新型城市、文化智力型城市、文化技术型城市、技术组织型城市四类。①

在国外学者频频对此作出阐述时，国内学者也开始了研究。杨冬梅、赵黎明、闫凌州（2006）② 认为，创新型城市的发展模式是基于历史、政治、经济、政策等多种因素形成的，并从政府和市场作用的角度出发，将发展模式分为三类：政府主导型发展模式、市场主导型发展模式和混合型发展模式。尹继佐（2003）③ 也曾提出，创新型城市应分为文化型创新型城市、工业型创新型城市和服务型创新型城市。而何颖（2007）④ 以城市发展阶段为标准，认为创新型城市有前创新型城市经济阶段、创新型城市经济初级阶段、创新型城市经济中级阶段以及创新型城市经济高级阶段。

---

① Hospers G J. Creative Cities：Breeding Places in the Knowledge Economy. Knowledge，Technology & Policy，2003，16（3）：143-162.

② 杨冬梅，赵黎明，闫凌州. 创新型城市：概念模型与发展模式. 科学学与科学技术管理，2006（8）.

③ 尹继佐. 世界城市与创新型城市：西方国家的理论与实践. 上海：上海社会科学院出版社，2003.

④ 何颖，创新型城市构成要素与模式探析. 商场现代化，2007（8）.

前辈学者多以主导类型的不同来区分发展模式，但仅以此为依据无法体现科技创新的主要发展内容；而以发展内容或驱动力为依据，则难以体现政府或资源在科技创新过程中的地位和作用。此外，以城市发展阶段为标准，则很难对各个阶段进行清楚的区分。因此，笔者认为应该将前两种分类方式加以综合，从而得到一套相对较为完全的分类：从政府在科技创新中的作用及干预力度来看，发展模式应分为政府主导的城市创新和市场主导的城市创新，而根据主要驱动力的不同，又分为文化驱动创新、资源驱动创新和科技驱动创新。本书主要关注科技方面的创新，其发展内容又分为工业领域创新和服务业领域创新。具体框架如图 4-2 所示。

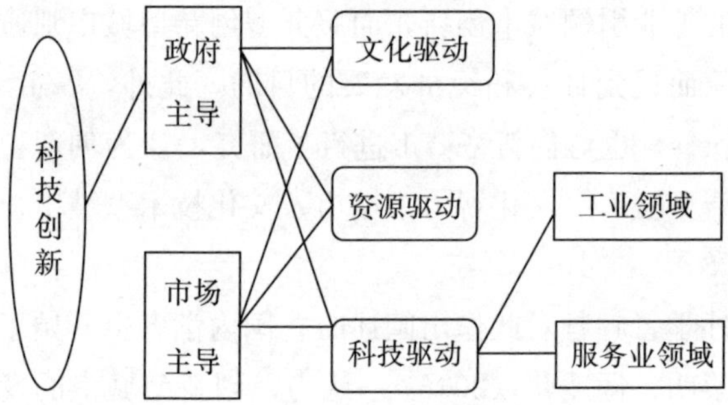

图 4-2　科技创新框架

资料来源：笔者绘制。

(一) 创新模式的主导力量：政府主导 VS 市场主导

1. 政府主导型创新模式

(1) 政府主导模式的定义。

政府主导型创新模式主要强调自上而下的力量，政府需要制定明确的战略和规划，并且建立相应的配套政策。为了吸引创新的资源向城市聚集，政府需要进行基础设施建设，营造利于创新的文化氛围与城市环境。政府作为创新的主导者，承担着维持竞争环境有序的重要责任，力求为企业创新提供良好的环境。①

① 钱维. 创新型城市发展道路——美国典型城市转型经验和启示. 改革与开放，2011 (4)：16-19.

选择以政府作为创新的主导力量，对于资源优势不明显、市场配置力量不足的城市，可以更为有效地聚集和分配资源，为处于创新起步阶段的城市创造最根本的条件。此外，在政府的扶持下，在政策与制度的支持下，创新一方面可以更快地有所发展，另一方面，创新进程可以更加趋于平稳。但是过于依赖政府的力量，加大了创新主体的依赖性，可能会使其丧失自力更生的能力，一旦政府的注意力转移，或者出现了严重的政府失灵问题，政府的扶持力度下降，企业将难以立住脚跟。

(2) 政府主导模式的成功案例。

在亚洲地区大多数新兴创新型城市的发展过程中，政府起到主导作用。日本政府在建立筑波科学城的过程中起着极为重要的作用，自 20 世纪 60 年代起，日本一方面出台了一系列支持筑波科学城建设的法律与法规，比如《筑波研究学院城市建设法》《筑波研究学院城市建设计划大纲》等等；另一方面，政府给予了筑波充分的财政支持，在筑波科学城建成后的 30 年里，日本政府将 40%的人力和财力集中到了这里，建立了其他地区难以媲美的科研环境。

韩国大田市的发展同样得益于政府的大力扶持。2000 年以来，大田市出台了一系列指导文件，如《大田市科技经济发展振兴规划》①，为大田市科技发展进行了远期展望与详细规划。大田市还加大了对科技型中小企业的扶植，对创新能力较强的企业给予有力的财政支持。

2. 市场主导型创新模式

(1) 市场主导模式的定义。

与政府主导型创新模式不同，在一些地区，市场在创新过程中有着重要地位，政府在其中只是起着辅助作用，对创新活动给予支持并对创新成果进行发展。市场主导型是自下而上的创新模式，资源大量聚集，从而奠定了创新的基础。在这样的氛围下，创新主体出于对资源的争夺和对生存的渴望，自发地进行创新。

① 赵峥. 国外主要创新型城市发展实践与借鉴. 决策咨询，2011 (1)：87-92.

市场主导型这种自下而上的创新需求也促进了正确导向的形成，同时为创新注入了足够的动力，在这种模式下，创新主体有着更高的创新积极性。此外，企业的独立发展使得创新不再是暂时性的，而是具有较强的持续能力。但是，市场主导型创新模式有着极大的局限性，需要地方在创新资源上有着较大的比较优势，而且也要有一个适宜的创新环境。此外，市场主导将有可能导致创新的盲目性，以及着眼于短期利益等问题。

市场主导主要又可分为两大类型：资源禀赋和科学技术。根据资源禀赋的差异，创新发生的领域也会有所不同，但是资源与政府在创新中所发挥的作用却是大同小异。

(2) 市场主导模式的成功案例。

波士顿就是市场主导的典型例子。首先，波士顿在众多一流大学的培育下，有着良好的科研资源和丰富的人才资源；其次，波士顿有着鼓励创新和自由思考的文化与社会氛围；最后，波士顿的风险投资体系较为成熟，为创新提供了良好的支撑与保障。

第二次世界大战后，国际金融交易的重点由贷款转向证券，金融行业对其他经济领域的影响力加大，并且进一步向传统金融中心城市聚集。而纽约依托于传统金融中心的优势，重点发展金融、保险、咨询等领域，在原有优势的铺垫下，纽约做出了适应创新潮流的调整，巩固了其世界金融中心的地位。

3. 混合型创新模式

(1) 资源禀赋差异引起的混合型创新。

政府和资源在不同城市存在着较大的差异，因此其发挥的作用也存在着差异。但是在更多情况下，创新模式更趋向于混合模式，体现在两个方面：一方面，在政府主导型创新中，往往也要优先发展资源，聚集足够的资源条件，例如新加坡，政府确定了诸如“稳一、提二、推三”，大力发展金融服务业以及创意产业等发展战略，目的便在于创造一个适宜创新的环境，吸引人才与资金。而另一方面，在市场主导型创新过程中，政府依然发挥着不可替代的作用，例如硅谷在发展历程中，尽管人才优势让硅谷的发展有着光明的未来，但是政府的诸多政策还是给予了很大程度的支持，例如《拜杜法案》与《史蒂文森-威德勒技术创新法》，允许大学机构将技术授权给企业，大大提高了大学机构科技创新的热情。

（2）发展阶段不同引起的混合型创新。

在城市创新发展的不同阶段，政府和市场的力量也有所不同，一般来讲，在城市创新的起步阶段，需要政府的大力支持，如东京、巴黎等。而随着产业的逐渐成熟，政府的作用由推动逐渐转为维护与保障，例如伯明翰在创新型城市建设初期，对制造业的发展和服务业的发展都做出了详细的战略规划，并对基础设施进行了重点投入，政府的行为注重环境的形成，拉动伯明翰的创新进程。而在三大中心——国际会议中心、国家展览中心、斗牛场现代商业购物中心建立后，政府政策开始侧重于发挥三大中心的资源优势，保证伯明翰有自我发展的能力，由“掌舵人”转变为“服务生”。

德国鲁尔区的发展也体现出政府在其中地位的转化，在创新初期，政府对传统产业给予补助，采用政府收购、限制进口等手段，帮助传统产业走出困境。而到了发展的后期，政府的资金更多地投入中小企业的发展和就业培训之中，以寻求在资源上扶植鲁尔的长期性发展。

4. 总结

政府主导的创新模式主要适用于资源禀赋不突出的城市，或者是资源利用度不完善的地区。在亚洲创新型城市建设过程中，政府起着至关重要的主导作用，如日本东京、韩国大田以及新加坡等。

而市场主导型主要出现在发达国家的创新型城市建设中，这里创新资源充足，创新成本低，创新主体有着较高的积极性以及比较明确的方向。洛杉矶航天工程领域的发展就是在市场条件下由资源推动的，资源在没有政府干预的情况下得到了合理的分配与应用。同样的类型还出现在硅谷、波士顿等有一定基础底蕴的城市。

在创新型城市的现实发展过程中，混合型创新是最为常见的，原因在于政府作为创新主体之一，很难置身事外而任凭市场发挥其作用；而政府也无法在缺少资源的条件下，单独地推动创新的发展。因此，政府与资源都是创新型城市不可或缺的部分，两者相互辅助、相互促进。

（二）创新驱动力：资源驱动 VS 科技驱动

1. 资源驱动型创新型城市

（1）资源驱动的定义。

资源驱动型创新型城市即主要通过区域资源聚集自发成就整个城市的复苏或繁荣。充足而优质的创新资源可以奠定创新的基础，并形成一种利于创新的氛围。创新资源是创新型城市建设的必需内容，为创新型城市的建设提供所需要的创新条件、科研精神、科学素质。创新资源的汇聚同样激发着人们的创新动力，推动着创新潮流的发展。

（2）资源驱动的成功案例。

不少城市正是由于资源方面十分突出，从而成为世界著名的创新型城市。这些城市既具有一定的经济与人才基础，也拥有雄厚的文化积淀。伦敦、新加坡、巴黎等都属于这种类型。在巴黎，艺术创新随处可见。无论是街头巷尾的建筑，还是街上风格迥异的雕像，再或者是闻名全球的巴黎时尚品，无不体现着巴黎的文化创新气息。再比如纽约，拥有世界最发达的金融系统和最优越的金融创新环境，良好的资源优势使得纽约成为与伦敦齐名的世界性金融中心。

2. 科技驱动型创新型城市

（1）科技驱动的定义。

通过新技术与新知识来推动城市发展的模式即科技驱动型创新型城市。科技驱动型创新型城市利用先进的科学技术，推动城市经济、社会、生态等方面的均衡发展。走科技驱动道路，需要地方拥有足够的人员储备和知识积累，因此一般需要大量先进的高校和科研机构为依托。人才与知识为创新提供源源不断的动力，是当今世界重要的创新型城市发展驱动力。

（2）科技驱动的成功案例。

例如美国硅谷，在25岁以上人口中，25%的人拥有学士学位、

19%有着更高的学位，高水平的教育文化为硅谷科技创新铺平了道路。此外，硅谷投入了大量资源用于科研，建立了规模巨大的研究中心，与此同时促进大学与企业密切合作。综合以上种种原因，硅谷成为世界顶尖的科技驱动型创新型城市。

特拉维夫同样成功地实现了向创新驱动的转变。其高技术企业产值达到了以色列全国的60%以上，聚集着以色列80%的软件企业和60%的硬件企业。这里还聚集着世界著名企业的研发中心，如IBM、微软、爱立信、西门子等等。在特拉维夫大学和众多企业的推动下，特拉维夫走上了科技创新的道路。

3. 总结

资源驱动与科技驱动的区别主要在于资源禀赋的区别，各城市根据各自所具有的资源禀赋而选择相应的驱动类型。对于资源聚集水平高且创新氛围自由的城市，资源将会成为创新的主要驱动力，相应地，资源驱动则成为建设创新型城市最适宜的途径。例如，在伦敦、纽约、巴黎等城市的发展历程中，资源驱动都扮演着重要的角色。

采用科技驱动的创新型城市通常通过先进的信息技术、生物技术等大力发展高新技术产业，将高新技术产业作为支柱产业，培育创新型高新技术企业。在我国深圳，就有着诸多高新技术产品和高新技术企业，如华为、中兴等。① 以企业为主体，形成良好的创新发展环境，提升城市的集成创新能力。

三、小结

结合世界公认的创新型城市的发展内容，以及北京所具有的创新优势，走科技创新是最适宜的方向。首先，国家对于北京市的定位是北京市建设科技创新中心最根本的依据，战略的确定决定了北京市发展的宏观背景。其次，北京作为全国教育中心，拥有众多一流高校以及顶尖的实验室。最后，北京是国际交流中心，这样的环

① 简兆权，刘荣．建设创新型城市的深圳模式研究．科技管理研究，2009（11）：1-4.

境有利于技术、知识和信息的交流，为北京市的科技发展提供了自由的创新氛围。

一方面，虽然北京市拥有比较丰富的资源，但从实验室缺少共同利用、图书馆等知识资源的流动性过于局限来看，资源的利用率与整合率并不高；另一方面，受到中国式教育的影响，人才缺乏创新动力与创新思维，而更多满足于现状，在创新思想上存在瓶颈；再加上中小企业创建成本高、风险大，而创新型企业能获得的支持力度有限，往往因为资金的短缺而最终失败。考虑到北京市创新进程中存在的障碍，现阶段很大程度上需要政府在其中起到主导作用，对资源进行合理的配置整合，营造出适宜创新的环境氛围，从而在创建科技创新中心的起步阶段打好基础。

第三节　北京建设全国科技创新中心的基本内容

北京市科技创新中心的建设应服从于国家高层次的战略和世界创新趋势，并吸取国际创新型城市的经验教训，从中总结出北京市的建设内容。而在众多内容之中，应该提纲挈领，把握住其中的关键要素，而这些关键要素就是建设全国科技创新中心的基本内容。只有识别出基本内容，才能在建设过程中事半功倍，向顶尖创新型城市靠近。据此，笔者将创新资源、创新环境、创新网络、创新可持续性、创新成果、创新辐射设定为北京市发展全国科技创新中心的基本内容，如表 4 - 1 所示。

一、创新资源

创新资源是所有对企业技术创新过程实现和创新成果取得发挥作用的物质和非物质资源的统称，包括直接参与创新过程各阶段的各类资源、服务于创新过程各阶段的各类资源，以及创新成果的保持、扩散所需的各类资源。通俗地讲，就是企业技术创新活动所必需的人、财、物、技术和信息，这些资源是企业创新活动的基本投入，是完成创新整个过程不可或缺的参与要素。

表 4-1 科技创新中心发展内容及发展经验

科技创新中心发展的基本内容	世界科技创新发展趋势	知名创新型城市发展经验
创新资源	强调知识的作用，提升对风险投资的重视程度	• 伦敦有着丰富的文化资源 • 波士顿、硅谷有着雄厚的教育底蕴 • 大田也通过科学城的建设吸引创新资源等
创新环境	软环境成为制约创新的因素之一	• 纽约有着发达的金融背景 • 伦敦在创新的过程中更为注重营造出多元、宽容的环境 • 洛杉矶将营造优越的发展环境作为城市建设的重点
创新网络	科研机构、企业、政府间的密切合作是创新的重要途径	• 东京在创新中促进了企业与高校的交流 • 硅谷也有着密切的企业与科研机构合作机制 • 班加罗尔在企业间形成了密集的网络
创新可持续性	在可持续发展的大背景下，创新也要具备可持续性	• 休斯敦在城市复苏的过程中更加注重建立可持续性 • 赫尔辛基将持续不断的创新作为城市发展的动力
创新成果	各国更加注重创新成果转化，而不仅仅是创新想法的提出	• 哈德斯菲尔德在创新过程中，投入大量精力推动创意产品价值的实现
创新辐射	作为科技创新中心，辐射是其最重要的功能	• 纽约、伦敦是世界性的金融中心 • 硅谷诞生的产品引领着世界科技的发展 • 东京、首尔是亚洲著名的国际性城市

资料来源：笔者根据相关文献整理。

（一）人才是创新的主体，是创新的重要资源

在未来科技发展的趋势中，知识资本将会成为科技创新的首要因素，因此对人才的关注必不可少。袁伦渠和谢蔼（1999）[①] 认

① 袁伦渠，谢蔼. 知识技术创新与人力资源管理. 科技与管理，1999（2）：42-45.

为，人才是创新活动的源泉，在知识经济中有着举足轻重的作用。北京市作为教育中心，在人才储备方面有着得天独厚的优势，有着众多全国知名学府以及著名学者，汇聚着来自全国各地的优秀人才。R.J. 斯特恩伯格（R J Sternberg，1985）[①] 提出了人才的三元理论，构成智力的三个方面包括综合能力、分析能力以及实践能力。钟金德和胡华兴（2004）[②] 认为，创新不仅需要勇气，更重要的是知识和实践。因此在这里，加强对人才的培养有了新的内涵，不仅仅局限于理论素养的夯实，而是更加注重开拓创新性思维，鼓励学生勇于将理论付诸实践，形成具有强大科技创新能力的生力军。把人才建设作为科技创新、产业创新的根本，提高基础教育水平，扩大规模，提升质量，为人才的选拔和培养提供可靠的后备军，既有利于整体创新迈上新的台阶，也为创新的可持续性铺垫了道路。

（二）政府和企业的科研经费支出起着支撑作用

政府在科研方面的直接投资可以为创新提供一定的物质基础和资金支撑，刺激企业在创新方面的投入，与此同时，又降低了创新主体所承担的风险。而国家通过加大教育支出和人才培养、建立科研结构，也是扶持科研的另一途径。[③] 陈广汉和蓝宝江（2007）[④] 在研究中利用 1998—2005 年的数据，发现 R&D 经费支出与发明专利之间有着正相关关系。而韩刚（2009）[⑤] 也将 R&D 经费支出列为区域创新能力的关键因子。充足的科研经费虽不是决定科研结果的唯一因素，但是能够对科技创新起到保驾护航的作用。

---

① Sternberg R J. Implicit Theories of Intelligence, Creativity, and Wisdom. Journal of Personality and Social Psychology, 1985, 49 (3): 607.

② 钟金德，胡华兴. 论影响创新的因素及对策. 中共南宁市委党校学报，2004 (2)：31-33.

③ 高继国. 科技创新与政府行为创新若干问题研究. 成都：成都理工大学，2007.

④ 陈广汉，蓝宝江. 研发支出，竞争程度与我国区域创新能力研究——基于 1998—2004 年国内专利申请数量与 R&D 数据的实证分析. 经济学家，2007 (3)：101-106.

⑤ 韩刚. 安徽省区域科技创新能力研究. 中国发展，2009，9 (2)：82-85.

（三）外资和风险投资是对国内创新资源最大的补充

FDI 同样是创新资源的一部分，通过示范、竞争、培训以及链接而对东道主产生溢出作用。示范效应指东道国公司通过模仿、学习国外直接投资公司的行为提高本公司的技术水平①；竞争效应则是指通过公司之间加强对市场资源的竞争，刺激公司在技术上进行创新②；培训效应容易理解，通过对东道国人员的培训提高员工的技术水平；而链接效应则意味着与上游产业、下游产业之间的溢出效应。冼国明、薄文广在研究外商投资对大中型企业创新的影响时，得到这样一个结论：企业的技术创新会受到 FDI 的积极影响。同样，潘文卿（2003）③、赖明勇和包群（2003）④ 研究发现，FDI 对我国企业技术创新能力的提升有正面的促进作用。风险投资的重要性同样不逊于 FDI。刘硕和李治堂（2013）⑤ 在研究国际创新型城市的案例时，认为波士顿的成功与其成熟的风险投资体系密切相关。他认为创新过程中会出现风险，因此需要雄厚的资金支持。波士顿充足的风险投资为创新提供了支持，反过来，创新的成果又给予风险投资丰厚的回报，久而久之形成了波士顿资本充足的状况。事实表明，FDI 与风险投资对区域科技创新有着明显的促进作用，是科技创新中心发展的重点内容。

二、创新环境

创新环境主要包括已有技术积淀、文化包容和开放水平、经济及市场的发展水平、居民的教育水平、城市的宜居宜业程度等。

---

① Findlay R. Relative Backwardness, Direct Foreign Investment and Transfer of Technology. Quarterly Journal of Economies, 1978, 921 - 16.

② Caves. Multinational Firms, Competition and Productivity in Host Country Markets. Economic, 1974 (41): 176 - 193.

③ 潘文卿. 外商投资对中国工业部门的外溢效应：基于面板数据的分析. 世界经济，2003（6）.

④ 赖明勇，包群. 关于技术外溢与吸收能力的研究综述——外商直接投资理论与研究新进展. 经济学动态，2003（8）.

⑤ 刘硕，李治堂. 创新型城市国际比较及启示. 科研管理，2013（12）.

（一）强大的基础科研机构是实现创新攻关的平台

首先，加强实验室建设，在高校重点学科领域扩大投入，引进先进设备仪器，避免出现心有余而力不足的情况，为科研提供强有力的基础保障；其次，以中关村、亦庄等地区为引导，建立关键技术领域的科研中心，寻求重要学科的率先突破，带动其他学科发展；最后，形成包括各高校、科研中心在内的创新共享网络，加快信息流动，促进多领域技术融合，便于各领域得到其他领域技术和理论上的支撑，也便于其有效利用其他领域的成果。

（二）完善、高效的金融服务体系为创新提供资金保障

完善、高效的金融体系对科技创新起着关键作用。首先，金融体系为规避风险、化解风险提供了新的手段与渠道。① 其次，成熟的金融体系具有信息传递功能，可以大大降低相关成本，促进科技创新。再次，金融体系是科技创新的重要一环，通过资源配置的改善推动主体创新；最后，金融体系降低了创新的交易成本。② 理论上讲，金融体系能够促进科技创新。而现今，科技与金融结合存在明显的制度障碍，不少科技成果因为缺少资金而无法在市场上推广。所以，现在迫切需要营造一个符合区域发展实际的功能健全、富有效率的金融环境，对科技创新的不同阶段给予全方位的资金支持。

（三）市场环境决定着创新的生存机会

市场这只“看不见的手”在资源配置中发挥着决定性作用，而政府这只“看得见的手”就一定要对市场进行补充，既要防止市场失灵，又要防止政府失灵。政府需要明白，社会的有效需求是技术创造之母。③ 多西（Dosi）曾指出，区域科技创新的原动力是社会

---

① 黄国平，孔欣欣. 金融促进科技创新政策和制度分析. 中国软科学，2009（2）：28-37.

② 韦秀源，王凯. 构建技术创新的金融支持体系. 河南金融管理干部学院学报，2007（4）：122-125.

③ Charles Edquist，Leif Honunen，Theory and Policy for the Demand Side，Technology in Society，1999（21）：63-79.

的有效需求，尽管社会需求并不一定造就了高新技术的发展。① 加大对社会需求的引导，将这种需求与高新技术产业有效地结合在一起，将需求与产业自身的发展规律有机结合起来，才能创造出健康的市场环境，才能促进创新的发展。一味地依赖政府，缺少在市场环境下生存的能力，这样的创新是不长久的，是迟早要失败的。而对于整个市场体系，要按照统一、开放、竞争、有序的要求，打破行政性的封锁与垄断，促进市场技术和创新产品的流动性。

（四）高精尖的产业结构是科技创新的主要领域

科技创新与产业结构的升级互为条件、互相促进。一方面，技术的发展与进步促进了产业结构的调整与升级；另一方面，产业的升级与转型又拉动了技术的创新。② 我国目前的经济增长方式还属于粗放型，资源利用率低，浪费严重。而要想成功向集约型增长方式转变，就要进行产业升级。威廉·配第认为，工业比农业的收入多，商业又比工业的收入多，服务业的附加价值最高。③ 因此，当前产业结构优化升级的目标将会是第三产业以及高附加值的产业，如新材料、新能源、生物医药等。这些高精尖产业将成为科技发展的主要动力与主要领域。

（五）科技创新软环境对创新的影响日益加深

创新人力资本只有在一个良好的环境中才能发挥其价值。④ 心理学家勒温在物理学“场”的基础上发展出“心理动力场理论”，认为人的行为是随环境的变化而变化的。⑤ 可见，创新作为活动的一类，自然也会受到环境的约束。梁阳和汪安佑（2008）⑥ 提出了影响创新型人力资本的“CIPE 因素模型”，即创造力、投资、政策

---

① Dosi，ed. Technical Change and Economic Theory. London：Pinter，1988.

② 周叔莲，王伟光. 科技创新与产业结构优化升级. 管理世界，2001，5：70－78.

③ 钟勇. 产业结构演进机理研究. 北京：中国人民大学，2004.

④ 靳娟. 关于创新型人力资本的思考. 首都师范大学学报：社会科学版，2005，5：67－70.

⑤ 库尔特·勒温. 人格的动力理论. 北京：中国传媒大学出版社，2018.

⑥ 梁阳，汪安佑. 影响创新型人力资本形成的因素研究. 工业技术经济，2008，27（3）：19－21.

环境以及激励。其中，投资、政策以及激励都对科研环境有着重要的作用。充足的投资为创新提供了可能，开放而稳定的政策促进了技术和高新产品的流动，激励措施则为创新带来了动力。而上述因素都可以归为科技研究的软环境，这与盖文启（2002）[①] 的研究一致，盖文启认为，随着区域经济的发展，硬件已经达到一个相对稳定的水平，区域内软环境正日益成为影响区域创新的关键性因素。软环境的发展同样关系到创新能否具有可持续性，因此，建立适宜科技创新的大环境，将会对未来创新的道路产生重要的影响。

三、创新网络

在现代社会中，区域创新网络是区域创新的主要形式。区域创新网络中的关键网络节点特性、信息流动以及网络秩序是一个区域创新的关键要素。区域环境不仅仅是创新依赖的资源环境，而且是一种社会网络体系。在区域内部，企业、学术界、中介机构和政府部门各自内部及其相互之间结成了错综复杂而又相对稳定的关系。区域创新网络正是在这样的基础之上构筑而成的，包括政府、企业、高校和科研院所。

（一）网络的形成为创新减少了阻碍与成本

“创新网络”一词可以追溯到 1991 年，由 C. 德布雷逊（C De Bresson）和 F. 埃姆塞（F Amesse）提出，他们认为，企业能够通过创新网络进行合作互补，并且克服单个企业的能力局限。[②] 而这一创新网络的形成，一方面可以促进已有技术的应用与发展，另一方面还能够对学科之间的技术借鉴提供条件，有利于我国科技创新更好地适应未来创新的大趋势。

（二）中小企业为创新带来了充足的动力

中小企业在日后的创新中将会扮演主要动力的角色，而要想真正实现可持续性创新，需要从中小企业出发，保障创新的源泉源源

① 盖文启. 创新网络——区域经济发展新思维. 北京：北京大学出版社，2002.

② DeBresson C，Amesse F. Networks of Innovation：A Review and Introduction to the Issue. Research Policy，1991，20：363－379.

不断。李科和谢富纪（2008）[①] 在分析伦敦创新历程中发现，伦敦在创新方面的投入是英国最少的，R&D 投入占 GDP 的比重远远小于其他地区，然而产出却几乎是最高的，其新产品占总产品的销售比例达到了 49%，位居英国各个地区第一。之所以出现这种情况，其原因主要有二：一方面，伦敦是以中小企业为主的城市，企业的规模自然限制了 R&D 的支出规模不会太大，而政府不仅制定相应的法规政策，而且为中小企业提供初始资金，促进其不断创新；另一方面，中小企业数量众多自然而然就产生了激烈的竞争，各个企业为了生存，必须不断进行创新、改进商品，不得不在创新上加大投入，以寻求立足之地。

（三）激励机制对创新有潜移默化的影响

科技创新型人才具有人力资本的异质性、自我监督性、工作的团队性等特征。[②] 研发人员的状况反映着企业创新的综合能力，而具体体现则在于研发人员的数量、素质，最为关键的是研究活动的组织及激励。这些具体指标是企业进行创新活动的决定性因素，是企业获取并保持核心竞争力的关键要点。对科技创新型人才的激励能够使企业适应不断变化的市场环境，在残酷的竞争中立于不败之地。建立的创新激励体系应不仅满足员工在工资和福利上的要求，更应该在个人发展和心理成就感上使员工得到更多的满足。

（四）研发—生产过程链是科研成果转化最为关键的环节

创新不仅要有研发这一步，还要将产品投入实际来检验研发的成效，只有如此才能顺应科技创新的发展趋势。笔者曾看到过这样一则故事：一个船夫载着一位哲学家。当船划动后，哲学家问船夫："你懂得历史吗？"船夫回答说："不懂。"哲学家说："那你失去了一半生命。"哲学家又问："你研究过数学吗？"船夫回答说："没有。"哲学家说："那你失去了一半以上的生命。"恰在此时，一阵飓风将船刮翻了，哲学家与船夫都落入水中。船夫喊："你会游泳

① 李科，谢富纪. 伦敦创新体系及其启示. 科学学与科学技术管理，2008，29(9)：98-102.

② 王新明. 企业科技创新型人才的激励问题研究. 成都：西南财经大学，2007.

吗？”哲学家说：“不会。”船夫说：“那你失去了整个生命。”① 正如这则故事所示，缺了研发，我们失去了半条生命，因为我们还可以引进技术，而失去了生产，我们就丢掉了整个生命。② 每年我国申请专利约 415 万件，其中约 230 万件获专利局批准，最终大约 120 万件形成生产能力，远低于发达国家 60%～80%的标准。提高我国科研成果转化为实际产品的能力，将是现今亟待解决的一大问题。

四、创新可持续性

可持续的科技创新要符合和尊重可持续发展的要求，使科技创新既能满足当前人们的需要，又不影响后代人的需求，既满足本地区的需要，又不危及其他地区，尽可能最大化科技创新的正效应、最小化其负效应，以促进经济、社会、自然的协调发展。③

（一）持续创新是可持续发展的应有之义

可持续性创新是未来科技创新的主要趋势，已经引起了各创新强国的重视。可持续的科技创新是人类在实现可持续发展目标进程中最有力的科技支撑。要想做到这一点，需要妥善处理好速度与效益的关系，创新的目的是促进发展，但不是盲目地、急功近利地创新，而应该把握发展规律，着眼于长期利益，避免资源的过度浪费。促进持续创新意识的形成，会对科技创新产生积极的影响。

（二）资源的稳定增长是持续创新的必要条件

创新资源是所有对企业技术创新过程实现和创新成果取得发挥作用的物质和非物质资源的统称，是产生创新成果、推动经济和社会发展的要素的总和。城市创新资源是创新活动的行为主体，在创新活动中起决定性作用。因此，要提高持续创新能力，需要以资源的稳定投入为支撑。

---

① 李海. 从小故事中反思影响创新教育的因素. 考试周刊，2007（49）：124.

② 常璐. 创新环境因子分析及创新环境建设. 青岛：中国石油大学，2011.

③ 范旭，曲用心. 略论可持续发展的技术创新思想. 科学管理研究，2001，19（3）：4-6.

五、创新成果

技术创新成果首先表现在微观层面上，通过开发的专利和新产品来体现，同时也促进了经济的增长。其次表现在宏观层面上，技术创新产生了正的外部效应，创新成果的扩散和带动作用推动了社会、生态等方面的发展。

（一）创新成果是创新最直观的体现

创新有着不同的创新形式，如理论创新、环境创新等，但最终环节，也是对当前社会最直接的影响还是在于创新成果的出现，成果的成功转化对科技创新起到了明显的激励效果。为了保护创新成果的转化，上海在建设世界最具影响力的创新中也有所行动，建立了适应科技创新潮流的法律法规，鼓励科技成果的专利申请与成果转化。在学术研究上也要加大力度，以避免剽窃等学术不道德行为出现。

（二）创新的效益应是多角度、多方面的

科技创新的成果不仅仅是专利的申请，或者是新产品的诞生，在社会、生态方面的效益也要重点关注。一方面，生态、社会等因素都属于软环境的范畴，在这些方面的积极进步将会促进创新软环境的完善与优化；另一方面，关注生态、社会等非经济方面的效益，也是实现可持续性创新的关键。

六、创新辐射

目前，创新型城市的发展大多处在重视创新资源和创新成果聚集的阶段，如高校的聚集、人才的聚集、企业的聚集等等。但参照纽约、伦敦、硅谷、东京的知名创新型城市，笔者发现，资源集中化只是创新型城市发展的初级阶段。作为全国科技创新中心，眼光不能仅仅停留在创新中是否处于优势地位，更应该考虑创新的扩散效应和辐射作用。

（一）科研示范和辐射作用是科技创新中心的重要内涵

在拥有良好的企业技术交流合作网络的基础上，如何在更大的范围内形成技术分享的平台，是科技创新的重点问题和大势所向。

建设全国科技创新中心，既要体现在北京市的聚集规模上，更要体现在其带动能力上。宋河发、穆荣平、任中保（2010）[①] 在研究国家创新型城市评价指标时提出，国家创新型城市要辐射范围广、示范作用强。而北京市同时作为世界城市和科技创新中心，其辐射作用将不仅仅局限于区域内或周边省市，而应该提升到全国，甚至是对世界其他各国的影响力。邵云飞、周敏、唐小我（2010）[②] 以及赵彦云和甄峰（2007）[③] 也都将辐射力作为研究区域创新能力的重要指标。牛欣和陈向东（2013）[④] 更是对创新的辐射距离进行了测度。能否有效地扩大北京市创新的影响作用和影响范围，关系到北京究竟是全国科技创新中心，还是仅仅作为一个创新型城市。

（二）全球视野下推动科技创新是北京市建设科技创新中心的前瞻性指导

北京市建设全国科技创新中心，脚踏于全国范围内，而发展的最终规划则应该放眼于整个世界。而要真正与世界俱进，成为如硅谷、伦敦、东京一样的世界级创新中心，北京市就需要在人才、知识、创新平台以及制度等方面与世界接轨。[⑤] 截至 2018 年，北京市拥有 170 多所高等院校以及24 000余家高新技术企业。创新成果也在国内名列前茅，北京市有 69 个项目获国家科学技术奖，占全国的 24.6%。而 2017 年，北京市高新技术产业、科技服务业的增加值达到 9 235 亿元，占 GDP 的 33.0%。[⑥] 但是与硅谷、东京等创新中心相比，仍有不小的差距。北京市仍处于创新资源简单聚集

---

① 宋河发，穆荣平，任中保. 国家创新型城市评价指标体系研究. 中国科技论坛，2010 (3)：20 - 25.

② 邵云飞，周敏，唐小我. 基于中心城市创新辐射的西部自主创新效率研究. 管理学报，2010，7 (12)：1825 - 1830.

③ 赵彦云，甄峰. 我国区域自主创新和网络创新能力评价与分析. 中国人民大学学报，2007 (4)：59 - 65.

④ 牛欣，陈向东. 城市创新跨边界合作与辐射距离探析. 地理科学，2013，33 (6)：659 - 667.

⑤ 如何迈向"全球科技创新中心". 文汇报，2014 - 09 - 17.

⑥ 数据来源：北京市 2018 年统计年鉴.

的阶段，这些资源还难以转化为世界级创新成果。立足于国内创新中心，尽可能扩大北京市创新中心的影响力，将是全球视野下推动创新的主要路径。

第四节　北京建设全国科技创新中心的评判指标体系

评判指标体系是反映北京建设全国科技创新中心基本内容的各方面具体展现，是引导北京打造全国科技创新中心目标方向的不同领域细分，是判断北京全国科技创新中心建设水平的准则，是监测北京全国科技创新中心发展进程的工具手段。指标体系的构建遵循理论预选→研讨论证与实践论证→意见反馈和指标体系完善的技术路线。

第一步是理论预选。首先，凭借实践经验和理论，参考国内外创新型城市建设评估指标理论框架和实践成果，预选出符合建构原则和层次要求的一定数量的指标，一般以比确定的入选指标多50％至一倍的指标组成预选指标集。

第二步是研讨论证与实践论证。接下来组织指标体系研讨会，征求相关政府代表和熟悉社会指标的专家的意见，请他们对预选指标集中的指标进行评价和限量选择、汇总分析，确定指标体系框架和入选指标，并对指标体系结构和内容的合理性进行科学论证。

第三步是意见反馈和体系完善。基于以上工作，将已经建立的指标体系征求相关政府及业务部门的意见，充分吸收合理意见和建议对指标体系进行微调，依据指标遴选原则，最终完善和确定指标体系的各级指标内容（如图 4－3 所示）。

依据上述指标体系构建技术路线，在具体建立科技创新中心评判指标体系时，本书建立了三个层次的指标体系，分别为理想化指标、可行性指标以及精简化指标。

第一个层次，理想化指标体系的目的在于全面地评价科技创新中心，力求尽量完整地包含对建成科技创新中心有影响的因素。其选用的具体指标主要考虑其评价能力，而并未对其操作上的可行性有过多限制。

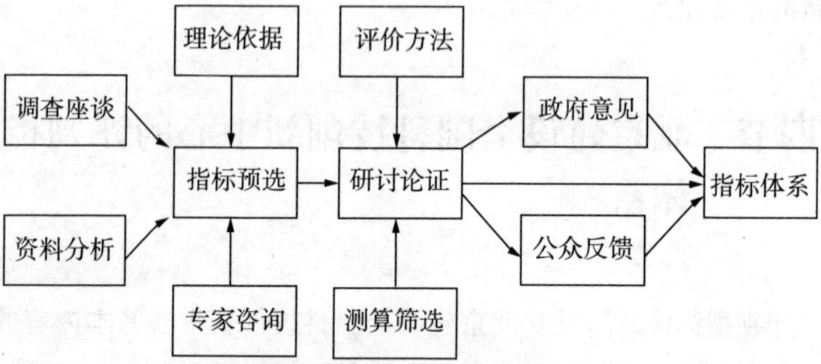

图 4-3　指标体系构建技术路线

资料来源：笔者绘制。

第二个层次为可行性指标，在考虑指标能否适应我国的基本情况以及指标数据能否获得的前提下，在保证指标体系仍能维持评判作用的前提下，对理想化指标进行一定程度的修改，删除了难以得到的指标，并对暂时不适合我国的指标也选取了相应的替代指标。

最后一个层次为精简化指标，目的是希望用尽可能少的指标把握住科技创新中心的本质与核心，形成一套更为便捷的体系，利于建设过程中的监督与反馈，并为在建设过程中及时作出调整提供更具可操作性的依据。

一、理想化指标

结合欧盟创新记分牌、国家创新能力指数、美国 3T 创新指数、全球创新指数等国外指标，以及国内方创琳等的创新型城市评估体系，再参考科技部、中国科学院、中国人民大学、国家统计局等课题组的评判指标，集百家之长，建立了新的评判体系。考虑到国际流行的指标无法贴近中国实际国情，如美国 3T 创新指数中的同性恋指数、创意阶级等在我国不适用，而国内诸多学者制定的标准对于衡量全国科技创新中心未免在某些角度上有所欠缺，本着科学性原则，我们首先制定了理想化指标（如表 4－2 所示）。

表 4－2　科技创新评价体系理想化指标

<table>
<tr><th>一级</th><th>二级</th><th>三级</th><th>四级指标</th><th>解释力</th></tr>
<tr><td rowspan="16">科技创新能力指数</td><td rowspan="7">创新资源</td><td rowspan="4">经济投入</td><td>地方 R&D 经费支出额占 GDP 比重（%）</td><td rowspan="2">地方政府在经济支持上投入的力度对创新能力的贡献率</td></tr>
<tr><td>科技、教育经费支出额占地方财政支出比重（%）</td></tr>
<tr><td>风险投资占中小企业融资额比重（%）</td><td rowspan="2">其他资金来源对创新的贡献率</td></tr>
<tr><td>世界 500 强企业在华投资支出（亿美元）</td></tr>
<tr><td rowspan="3">人才投入</td><td>R&D 人员数量占全部从业人员比重（%）</td><td rowspan="3">从企业、科研机构、高校多层次衡量人才投入对创新的贡献率</td></tr>
<tr><td>科学家及工程师数量占全部从业人员比重（%）</td></tr>
<tr><td>本科在校生所占比重（%）</td></tr>
<tr><td rowspan="9">创新环境</td><td rowspan="9">创新基础</td><td>人均 GDP（元）</td><td rowspan="2">经济水平高低。一方面，高经济水平加大了消费力度；另一方面，高基础经济水平提供了更高的创新平台</td></tr>
<tr><td>城镇居民人均可支配收入（元）</td></tr>
<tr><td>每百户家庭拥有电脑数量（台/万人）</td><td rowspan="2">从基础技术的普及反映是否满足创新必需的技术条件</td></tr>
<tr><td>百人拥有互联网用户数（个/万人）</td></tr>
<tr><td>城市建成区绿地覆盖率（%）</td><td>环境优劣影响企业和人才的落户，体现了环境对创新的支撑</td></tr>
<tr><td>高科技产业产值占全国高科技产业产值比重（%）</td><td>高科技产业的比重反映了产业结构对创新的影响</td></tr>
<tr><td>创业风险投资类机构数量（个）</td><td rowspan="3">金融机构与科技创新有着密切的关联，是科技创新重要的支撑力量</td></tr>
<tr><td>中小板、创业板上市公司数量（个）</td></tr>
<tr><td>国家开发银行实现科技贷款总额（亿元）</td></tr>
</table>

续表

一级	二级	三级	四级指标	解释力
	创新环境	创新氛围	SCI上发表的学术文章数（篇）	文化是否具有包容性和开放性，是否利于创新
			万人图书馆藏书数（册/万人）	
			百万人拥有国家级科学协会数量（个/百万人）	
			人均受教育年限（年）	教育水平同样影响着居民的创新能力与创新积极性
			政府透明度指数	反映政府是否创造了公平的创新环境
	创新网络	网络主体	百万人拥有国家高等院校数量（个/百万人）	关键科研机构在网络中的作用，为解决创新难题提供了更便利的条件
			百万人拥有国家重点实验室数量（个/百万人）	
			百万人拥有的人才中介服务机构数（个/百万人）	网络节点间联系的润滑剂，为创新提供必要的服务
			百万人拥有国家孵化器数量（个/百万人）	
		企业创新	世界500强企业总部数（个）	企业是科技创新最重要的主体，因此着重体现企业的创新能力
			世界500强企业科研中心数（个）	
			百万人拥有国家创新型企业数量（个/百万人）	
	创新成果	成果转化	百万人发明专利授权数（件/百万人）	从专利、创新产品以及技术成交额的角度多层次反映技术的实现能力
			百万人拥有省级以上自主创新产品数（个/百万人）	
			国际专利占总专利数比重（%）	
			科研机构输出技术成交额占全市技术成交额比重（%）	
			拥有自主知识产权的技术合同成交额占合同成交额比重（%）	

续表

一级	二级	三级	四级指标	解释力
	创新成果	创新效益	战略性新兴产业增加值占GDP比重（%）	高技术产业经济效益的提升
			高技术产品出口占总产品出口比重（%）	
			规模以上工业企业新产品销售收入占主营业务收入比重（%）	
			劳动生产率增长率（%）	社会总体经济价值的实现
			单位GDP能耗降低率（%）	反映创新对技术提升的贡献
	创新可持续性	投入稳定性	地方R&D经费支出额增长率（三年平均）（%）	从创新经费是否稳定增长来反映创新投入是否有可持续性
			科技经费支出额增长率（三年平均）（%）	
		创新稳定性	专利申请授权量增长率（三年平均）（%）	创新成果是否具有稳定的发展
			技术市场成交合同额增长率（三年平均）（%）	
	创新辐射	技术辐射	技术市场成交额占全国比重（%）	从技术、知识的输出来体现创新的辐射能力
			创新辐射距离（千米）	
		人才辐射效应	本科及以上毕业生离京就业数量占毕业生总量的比重（%）	从人才的输出来体现创新的辐射能力
			高级知识人才流出占全国比重（%）	

资料来源：参照各评价指标体系并结合北京实际编制。

二、可行性指标

由于“世界500强企业在华投资支出”数据难以获取，因此在现有数据可得性的情况下，省去该数据。

由于“每万人拥有金融网点数”较难获得，因此和“年末金融机构各项存贷款余额”合为一个指标。

“政府透明度指数”是对政府司法、财政方面的透明度的总体评估，而现有指标仅仅是对财政透明度的评价，并不能全面衡量，故暂时省去。

考虑到“高级知识人才流出占全国比重”难以界定，因此省去该指标。

最终得到如表 4－3 所示的评价指标体系。

（一）二级指标

在一级指标科技创新能力指数下，分为创新资源、创新环境、创新网络、创新成果、创新可持续性以及创新辐射 6 个二级指标。二级指标是对科技创新中心主要建设内容的体现，反映着建设过程中的主要着力点和宏观方面。分类主要基于以下依据：

第一，无论是欧盟创新记分牌、全球创新指数，还是科技部或国家统计局的评判指标，都作为其体系的基础，而创新环境则在国家创新能力指数、全球创新指数等指标中多次涉及。

第二，建立良好的创新网络，发挥企业、科研机构以及政府作为网络节点的作用，是未来科技创新的主要趋势，能够反映学科间的联系以及产研之间的连接。而在《滨海新区开发开放与产业发展》一书中，作者也在创新高的指标中给予了创新网络足够的重视。

第三，结合之前叙述的发展趋势以及主要发展内容，在创新资源中，主要分析各城市在人才、资金方面的投入水平；在创新环境中，将会对地方科技创新的软环境以及技术交流网络成熟程度进行研究，最后，在创新成果方面，科技创新向实际产品转化的能力是评判的主要重点。

第四，未来科技创新的发展趋势要更加注重持续创新，仅仅一时的兴起，如班加罗尔以及冷战之前的波士顿，只能带动一时的发展。一旦受到资源的束缚或是外界因素的冲击，现有的创新模式将不堪一击。

第五，作为科技创新中心，其中心的内涵不仅仅是聚集大量的人才、拥有较高的科研水平。在发展的成熟阶段，更为看重的是辐射效应与带动作用，因此，加入对辐射力的评估是衡量能否称之为

表 4-3　科技创新评价体系可行性指标

一级	二级	三级	四级	数据来源
科技创新能力指数	创新资源	经济投入	地方 R&D 经费支出额占 GDP 比重（%）	《R&D 资源普查统计公报》、《中国城市统计年鉴》、《中国科技统计年鉴》
			科技、教育经费支出额占地方财政支出比重（%）	《中国城市统计年鉴》、《中国统计年鉴》、各省份统计年鉴
			风险投资占中小企业融资额比重（%）	《中国风险投资年鉴》《中国创业风险发展报告》
		人才投入	R&D 人员数量占全部从业人员比重（%）	《中国城市统计年鉴》、《中国统计年鉴》、各省份统计年鉴
			科学家及工程师数量占全部从业人员比重（%）	《中国科技统计年鉴》、各省份科技统计年鉴
			本科在校生所占比重（%）	《中国城市统计年鉴》、《中国统计年鉴》、各省份统计年鉴
	创新环境	创新基础	人均 GDP（元）	《中国城市统计年鉴》、《中国统计年鉴》、各省份统计年鉴
			城镇居民人均可支配收入（元）	《中国城市统计年鉴》、《中国统计年鉴》、各省份统计年鉴
			每百户家庭拥有电脑数量（台/万人）	《中国城市统计年鉴》、《中国统计年鉴》、各省份统计年鉴
			百人拥有互联网用户数（个/万人）	《中国城市统计年鉴》、《中国统计年鉴》、各省份统计年鉴
			城市建成区绿地覆盖率（%）	《中国城市统计年鉴》、《中国统计年鉴》、各省份统计年鉴
			中小板、创业板上市公司数量（个）	《中国证券登记结算统计年鉴》、证券软件数据库
		创新氛围	SCI 上发表的学术文章数（篇）	《中国科技统计年鉴》、各省份科技统计年鉴
			万人图书馆藏书数（册/万人）	《中国城市统计年鉴》、《中国统计年鉴》、各省份统计年鉴
			百万人拥有国家级科学协会数量（个/百万人）	中国科学技术协会网站
			人均受教育年限（年）	《中国城市统计年鉴》、2010 年第六次全国人口普查

续表

一级	二级	三级	四级	数据来源
	创新网络	网络主体	百万人拥有国家高等院校数量（个/百万人）	教育部网站、《中国城市统计年鉴》
			百万人拥有国家重点实验室数量（个/百万人）	科技部网站
			百万人拥有的人才中介服务机构数（个/百万人）	《中国科技统计年鉴》、各省份科技统计年鉴
			百万人拥有国家孵化器数量（个/百万人）	2013年度国家级科技企业孵化器名单
		企业创新	世界500强企业总部数（个）	《财富》中文版网站
			百万人拥有国家创新型企业数量（个/百万人）	《中国创新型企业发展报告》
	创新成果	成果转化	百万人发明专利授权数（件/百万人）	《中国城市统计年鉴》《中国科技统计年鉴》《R&D资源普查统计公报》
			百万人拥有重点项目和社科项目数	各省份相关网站数据
			国际专利占总专利数比重（%）	国家知识产权局、《中国科技统计年鉴》、国家专利局专利数据库
			科研机构输出技术成交额占全市技术成交额比重（%）	北京技术市场管理办公室网站、全国技术合同交易数据、各省份知识产权交易概况
			百万人拥有国家星火计划立项项目（件/百万人）	《中国科技统计年鉴》
		创新效益	高技术产品出口占总产品出口比重（%）	各省份统计年鉴和科技统计年鉴
			规模以上工业企业新产品销售收入占主营业务收入比重（%）	地方《R&D资源普查统计公报》、各省份统计年鉴
			劳动生产率增长率（%）	《中国统计年鉴》、各省份统计年鉴
			单位GDP能耗降低率（%）	《中国统计年鉴》、各省份统计年鉴、《中国城市统计年鉴》、《国民经济和社会发展统计公报》、统计局网站
	创新可持续性	投入稳定性	地方R&D经费支出额增长率（三年平均）（%）	《R&D资源普查统计公报》《中国城市统计年鉴》《中国科技统计年鉴》

续表

一级	二级	三级	四级	数据来源
	创新可持续性	投入稳定性	科技经费支出额增长率（三年平均）（%）	《中国城市统计年鉴》、《中国统计年鉴》、各省份统计年鉴
		创新稳定性	专利申请授权量增长率（三年平均）（%）	《中国城市统计年鉴》《中国科技统计年鉴》《R&D资源普查统计公报》
			技术市场成交合同额增长率（三年平均）（%）	北京技术市场管理办公室网站、《全国技术市场统计年度报告》、全国技术市场合同交易情况表
	创新辐射	技术辐射	技术市场成交额占全国比重（%）	北京技术市场管理办公室网站、《中国科技统计年鉴》、《全国技术市场统计年度报告》
			创新辐射距离（千米）	北京技术市场管理办公室网站、《中国科技统计年鉴》、国家专利局专利数据库
		人才辐射	本科及以上毕业生离京就业数量占毕业生总量的比重（%）	教育部网站、各高校毕业生流向的相关信息

资料来源：笔者根据理想化指标并考虑到可行性后编制。

中心的关键指标。

综上所述，这六个指标能够较有效地且有条理地概括影响全国科技创新中心创新水平的主要因素。

（二）三级指标

三级指标是对二级指标的进一步分类，考虑到二级指标概括性较强，如创新要素投入、创新研究环境等，而实际操作中的指导性偏弱，因此引入三级指标来体现建设过程中的具体方面，为北京市建立科技创新中心划定更细致的建设角度。

1. 创新资源

在创新资源中，又包括两个三级指标，分别为经济投入和人才投入。经济投入主要衡量当前评判期内，地方在科技研究方面的支出；而人才投入则意图衡量地方投身于科学研究的人才数量。二者是科技创新的主体，也是科研不可或缺的部分，这两方面的投入将会直接限制创新水平的高低。

2. 创新环境

包括创新基础和创新氛围两个三级指标。良好的经济基础往往意味着地方有能力给予科研以支持，而不再仅仅以民生为唯一的发展目标。创新氛围是科技创新软环境的重要组成部分，文化气息浓厚、创新精神盛行的地方，会有更多人参与到创新之中，而要想实现万众创新的局面，自由、活跃的创新氛围必不可少。

3. 创新网络

创新网络是包括政府、企业以及科研机构、高校在内的联络平台，其中既有科研机构间知识、技术方面的交流，又包括学科间互补、企业生产寻求技术支持等方面。网络化是世界创新的发展方向，因此要建立科技创新中心，一定要在政府、企业及科研机构之间形成沟通便利、知识透明的网络，从而降低技术利用的成本，激发创新的动力，促进创新的形成。因此，在子指标中，主要侧重于对政府、企业、科研机构三者之间联系程度的衡量：企业对科研力量的支持、政府政策、网络关联度。

4. 创新成果

在创新成果方面，主要考虑以下两个方面，首先是科研成果转化为产品的能力，拥有较强的转化能力将有助于提高创新人员的信心与积极性，从而能够形成研究、生产相互促进、螺旋式前进的模式。其次是科技创新的效益不仅仅局限于科技成果的诞生，还应该注重其在经济、生态、社会等方面的带动作用。科技创新的目的在于带动社会和经济的进一步发展，而这种发展要想实现其可持续性，就必然不能以人类的生态环境作为代价，否则就可能陷入班加罗尔的窘境，其人口的膨胀和城市的拥挤限制了科技创新的未来。

5. 创新可持续性

除了从生态、社会环境的角度给予创新可持续性足够的支撑，在经济上对创新进行足够的投入也是不可或缺的，因此资源投入是否稳定增长成为影响创新可持续性的主要因素。此外，科技创新成果能否持续有效地进行转化也是衡量创新持续能力的关键指标，创新发展的稳定一方面激励企业和科研机构再接再厉，另一方面又促进政府和其他机构加大对科技创新的投入与支持。

6. 创新辐射

该指标的主要目的在于衡量地方创新的辐射效应，这是科技创新中心有别于创新型城市的关键特征，科技创新中心不仅是科技创新的集聚地，更应该是创新的发源地，通过人才和技术的流动，对周边区域，甚至是全国、全球的科技创新产生影响。其中，辐射又分为区域交融和区域带动两个方面，前者评估技术在区域间的流动，用以评价城市创新对周边创新能力的影响；后者用于衡量创新对周边经济方面的带动作用。

（三）四级指标

四级指标为最详细的一层指标，是对创新中心建设水平最真实、最贴切的反映与评价。而四级指标的选取以科技创新为标准，着重体现影响科技创新的因素，以及科技创新所带来的最直接的成果与效益。

1. 经济投入

（1）地方R&D经费支出额占GDP比重。

该指标为地方R&D支出费用与GDP的比值，是衡量科技创新的关键指标，反映了地方研发投入的总体力度，在一定程度上也预示了未来科研发展的前景。它同时也是中国科学院创新发展研究中心、中国人民大学的评判指标。其中监测数据主要来源于《R&D资源普查统计公报》《中国城市统计年鉴》《中国科技统计年鉴》。

（2）科技、教育经费支出额占地方财政支出比重。

该指标为科技、教育经费支出额与财政支出的比值。地方政府的科技经费对科技创新起着基础性作用，因而同样反映了地方对于科研的支持力度，是包括中国人民大学、国家统计局在内的众多研究小组所关注的指标。该指标的数据来源主要是《中国城市统计年鉴》、《中国统计年鉴》、各省份统计年鉴。

（3）风险投资占中小企业融资额比重。

该指标表明在中小企业融资额中风险投资所占的比重，在欧盟创新记分牌中早已有了相关指标。由于在创新型企业发展的过程中蕴含着多种不确定性，因此除了国家财政有限的支持外，需要其他资金的进入，而风险投资就是最适宜的资金渠道。风险投资的数额与比重对于创新成功与否有着重要意义。风险投资相关数据主要来自《中国风险投资年鉴》以及《中国创业风险发展报告》。

2. 人才投入

(1) R&D人员数量占全部从业人员比重。

该指标为R&D人员数量与就业总数的比值。R&D领域工作人员是创新的排头兵，是科技创新的中坚力量。而在科技部以及中国人民大学评判指标体系中也加入了R&D工作者的数量这一指标。其数据可以参阅《中国城市统计年鉴》、《中国统计年鉴》、各省份统计年鉴。

(2) 科学家及工程师数量占全部从业人员比重。

该指标表示科学家及工程师的数量在社会人口中的比重。科学家和工程师是科技创新攻坚过程中的主要力量，科学家与工程师的多少直接决定着创新进程能否顺利前行。因此，国家创新能力指数将其列为评价指标。而数据主要来源于《中国城市统计年鉴》、《中国统计年鉴》、各省份统计年鉴。

(3) 本科在校生所占比重。

大学生是创新的主要生力军，既拥有充足的知识储备，又有相对充裕的时间与精力。因此，国家统计局和中国人民大学评判指标体系都对大学生数量这一指标有所涉及，美国3T创新指数也将该指标纳入其中。而大学生的数量同样可以参考《中国城市统计年鉴》、《中国统计年鉴》、各省份统计年鉴。

3. 创新基础

(1) 人均GDP。

人均GDP是国家统计局、中科院以及创新型国家建设报告课题组的监测指标之一。人均GDP会对教育、科研产生影响，在人均GDP较高的地区，会有较为充足的资金投入科教事业。因此，作为创新基础的GDP指标也是评价创新能力的一大因素。指标数据来源于《中国城市统计年鉴》、《中国统计年鉴》、各省份统计年鉴。

（2）城镇居民人均可支配收入。

人均可支配收入是创新型国家建设报告课题组的监测指标之一，也是影响创新需求的因素之一。可支配收入越高，意味着居民可能将更多的收入投到高科技产品之中。指标数据来源于《中国城市统计年鉴》、《中国统计年鉴》、各省份统计年鉴。

（3）每百户家庭拥有电脑数量。

指标衡量城市拥有的电脑总数与家庭总数的比值，是国家创新能力指数的监测指标。随着科技的发展，计算机已逐渐代替人力，进行大量复杂的计算和模拟过程。计算机的广泛应用无疑对创新有着推动作用。指标数据来源包括《中国城市统计年鉴》、《中国统计年鉴》、各省份统计年鉴。

（4）百人拥有互联网用户数。

该指标为互联网用户总数与城市人口总数的比值，是国家创新能力指数、科技部、中科院以及国家统计局的监测指标。互联网是当今效率最高、功能最强大的信息交流方式，互联网的良好发展将会为创新提供坚实的基础，便于科研人员进行有效的沟通，从而促进科技创新有所突破。互联网用户数据来源于《中国城市统计年鉴》、《中国统计年鉴》、各省份统计年鉴。

（5）城市建成区绿地覆盖率。

该指标为绿地建设的总面积与城市建设总面积的比值，是国家创新体系建设战略研究组的监测指标。绿地覆盖率是衡量地方环境最为直接的指标，有着较强的直观性与说服力。指标数据来自《中国城市统计年鉴》、《中国统计年鉴》、各省份统计年鉴。

（6）中小板、创业板上市公司数量。

中小板和创业板为具有一定创新能力但又无法达到上市规模的中小企业提供了融资的新途径，该指标反映了企业创新获取资金的难易程度，同时反映了科技金融机构的发展成熟度。指标数据主要来自《中国证券登记结算统计年鉴》以及证券软件数据库。

4. 创新氛围

（1）SCI 上发表的学术文章数。

该指标为国家创新能力指数的监测指标，欧盟创新记分牌、中科院以及中国人民大学评判指标中也有类似的指标。科学和技术杂志代表着科技的前沿水平，发表的文章越多，表明一个城市的知识资本越充足、创新氛围越优越、创新基础越牢固。指标数据来源参考《中国科技统计年鉴》、各省份科技统计年鉴。

（2）万人图书馆藏书数。

该指标表示图书总藏书数与城市总人口的比值，是欧盟创新记分牌、中国人民大学以及创新型国家建设报告课题组的监测指标。人均拥有图书量可以有效地衡量某个地区的文化氛围。图书数据主要来源于《中国城市统计年鉴》、《中国统计年鉴》、各省份统计年鉴。

（3）百万人拥有国家级科学协会数量。

该指标为国家级科学协会数量与城市总人口的比值。中国科学技术协会是政府与科研人员联系的桥梁，是推动科学技术事业的重要力量。科技学会、协会以及研究会能有效促进创新人才的培养、知识的普及以及创新成果的实践，对创新提供动力。指标数据来自科学技术协会网站。

（4）人均受教育年限（年）。

该指标为城市常住人口中人均接受教育的年数。教育水平同样影响着居民的创新力与创新积极性。指标数据来自《中国城市统计年鉴》和 2010 年第六次人口普查统计资料。

5. 网络主体

（1）百万人拥有国家高等院校数量。

该指标为高等院校数量与城市总人口的比值，是创新型国家建设报告课题组的监测指标。国家高等院校是高技术人才的摇篮，国家高等院校数量的多少直接影响科技创新人才的储备，因此，国家高等院校的增加以及质量的提升将对知识资本的积累做出重大的贡献。国家高等院校的数据主要源于《中国城市统计年鉴》、《中国统计年鉴》、各省份统计年鉴。

（2）百万人拥有国家级重点实验室数量。

该指标表示国家级重点实验室数量与城市总人口的比值，反映科研平台的支撑力度，是中国人民大学评级指标体系的标准之一。实验室是科技创新的主要场所与平台，设备先进、资源丰富的实验室更加有利于创新的形成。所以，建设高水平的重点实验室是进行知识资本储备的重要途径。国家级重点实验室的数量来自科技部网站公布的数据。

（3）百万人拥有的人才中介服务机构数。

该指标为人才中介服务机构数量与城市总人口的比值，国家创新体系建设战略研究组对该指标也有相应的考量。中介服务机构是创新网络中各主体之间的联系媒介，中介服务机构数量的多少影响着网络主体间交流的成本与便利程度。良好的中介服务如同润滑剂一般，促进着创新网络的飞速运转。指标数据可参考《中国科技统计年鉴》、各省份科技统计年鉴。

（4）百万人拥有国家级孵化器数量。

该指标为国家级孵化器数量与城市总人口的比值。美国孵化器专家鲁斯坦·拉卡卡（Rustam Lalkaka）认为①，企业孵化器专门为经过挑选的知识型创业企业提供培育服务，直到这些企业能够不用或很少借用其他帮助就能将它们的产品或服务成功地打入市场。因此，孵化器的建设也是创新网络中重要的组成部分。

6. 企业创新

（1）世界500强企业总部数。

企业是科技创新中重要的主体，而优秀的企业往往具有较强的自主创新能力和科研基础。作为上海市建设具有世界影响力科技创新中心的评价标准之一，该指标可以有效地反映地方企业在创新上的实力。指标数据可参考《财富》中文网站。

（2）百万人拥有国家创新型企业数量。

该指标为国家创新型企业数量与城市总人口的比值，是科技部

① ［美］鲁斯坦·拉卡卡（Rustam Lalkaka），［美］丁亚·拉卡卡（D. Lalkaka）. 马凤岭译. 科技企业孵化器. 上海：上海科学技术文献出版社，2006.

的监测指标。国家创新型企业是全国创新领域领先的企业，是地方创新能力的代表。企业名单可参照《中国创新型企业发展报告》。

7. 成果转化

（1）百万人发明专利授权数。

该指标为城市发明专利授权总数与城市总人口的比值，是美国3T创新指数、国家创新能力指数、科技部的监测指标，而在欧盟创新记分牌、中科院以及中国人民大学的评判指标体系中也有类似的指标。专利是科技创新最为直观的成果，专利越多，意味着创新的转换能力越强。数据主要来源于《中国城市统计年鉴》、《中国统计年鉴》、各省份统计年鉴。

（2）百万人拥有重点项目和社科项目数。

该指标表示重点项目和社科项目数与总人口的比值，也是科技部的监测标准之一。重点项目和社科项目尤其能体现地方自主创新能力和自主转化能力，是对地方科研成果实现能力的有效衡量。指标数据主要来自各省份相关网站。

（3）国际专利占总专利数比重。

该指标为国际专利与总专利数的比值，是上海市建设具有世界影响力科技创新中心的主要标准。国际专利体现出专利的权威性与先进性，也体现着创新成果的最高水平。数据主要来自国家知识产权局以及《中国科技统计年鉴》。

（4）科研机构输出技术成交额占全市技术成交额比重。

该指标为技术市场输出额与全市技术成交额的比值，体现着科研机构的成果转化水平。数据主要来自北京技术市场管理办公室网站、全国技术合同交易数据、各省份知识产权交易概况。

（5）百万人拥有国家星火计划立项项目。

该指标为星火计划立项项目与总人口的比值，反映城市自主创新的成果转化能力。指标数据来自《中国科技统计年鉴》。

8. 创新效益

（1）战略性新兴产业增加值占 GDP 比重。

该指标为战略性新兴产业增加值与城市 GDP 的比值，是科技部和中科院的监测指标。通过战略性新兴产业增加值的发展来带动经济是科技创新的根本目的，所以有必要将高技术产业增加值视为经济效益的一部分。指标数据主要来源于各市统计信息网、科技局网站中的《国民经济与社会发展统计公报》以及《战略性新兴产业发展报告白皮书》。

（2）高技术产品出口占总产品出口比重。

该指标为高技术产品出口总量与总产品出口的比值，在欧盟创新记分牌中有着类似的衡量指标。高技术产品的出口是成果转化能力的一种体现。而相关的数据可通过各省份科技统计年鉴和《中国科技统计年鉴》得到。

（3）规模以上工业企业新产品销售收入占主营业务收入比重。

该指标是规模以上工业企业新产品销售收入与主营业务收入的比值，是反映企业产品创新效益的重要指标。其中规模以上工业企业新产品销售收入来自地方《R&D资源普查统计公报》，而相对应的主营业务收入则来自各省份统计年鉴。

（4）劳动生产率增长率。

劳动生产率是指劳动者在一定时期内创造的劳动成果与其相适应的劳动消耗量的比值，反映着科技创新对生产水平的贡献度，可通过GDP增加值与劳动力的比值计算得出。接下来再通过不同年份劳动生产率的比值得到其增长率。其数据来自《中国统计年鉴》以及各省份统计年鉴。

（5）单位GDP能耗降低率。

该指标由上一年与下一年两年的万元GDP综合能耗的比值计算得出，反映着科技创新对于能源消耗的优化作用。科技部、中科院、国家统计局、国家创新体系建设战略研究组都将其纳入各自的指标体系之中。能源消耗的数据主要来自《中国统计年鉴》、各省份统计年鉴、《中国城市统计年鉴》、《国民经济和社会发展统计公报》以及统计局网站等。

9. 投入稳定性

（1）地方R&D经费支出额增长率（三年平均）。

该指标为连续三年R&D经费增长率的平均值，R&D经费是创新的主要经济资源之一，R&D 支出的稳定增长会对持续创新提供支持。指标数据主要来自《R&D 资源普查统计公报》、《中国城市统计年鉴》以及《中国科技统计年鉴》。

（2）科技经费支出额增长率（三年平均）。

该指标为连续三年政府科研经费增长率的平均值，科研经费是否保持稳定同样对创新的延续性有着重要的影响。指标数据主要来自《中国城市统计年鉴》、《中国统计年鉴》、各省份统计年鉴。

10. 创新稳定性

（1）专利申请授权量增长率（三年平均）。

该指标表示专利申请授权量连续三年增长率的平均值，专利授权量的增长是创新发展的主要成果之一，其稳定增长意味着创新成果转化有着较好的持续性。指标数据可通过《中国城市统计年鉴》、《中国科技统计年鉴》以及《R&D 资源普查统计公报》计算得出。

（2）技术市场成交合同额增长率（三年平均）。

该指标表示技术市场成交合同额连续三年增长率的平均值，技术市场成交额同样反映着创新的成果，其稳定增长意味着技术有着较强的传递性与延续性，表明创新具有一定的可持续性。指标数据可查阅北京技术市场管理办公室网站、全国技术合同交易数据、各省份知识产权交易概况。

11. 技术辐射

（1）技术市场成交合同额占全国比重。

该指标表示技术市场成交合同总额与全国成交合同额的比值，科技部、中科院以及中国人民大学的评判指标体系都纳入了该标准。技术市场合同的成交也意味着技术在不同主体间传播，而这也是辐射作用的一种表现。指标数据主要来自北京技术市场管理办公室网站以及《中国科技统计年鉴》。

（2）创新辐射距离（千米）。

在计算创新辐射距离的过程中，我们采用如下计算方法：

$$L_{AB}=\frac{A\text{ 向 }B\text{ 转移的技术合同额}}{A\text{ 技术合同成交总额}}\times A\text{ 与 }B\text{ 之间的地理距离} \tag{4-1}$$

式中，L_{AB}为权重距离；A与B两城市间地理距离用两城市间公路里程数来表示，更能反映两城市间的实际距离。假设与A城市有技术转移的城市共有n个，则A城市的知识创新辐射总距离为$\sum_{i=1}^{n} L_{ABi}$。①所需技术成交额的相应数据可参考北京技术市场管理办公室网站、《中国科技统计年鉴》以及国家专利局专利数据库。

12. 人才辐射

人才辐射对应的四级指标为本科及以上毕业生离京就业数量占毕业生总量的比重。

该指标可通过本科及以上学历毕业生离京就业量与毕业生总量的比值来衡量。人才的流动造成了知识资本的流动，也就形成了创新在区域间的再分配。优秀人才流向周边会引领周边城市的技术创新，这同样是创新中心对其他地区做出的贡献。指标数据主要来源于教育部网站以及各高校毕业生流向的相关统计信息。

(四) 科技创新中心评判标准

结合北京科技创新的发展现状、目前的发展趋势以及世界知名创新中心、国内创新型城市的当前水平，笔者归纳出了北京市建设科技创新中心的评价标准，如表4-4所示。

表4-4　北京建设科技创新中心的评价标准

建设科技创新中心的关键指标	指标评价标准	指标具体说明
人均 GDP	40 000 美元	由于创新要素对科技创新的贡献率在达到一定水平后会出现递减的趋势，而根据国际经验，这一分界线约为 10 000 美元，但全球创新型城市的收入水平普遍在 40 000 美元以上。
社会 R&D 投入占 GDP 比重	10%	目前，北京市已达到 6.2%的水平，已经基本实现了《关于增强自主创新能力 建设创新型城市的意见》中设定的目标，但是考虑到我国平均 R&D 支出比重仍低于发达国家 2～3 个百分点，因此，北京市与国际创新型城市仍存在一定的差距。

① 牛欣，陈向东. 城市创新跨边界合作与辐射距离探析. 地理科学，2013，33(6)：659-667.

续表

建设科技创新中心的关键指标	指标评价标准	指标具体说明
研发人员数量	45 万	2018 年北京市从事科技研发的人员为 39.7 万人，所占比重为总人口的 1.8%。
科技教育经费占财政支出比重	22%	北京市目前已达到 19.4%，居于全国领先地位，但与天津、上海等城市差距较小，因此北京市若想成为科技创新中心，该目标的标准应达到 22%。
上市公司数量	350 家	北京当前共有上市公司 324 家，远高于上海、深圳等发达城市，但考虑到北京市科技金融尚不完善，因此将标准定为 350 家，以此来体现金融对科技创新的重要作用。
世界 500 强企业总部数	62 家	当前共有 56 家世界 500 强企业总部位于北京，东京有 38 家，上海仅有 7 家，因此北京应保持稳定增加的态势。
世界 500 强企业科研中心数	300 家	上海市将 300 家世界 500 强企业研发中心作为 2030 年的预期目标，也是成为具有全球影响力的科技创新中心的标准，因此北京要建设全国科技创新中心，也至少需要达到这个标准。
拥有世界前 20 高校数量	2 所	波士顿、硅谷、东京、首尔都有世界顶尖大学为支撑，而北京市虽然高校众多，但只有清华大学在世界大学排名前 20 名单内，很难在国际上形成竞争力，因此在建设科技创新中心的过程中也要提高高校的实力。
战略性新兴产业增加值占地区生产总值比重	35%	2018 年，深圳市战略性新兴产业增加值占 GDP 比重为 40.9%，而北京市只有 30%。因此，北京市作为科技创新中心，应尽量靠近最高水平。
百万人专利授权数	6 000 件	北京 2018 年专利授权数为 5 732 件。
国际专利占总专利数比重	50%	新加坡国际专利占总专利数比重在 2005 年便已超过 50%，而上海同样也将这一标准的目标值设为 50%。

续表

建设科技创新中心的关键指标	指标评价标准	指标具体说明
地方 R&D 经费支出额增长率（三年平均）	20%	鉴于北京市的基数较大，因此更多地考虑与同等规模城市进行比较。天津市增长率超过了 20%，而北京市为 18.43%，因此将标准定为 20%比较合适。
技术市场成交合同额增长率（三年平均）	20%	北京市技术市场成交额三年平均增长率达到 12.8%，但全国平均增长速度超过 20%。为了保证北京市的中心地位，同样应该将增长率适当提高。
技术市场输出技术成交额占全国比重	45%	北京市已经占到了技术市场成交额的 40.4%，远高于其他省市，但是为了进一步扩大其带动与辐射作用，应继续稳定地加大其技术输出，以扩大影响力。

资料来源：笔者根据相关文献资料整理。

以上 14 条标准是对于北京市建设科技创新中心简略的评价标准，而北京市的实际进度如何，我们可以通过实现程度这一指标来进行具体的衡量。通过实现程度，我们可以更加便捷地分析出北京市在哪些方面的建设仍存在不足，而在哪些方面已经达到标准，从而能将注意力更多地集中到加强短板上，制定针对性措施，有效地监测和管理科技创新中心的建设。

三、精简化指标

首先，考虑到地方应采取相应的指标体系来对科技创新中心建设进行实时的监测与反馈，而可行性指标中部分指标往往针对年度甚至更长的时间段，在短期评估中并不适用，因此需要做出一定的调整。其次，一些指标的计算过程烦琐，或数据滞后，无法及时获取，影响了评测的便捷性和及时性，所以这些指标同样需要变动。最后，考虑到该指标主要是对科技创新的评判，因此如生态、社会等指标在短期内变化不太明显，其重要性相对较低，故在精简化指标中着重考虑评判体系中的核心指标，如表 4－5 所示。

表 4-5 科技创新评价体系精简化指标

一级指标	二级指标	三级指标
科技创新能力指数	创新资源	地方 R&D 经费支出额占 GDP 比重（%）
		风险投资占中小企业融资额比重（%）
		R&D 人员数量占全部从业人员比重（%）
		本科在校生所占比重（%）
	创新环境	百人拥有互联网用户数（个/万人）
		中小板、创业板上市公司数量（个）
		SCI 上发表的学术文章数（篇）
	创新网络	百万人拥有国家高等院校数量（个/百万人）
		百万人拥有国家重点实验室数量（个/百万人）
		世界 500 强总部数（个）
		百万人拥有国家创新型企业数量（个/百万人）
	创新成果	百万人发明专利授权数（件/百万人）
		国际专利占总专利数比重（%）
		科研机构输出技术成交额占全市技术成交额比重（%）
		高技术产品出口占总产品出口比重（%）
	创新可持续性	地方 R&D 经费支出额增长率（三年平均）（%）
		科技经费支出额增长率（三年平均）（%）
		专利申请授权量增长率（三年平均）（%）
		技术市场成交合同额增长率（三年平均）（%）
	创新辐射	技术市场成交额占全国比重（%）
		创新辐射距离（千米）

资料来源：笔者整理。

参考文献

1. Caves. Multinational Firms, Competition and Productivity in Host Country Markets. Economic, 1974 (41): 176-193.

2. Charles Edquist, Leif Honunen. Theory and Policy for the

Demand Side. Technology in Society，1999（21）：63－79.

3. DeBresson C，Amesse F. Networks of Innovation：A Review and Introduction to the Issue. Research Policy，1991（20）：363－379.

4. Dosi，ed.，Technical Change and Economic Theory. London：Pinter，1988.

5. Findlay R. Relative Backwardness，Direct Foreign Investment and Transfer of Technology. Quarterly Journal of Economics，1978（1）：921－16.

6. Hospers G J. Creative Cities：Breeding Places in the Knowledge Economy. Knowledge，Technology & Policy，2003，16（3）：143－162.

7. http://www.cistc.gov.cn/InterCooperationBase/details.asp?column＝741&id＝81467.

8. M Grueber，T Studt. 2014 Global R&D Funding Forecast.

9. Sternberg R J. Implicit Theories of Intelligence，Creativity，and Wisdom. Journal of Personality and Social Psychology，1985，49（3）：607.

10. The Boston Public Schools at a Glance. http://www.bostonpublicschools.org/.

11. Tjallingii S P. Ecopolis：Strategies for Ecologically Sound Urban Development. Leiden：Backhuys Publishers，1995.

12. 白春礼. 新科技革命的拂晓. 中国科技奖励，2012（2）：6－9.

13. 白春礼. 世界科技创新趋势与启示. 科学发展，2014（3）：5－12.

14. 曹健林. 国际科学技术发展报告 2009. 北京：科学出版社，2009.

15. 常璐. 创新环境因子分析及创新环境建设. 青岛：中国石油大学. 2011.

16. 陈广汉，蓝宝江. 研发支出，竞争程度与我国区域创新能力研究——基于 1998—2004 年国内专利申请数量与 R&D 数据的实证分析. 经济学家，2007（3）：101-106.

17. 陈涛. 德国鲁尔工业区衰退与转型研究. 长春：吉林大学，2009.

18. 陈翁翔，林喜庆. 科技园区创新模式比较与启示——基于硅谷，新竹和筑波创新模式的分析. 中国行政管理，2009（10）：113-115.

19. 范旭，曲用心. 略论可持续发展的技术创新思想. 科学管理研究，2001，19（3）：4-6.

20. 盖文启. 创新网络——区域经济发展新思维. 北京：北京大学出版社，2002.

21. 高继国. 科技创新与政府行为创新若干问题研究. 成都：成都理工大学，2007.

22. 韩刚. 安徽省区域科技创新能力研究. 中国发展，2009，9（2）：82-85.

23. 韩瑾. 国外创新型城市建设策略研究. 北方经济：学术版，2007（6）：58-59.

24. 韩宇. 美国高技术城市研究. 北京：清华大学出版社，2009.

25. 何传启，张凤. 知识创新：竞争新焦点. 北京：经济管理出版社，2001.

26. 黄国平，孔欣欣. 金融促进科技创新政策和制度分析. 中国软科学，2009（2）：28-37.

27. 何颖. 创新型城市构成要素与模式探析. 商场现代化，2007（8）.

28. 姬楚楚. 世界科技创新趋势. 天津科技，2004，31（1）：52-52.

29. 季必发. 国外创新型城市发展模式借鉴. 杭州科技，2010（3）：49-51.

30. 简兆权，刘荣. 建设创新型城市的深圳模式研究. 科技管理研究，2009（11）：1－4.

31. 靳娟. 关于创新型人力资本的思考. 首都师范大学学报：社会科学版，2005（5）：67－70.

32. 库尔特·勒温. 人格的动力理论. 北京：中国传媒大学出版社，2018.

33. 赖明勇，包群. 关于技术外溢与吸收能力的研究综述——外商直接投资理论研究新进展. 经济学动态，2003（8）.

34. 李海. 从小故事中反思影响创新教育的因素. 考试周刊，2007（49）：124.

35. 李科，谢富纪. 伦敦创新体系及其启示. 科学学与科学技术管理，2008，29（9）：98－102.

36. 李新. 文化产业已成柏林创新发动机. 中国文化报. 2011－12－06.

37. 栗沛沛，钟昊沁. 知识创新的含义与运作过程. 科学管理研究，2002（12）.

38. 梁阳，汪安佑. 影响创新型人力资本形成的因素研究. 工业技术经济，2008，27（3）：19－21.

39. 刘硕，李治堂. 创新型城市国际比较及启示. 科研管理，2013（12）.

40. 牛欣，陈向东. 城市创新跨边界合作与辐射距离探析. 地理科学，2013，33（6）：659－667.

41. 钱维. 创新型城市发展道路——美国典型城市转型经验和启示. 改革与开放，2011（4）：16－19.

42. 潘文卿. 外商投资对中国工业部门的外溢效应：基于面板数据的分析. 世界经济，2003（6）.

43. 任保平. 欧盟一体化进程中德国鲁尔区的产业转型分绩效分析及启示. 西安财经学院学报，2006，19（6）：5－10.

44. 如何迈向“全球科技创新中心”. 文汇报，2014－09－17.

45. 尚勇. 当今世界科技创新趋势. 科学咨询，2010（21）：

5-9.

46. 邵云飞，周敏，唐小我. 基于中心城市创新辐射的西部自主创新效率研究. 管理学报，2010，7（12）：1825-1830.

47. 沈丽娟，王瑞斌. 创新型城市建设条件类型及模式的综述. 商场现代化，2009（14）：325-326.

48. 宋河发，穆荣平，任中保. 国家创新型城市评价指标体系研究. 中国科技论坛，2010（3）：20-25.

49. 王程韡. 反思创新型城市：以印度班加罗尔为例. 科学学研究，2011，29（4）：634-640.

50. 王仁祥，邓平. 创新型城市评价指标体系的构建. 工业技术经济，2008（1）：69-73.

51. 王新明. 企业科技创新型人才的激励问题研究. 成都：西南财经大学，2007.

52. 韦秀源，王凯. 构建技术创新的金融支持体系. 河南金融管理干部学院学报，2007（4）：122-125.

53. 许正权，潘雄锋. 点-线-面一体的创新型城市建设构架. 科技与经济，2008（5）：6-9.

54. 杨冬梅，赵黎明，闫凌州. 创新型城市：概念模型与发展模式. 科学学与科学技术管理，2006（8）.

55. 尹继佐. 世界城市与创新型城市：西方国家的理论与实践. 上海：上海社会科学院出版社，2003.

56. 袁伦渠，谢蔼. 知识技术创新与人力资源管理. 科技与管理，1999（2）：42-45.

57. 张菲，李洪涛. 全球科技创新中心 北京你差多远?. 中国战略新兴产业，2014（24）：44.

58. 张润彤，朱晓敏，耿建东. 国家科技创新系统与可持续发展. 北京：北京交通大学出版社，2014.

59. 赵刚，孙健. 自主创新的人才战略. 北京：科学出版社，2007.

60. 赵彦云，甄峰. 我国区域自主创新和网络创新能力评价与分析. 中国人民大学学报，2007（4）：59－65.

61. 赵峥. 国外主要创新型城市发展实践与借鉴. 决策咨询，2011（1）：87－92.

62. 中华人民共和国科学技术部. 国际科学技术发展报告2010. 北京：科学出版社，2010.

63. 中华人民共和国科学技术部. 国际科学技术发展报告2011. 北京：科学出版社，2011.

64. 钟金德，胡华兴. 论影响创新的因素及对策. 中共南宁市委党校学报，2004（2）：31－33.

65. 钟勇. 产业结构演进机理研究. 北京：中国人民大学，2004.

66. 周叔莲，王伟光. 科技创新与产业结构优化升级. 管理世界，2001（5）：70－78.

第五章　全国科技创新中心评价与关键因素甄别

当今世界正从工业经济时代步入知识经济时代，科学技术不断产生新的经济增长点，创新也日益成为各个国家追求经济增长和可持续发展的战略选择和核心驱动力（杨冬梅，2006）。① 2018 年 WIPO 等机构发布了 *The Global Innovation Index 2018*②，这篇报告中指出，“最具创新力的经济体”前五位分别是瑞士、荷兰、瑞典、英国和新加坡，美国排在第 6 位，中国位于第 17 位。这份榜单的前 15 位都由发达经济体占据，除中国香港外，其余 14 个经济体都是国家入榜，这些国家在创新能

① 杨冬梅. 创新型城市的理论与实证研究. 天津：天津大学，2006.

② Wunsch-Vincent S, Lanvin B, Dutta S. The Global Innovation Index 2018—The Human Factor in Innovation. Cornell University Insead&Wipo, 2018.

力和创新水平上都具有巨大的优势。这份榜单显示，在中等收入经济体中，中国的创新水平属于前列，但与发达经济体仍存在一定差距。本章旨在探求建设创新型城市的影响因素，通过北京与全球顶级创新型城市的横向对比，发现北京的创新瓶颈，甄别关键影响因素，学习借鉴国外创新型城市的发展经验，为北京建设全国科技创新中心提供参考。

第一节 北京建设全国科技创新中心的国际对比评价

随着越来越多的城市把创新视作进步的动力，并采取多种措施鼓励创新的发展，城市在创新体系、国际竞争格局和产业链中的地位不断提升（王兵兵，2013）。[①] 经过多年的发展，全球有许多城市因具有突出表现而跻身为国际创新中心，如硅谷、伦敦、东京、筑波、波士顿、纽约、大田、赫尔辛基、特拉维夫等。国际创新型城市因具有不同的历史文化背景及经济发展基础而具有不同的发展战略和发展模式。

常见的创新型城市发展模式分类有以下几种：按照政府和市场的主导类型不同，可以分为政府主导型模式、市场主导型模式和混合型模式（杨冬梅，2006）[②]；按照创新型城市的地位和规模不同，可以划分为世界级创新中心城市、区域创新中心城市和非中心创新型城市群；而按照驱动力不同，可以划分为工业创新驱动型、科技创新驱动型、服务创新驱动型、文化创新驱动型和协同创新驱动型等模式（马海涛，2013）[③]（见表5-1）。

① 王兵兵．国际创新型城市的横向比较、发展模式与启示借鉴．决策咨询，2013（5）：12-16．

② 杨冬梅．创新型城市的理论与实证研究．天津：天津大学，2006．

③ 马海涛．全球创新型城市建设的模式提炼．科学，2013，65（4）：44-47．

表5-1 创新型城市发展模式

划分依据	发展模式	代表城市/地区
政府和市场的主导类型	政府主导型	筑波、大田、东京、新加坡
	市场主导型	硅谷、纽约
	混合型	伦敦、
创新型城市的地位和规模	世界级创新中心	纽约、伦敦、巴黎、东京
	区域创新中心	赫尔辛基、大田、筑波
	非中心创新型城市群	英国非核心城市群和日本关西创新型城市群
驱动力	工业创新驱动	休斯敦、匹兹堡、伯明翰
	科技创新驱动	硅谷、东京、大田、
	服务创新驱动	纽约、香港
	文化创新驱动	新加坡、巴黎、赫尔辛基
	协同创新驱动	纽约、伦敦

资料来源：笔者根据相关文献整理。

这些国际创新型城市虽然具有不同的创新模式、创新过程和创新成绩，但在其创新发展过程中有一些共同的因素对国际创新型城市的发展产生影响。高效的政府管理机制，良好的区位因素，发达的对外经济联系，积极的人才培养、引进和激励，完善的科技中介服务体系，开放包容的创新文化和完善的产学研合作平台是全球创新型城市的共同特征，也是影响城市创新能力的共同因素。

一、政府管理因素：高效的领导机构、完善的组织制度、丰富的扶持政策和多样的民间中介协调组织

政府在创新型城市的建立和发展阶段起到第一推动力的作用（李星，2008）。[①] 政府既是创新活动规则的制定者，也是创新活动的参与者。政府虽然不是城市创新的核心主体，但作为城市发展战

① 李星. 基于三螺旋模型的创新型城市运行机制研究. 北京：北京交通大学，2008.

略的制定者和实施者，有责任和有能力为创新发展提供良好的政策支持和制度保障。政府通过设立创新领导机构、建立有效的组织制度、制定完善的创新扶持政策以及扶持民间创新组织发展等推动城市创新的进步。

（一）全球创新型城市都拥有高效的创新领导机构

1．全球创新型城市状况

政府在创新型城市的建设发展过程中，尤其是在建设初期发挥了重要的作用。政府设立创新领导机构，通过制定创新发展战略、出台创新政策等，对创新型城市的发展起到促进作用（方创琳等，2013）。[①] 很多国际创新型城市都有专门的创新领导机构，如波士顿、伦敦、新加坡、特拉维夫、赫尔辛基和大田等。这些城市的创新领导机构虽功能不尽相同，但都通过对创新的引导、支持等，促进了城市创新的发展。表5－2是部分全球创新型城市的创新领导机构及机构职责和作用。

表5－2　全球创新型城市的领导机构及其职责

国家	创新型城市	创新领导机构	职责
美国	波士顿	波士顿发展管理局	1．为企业提供技术和金融支持 2．提供工作培训等
英国	伦敦	伦敦创新指导小组等	1．指导创新技术转移 2．建设城市创新网络，促进产学研平台建设
新加坡	新加坡	科技研究局	1．建立技术转移和知识产权体系 2．招募国际人才，培养本土人才 3．建立和发展国际创新网络
芬兰	赫尔辛基	国家研究与创新委员会	1．跟踪国内外技术创新进展 2．评估科技政策 3．分配部门公共研究及创新资金
		芬兰创新局	1．筹备国家技术发展政策 2．协商国际范围技术合作

① 方创琳，等．中国创新型城市发展报告．北京：科学出版社，2013.

续表

国家	创新型城市	创新领导机构	职责
韩国	大田	大德科技园管理事务所	1. 建设大德科技园 2. 为研究事务提供支持
以色列	特拉维夫	首席科学家办公室	1. 代表政府帮助社会和企业开展商业性的研究与开发，促进高新技术的发展 2. 为科技人员实现技术成果产业化提供风险资助
中国	北京	科学技术委员会	1. 负责科技进步工作的统筹协调，优化科技资源配置 2. 加强科技重大专项组织实施的牵头和平衡，推进北京科技创新中心建设 3. 提供科技服务，积极协调建立技术交易所和孵化器
		科技协作中心	聚集首都科技创新资源，促进创新型城市建设
		知识产权局	主管专利工作，统筹协调涉外知识产权事宜

资料来源：笔者根据相关文献整理。

由表5-2可知，国际创新型城市的领导机构在创新发展的过程中可以在加快科研成果转移、制定金融扶持政策、促进国际化合作等方面起到重要作用。

2. 北京的现状

北京在建设创新型城市的过程中也十分注重领导机构的建设。北京市设立了科学技术委员会和北京科技协作中心，这些组织机构是北京科技创新发展的重要协调者和推动者，但政府的机制体制仍存在一些问题，制约了科技创新的发展。具体来看包括以下瓶颈：

(1) 管制较多，放权不够。政府用管理党政机关的方法管理大学和科研机构，在科研经费管理、项目管理、人事管理等方面比较僵化，科研人员浪费大量的时间在科研经费的申报等方面，严重影响了人才的创新积极性。政府过度主导科技创新，在项目确立、资源协调和结果判定等方面几乎都是由政府主导，使科技创新主体缺乏创新主动性。行政干预及绩效杠杆影响了科技创新。

（2）审批流程烦琐，管理能力薄弱。在项目的审批立项阶段，审批流程烦琐，看似流程规范，实则增加了科研人员的审批难度；在最终结果评估中却程序简单，产生了重申报、轻结果的现象。

（二）全球创新型城市都具有完善的组织制度

1. 组织制度的内容

良好的组织制度是促进城市创新成果产生及有效转化的保障。这些组织制度包括支持科技创新的完善的法律制度、明晰的产权制度和成熟的风险投资制度等。其中，明晰的产权制度又分为产权的明确界定、产权的自由交易和维护产权所有者的权益，而成熟的风险投资制度包括投融资机制、管理运作机制和退出机制几个方面，如图 5－1 所示。

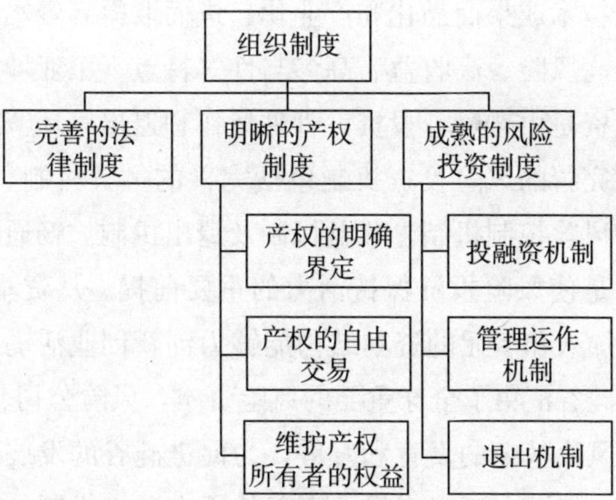

图 5－1　创新型城市组织制度建设

资料来源：笔者绘制。

创新型城市的建设得益于促进科技发展的法律制度的支持。例如日本制定了一系列法律法规，以促进大学的技术转移和衍生企业的建立。日本颁布了《大学技术转移促进法》，从法律的角度为大学技术成果的转移提供法律保障，该法律鼓励大学成立技术许可组织，鼓励大学科研成果申请专利和实施技术转移。经过多年的发展，日本已经形成了比较完善的技术许可组织政策法规支持体系，为日本创新能力的提升起到了重要支撑作用。

明晰的产权制度及权利保障体系是创新型城市建设的制度基础。一个不能很好地保障创新者知识产权的城市是不能做到鼓励人才创新的。合理的产权制度包括产权的明确界定、产权在市场上的自由交易及产权所有者权益受到法律保护，三者相互作用、缺一不可。只有建立合理的产权制度，资源才能达到优化配置。科技创新成果是一种生产成本很大的无形产品，如果缺乏对产权的明确界定和有效保护，而使创新成果被盗用或模仿，会给创造者造成极大的损失，严重打击创新者的创新积极性，阻碍创新进程的发展（方创琳等，2013）。①

成熟的风险投资制度可以推动创新产业的发展。风险投资是指投资者把资本投入有一定失败风险的高新技术及产品的研发领域，以促进高新技术成果商品化和产业化，进而取得高资本收益的投资过程，具有高风险、高收益、高参与性等特点（王亚坤，2009）。②

风险投资是由融资、投资、管理运作和退出等环节组成的一个循环体系。完善的风险投资机制包括完善的融资机制、管理机制、投资机制、风险控制机制、收益机制及退出机制。畅通的资本流入和资本流出是使风险投资保持活力的重要前提。从资本流入来看，社会资本的加入和多元的资本结构能够为创新创业活动提供充裕的资金。例如硅谷汇集了全球重要的风险资本，风险公司、资本市场、投资银行和风险基金的发育和发展，为促进硅谷的发展起到了十分重要的作用。从资本流出来看，完善的资本退出机制是风险资本发展的必要条件。风险资本为了获得较高的收益，也承担着企业创新失败的高风险，可靠的退出机制可以为风险资本提供安全保障。

风险资本的退出方式主要有上市、并购、回购和清算四种，各国风险资本的主要退出方式是上市和并购。

2. 全球创新型城市状况

许多全球创新型城市都出台了相应的政策保障良好的组织制

① 方创琳，等. 中国创新型城市发展报告. 北京：科学出版社，2013.

② 王亚坤. 风险投资项目评价指标体系研究——以北京市为例. 北京：北京化工大学，2009.

度。这些组织制度是推动城市创新发展的重要保障（见表5-3）。

表5-3　全球创新型城市在组织制度方面的政策

内容		城市	措施
组织制度	完善的法律制度	筑波	1. 颁布了《国立大学法人法》：①确保国立大学具有独立法人资格；②引进董事会制度，建立和完善最高决策机构；③教师聘用采取公开招聘制和任期制，放宽教师兼业限制 2. 颁布了《大学技术转移促进法》，支持大学（科研机构）成立技术许可组织，帮助大学科研成果实现技术转移
		硅谷	美国颁布了《拜杜法案》，允许大学及科研机构对政府资助的研发成果享有知识产权，并可以通过技术转移方式授权给企业，极大地促进了硅谷的大学和产业界的合作
	明晰的产权制度	大田	注重专利产权保护，强化在外经贸过程中的专利预警工作，提升应对国际知识产权诉讼的能力
		新加坡	对创意产业和高附加值产业实行积极的知识产权保护政策，具体保护措施主要有服务、管理、调解、执法和教育等五个方面
	成熟的风险投资制度	硅谷	1. 美国颁布《银行控股法案》，允许大型机构进行风险投资，拓宽风险投资来源 2. 硅谷形成了有限合伙、可转换优先股等促进风险投资发展的制度安排及风险投资退出机制
		新加坡	1. 成立科技风险投资基金（TIF）、政府投资基金（GIF）及经济发展委员会投资公司 2. 制定风险投资税收优惠政策：①风险投资引进先进技术可免缴5～10年所得税；②风险投资管理公司管理费与红利收入最高享受10年免税 3. 采取对等投资方式吸引国际风险投资基金，并提供风险投资的职业培训
		圣何塞	成立了风险投资协会，通过规范风险投资行为，改善投资环境，组织联合投资等服务，促进圣何塞创新能力的提高

资料来源：笔者根据相关文献整理。

3. 我国及北京市现状

我国的创业风险投资资本来源包括政府资金、上市及非上市公司资金、金融机构资金等。2017 年我国风险资本的主要来源是政府资金和国有资金，约占总资本的 36.13%，较 2016 年上升 4.15%，上升幅度较大，民营和混合所有制企业资金占比 24.02%，个人资本占比 7.08%，外资企业占比 2.2%（见图 5-2）。[①] 就北京来讲，2013 年创业风险投资机构来源于企业的资金达到了 50%以上，而来自政府的投资不足 20%，说明在我国的风险投资体系中，企业仍是投资主体，政府在投资的引导支持方面的作用还有待提高。

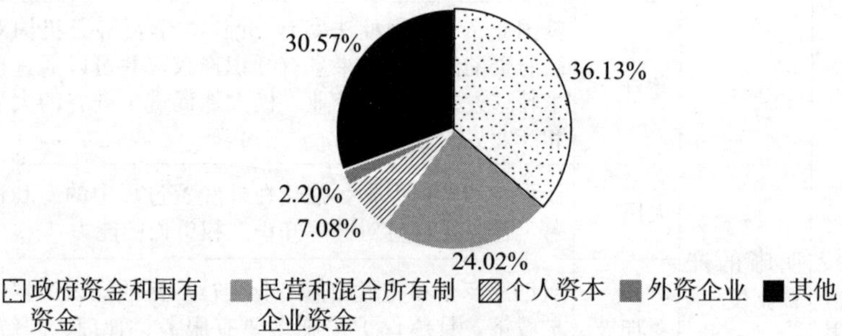

图 5-2　中国创业风险投资资本来源（2017 年）

资料来源：中国创业风险投资发展报告 2017.

2013 年风险投资项目中高新技术产业占比 61.3%，在投资金额方面高新技术产业占比 50.4%。在已有的风险投资项目及金额中，高新技术产业与传统产业相比虽有优势，但优势并不明显，说明我国风险投资结构并不合理，去风险化现象严重。

根据北京市金融工作局的统计，截至 2019 年上半年，北京市共有融资性担保机构 66 家，融资性担保责任余额 593 亿元，小微企业在保余额 141.19 亿元，占比 23.81%，此比例虽较 2018 年有较大增长，但对于快速发展的创新型小微企业来讲，这一融资担保比例还是不能有效满足企业的融资需求。

此外，北京市的风险投资体系还存在退出渠道单一、风险和成本有所加大等问题，再加上投融资方面北京对于创新型企业的支持仍然

① 孙晓平．中国创业风险投资规模与偏好研究．长春：吉林大学，2018.

存在不足等问题，导致北京的创新型企业发展受到一定程度的阻碍。

（三）全球创新型城市都出台了丰富的创新扶持政策

政府通过制定和实施创新扶持政策来发挥其在建设创新型城市中的重要作用。创新扶持政策包括税收优惠政策、金融扶持政策等。

1. 税收优惠政策

企业是创新的主体，优惠的税收政策是激发企业进行创新的重要保障。政府采购和税收减免是两种常用的政策措施，波士顿、纽约、休斯敦等创新型城市都通过对企业实行税收优惠政策鼓励创新，这些优惠的税收政策对创新型企业的落户及创新起到了推动作用，具体政策如图 5－3 所示。

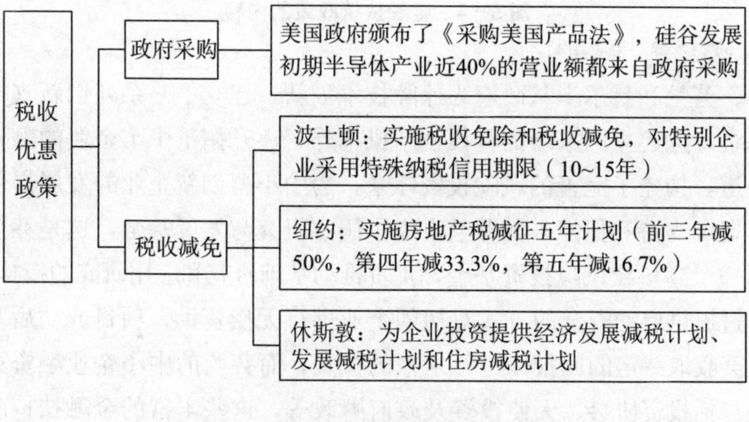

图 5－3　创新型城市的税收优惠政策

资料来源：笔者绘制。

2. 金融扶持政策

金融扶持政策是创新型城市建设过程中的基础扶持政策，目标是通过提升城市整体创新能力而对城市经济和社会环境进步产生持续的推动作用。政府可以采用的金融扶持政策包括制定商业激励政策，推动风险资本市场形成，建立为中小型企业提供担保的机制及为新创科研机构制定优惠的投融资扶持政策等，如图 5－4 所示。

例如，休斯敦制定了一系列商业激励政策，包括设立技能发展基金和得克萨斯州企业基金等，鼓励企业进行创新。

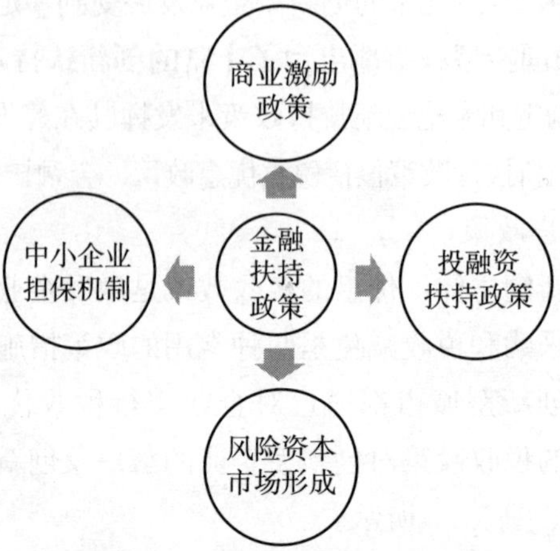

图 5-4　金融扶持政策的内容

资料来源：笔者绘制。

芬兰和赫尔辛基政府为保障技术创新，建立了一系列创新支持基金，除建立国家级的科技创新机构外，还开拓了中小企业的融资渠道，构建了完善的风险投资体系，为中小型创新企业的发展提供了资金支持和保障。如芬兰设立了国家研究与发展基金，这是芬兰第一个高科技风险投资基金，负责推动基础研究和应用研究的衔接，通过提供启动资金的方式对初创企业进行无偿资助，项目成功后基金会收取一定的回报以进行未来的投资，而芬兰的中小企业融资渠道包括投资协会、天使投资及政府财政等，这些丰富的金融扶持政策和完善的风险投资体系为初创企业的发展提供了资金方面的支持。

（四）全球创新型城市都拥有多样的民间中介协调组织

政府在创新型城市的建设过程中除了应起到引导、协调、规范和保障的作用，还应起到促进民间科技中介协调机构建立和发展的作用。民间中介协调组织这种非政府组织是在市场经济下弥补政府职责和市场失灵的一种有效措施（方创琳等，2013）。[①] 许多全球创新型城市都通过推进民间中介协调组织的发展来促进创新型城市的建设。

1. 全球创新型城市状况

波士顿民间协调组织对于促进波士顿的高科技发展起到了重要

① 方创琳，等. 中国创新型城市发展报告. 北京：科学出版社，2013.

的作用。这些民间协调组织包括中介、行业协会、民间营利或非营利机构等，负责为高新技术企业提供信息技术、成果转化等服务。比较突出的是麻省科技领导委员会、麻省发展公司和多切斯特海湾经济发展公司（方创琳等，2013）①。麻省科技领导委员会是一个有500多名会员企业的非政府组织科技服务机构，作用是从事政府导向的工作，配合政府的创新政策，如协助政府进行产业政策的完善及引进高新技术企业等。这些民间中介组织是对政府工作的良好补充，构建了一种民间参与的高效率的公共服务体系。

又如，美国北卡罗来纳州政府倡导和主持成立了三角研究基金会，职责是负责实现北卡三角研究院未来建设发展设想等，基金会对北卡三角研究院的区域规划、基础设施、孵化器等进行大量投入，提高了财政资金的使用效率（见图5-5）。

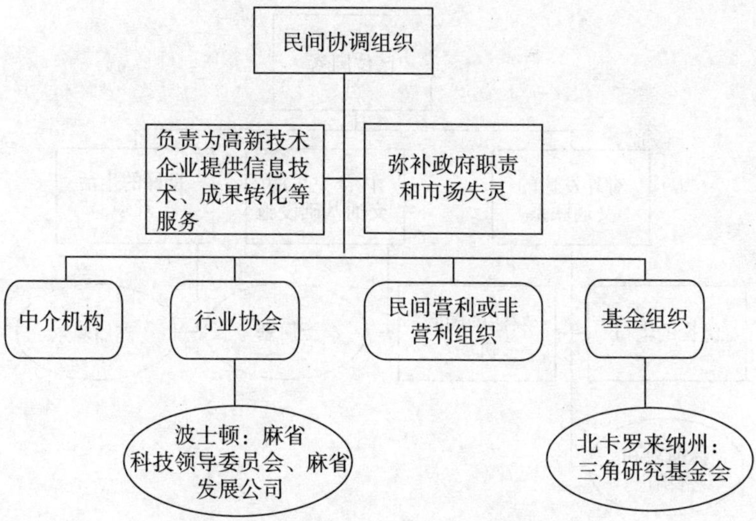

图5-5　民间协调组织的类别和作用

资料来源：笔者绘制。

2. 北京市现状

党的十七大后，北京市成立了社会建设领导小组，全力推进民

① 方创琳，等. 中国创新型城市发展报告. 北京：科学出版社，2013.

间组织的整体改革，构建“枢纽型”社会组织工作体系，加强对同性质、同领域的社会组织的服务、引导和管理，并积极引进专业化的民间组织人才队伍，高起点、高规格、整体性推进民间组织领域改革，取得了良好的成效。但政府应该注意的是，政府在民间组织发展的过程中主要应起到引导、扶持和规范的作用，而不应过多使用行政手段干涉，阻碍民间组织的发展。

二、区位环境因素：全球创新型城市都拥有便利的交通联系和良好的生活环境

便利的交通联系和良好的生活环境是全球创新型城市发展的重要因素。全球创新型城市对外往往拥有便利的交通联系，对内则拥有良好的生活环境（如图 5-6 所示）。

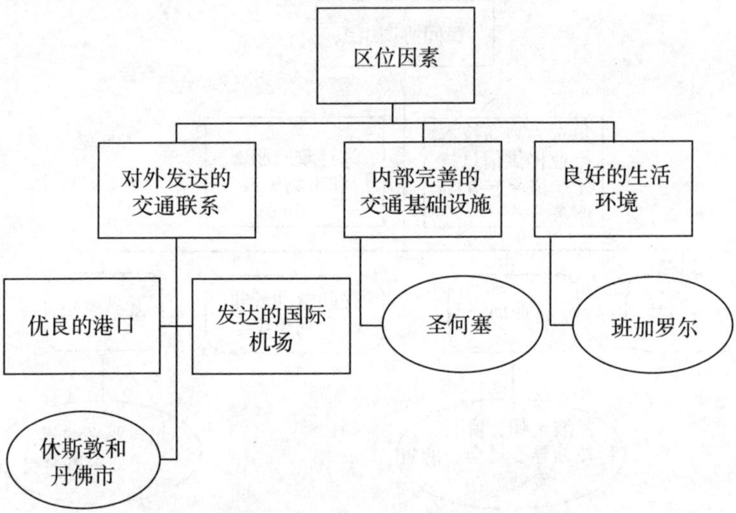

图 5-6　区位因素对全球创新型城市建设的影响

资料来源：笔者绘制。

（一）全球创新型城市状况

从全球创新型城市的空间分布来看，很大一部分全球创新型城市分布在沿海地带，政府利用区位优势建设优良的港湾来加强对外联系。

例如，19 世纪初美国政府拨款建设休斯敦的港口和航道，加强休斯敦的对外联系，目前休斯敦港已成为美国第二和世界第六的

能源和商贸港口。休斯敦港的优良条件和经济活力带动了休斯敦周边地区迅速成为国际商务中心，推动了休斯敦金融信贷、高科技等行业迅速发展。

此外，几乎所有全球创新型城市都拥有便利的国际机场，尤其是内陆创新型城市，通过建设国际机场加强自身与世界各地的人员与物质联系，推动自身创新能力的提高。

例如，美国的内陆城市丹佛市虽然缺乏优良的港口，但其拥有的丹佛国际机场是全世界面积第二大机场，按人流量计算是美国第五大机场、世界第十大机场。便利的航空条件加强了丹佛市的对外联系，人才和信息的交流促进了丹佛创新能力的提高。

全球创新型城市内部也都具有优良的交通基础设施和宜人的生活环境，包括完善的基础设施和干净整洁的城市环境。全球创新型城市多为国家交通网络枢纽，城市环境也往往在国内位居前列（如表 5-4 所示）。

表 5-4 全球创新型城市的优良区位因素

<table>
<tr><th colspan="2">内容</th><th>分类</th><th>典型城市</th><th>具体表现</th></tr>
<tr><td rowspan="6">区位因素</td><td rowspan="3">对外发达的交通联系</td><td>优良的港口</td><td>休斯敦</td><td>休斯敦港已成为美国第二和世界第六的能源和商贸港口</td></tr>
<tr><td rowspan="2">发达的国际机场</td><td>丹佛市</td><td>丹佛国际机场是全世界面积第二大机场</td></tr>
<tr><td>北京</td><td>2018 年首都国际机场旅客吞吐量达 10 098 万人次，居亚洲第一位、世界第二位</td></tr>
<tr><td>内部完善的交通基础设施</td><td></td><td>圣何塞</td><td>圣何塞市区城市规划科学，交通网络四通八达，市政配套设施齐全，城市发展环境在美国首屈一指</td></tr>
<tr><td>良好的生活环境</td><td></td><td>班加罗尔</td><td>1. 建立初期，因其气候宜人、环境优美整洁而被印度政府选为高科技发展基地。由于其交通便利、环境优美，吸引了大批高科技企业和人才
2. 人口增加导致班加罗尔污染严重、交通拥挤、基础设施差，一些高科技公司在其他城市建立了产业基地</td></tr>
</table>

资料来源：笔者整理。

例如，美国的圣何塞市区城市规划科学、交通网络四通八达、市政配套设施齐全，城市发展环境在美国首屈一指，这是能够吸引高科技企业和人才来此落户就业，并推动硅谷发展的重要原因。

印度的班加罗尔在建立初期，因其气候宜人、环境优美整洁而被印度政府选为高科技发展基地。由于其交通便利、环境优美，吸引了大批高科技企业和人才，推动其在不到 20 年内成长为印度“硅谷”，在国际创新网络中占有一席之地。如今，班加罗尔的人口猛增至 1 050 万以上，给交通运输、住房、电力等基础设施带来了巨大的压力，班加罗尔污染严重、交通拥挤、基础设施差等因素已经严重影响了当地公司的生产效率，一些高科技公司陆续在其他城市建立产业基地，英特尔公司高管曾指出：如果班加罗尔政府不能迎接挑战，将失去进一步发展的机遇。目前班加罗尔政府制定了详细的基础设施建设纲要，以缓解日益严重的交通压力。

（二）北京市现状

与全球创新型城市相比，北京也具有良好的区位因素，北京虽不临海，没有优良的港口条件，但北京建有首都国际机场，它是中国的空中门户和对外交流的重要窗口。2018 年首都国际机场旅客吞吐量达 10 098 万人次，居亚洲第一位、世界第二位。从 2015 年 4 月开始，满足一定条件的旅客可免除边检查验手续，使信息采集时间从原来的 45 秒/人提高到 10 秒/人，提高了国际中转能力和效率，有利于北京与世界各地的人员联系。北京同时也是全国性综合交通枢纽之一，是构建安全、高效的综合交通运输体系的重要节点，方便与全国各地进行人才、信息和物质的交换，对吸引企业人才、提高创新能力有很大的支撑作用。

同时我们应该看到，北京内部的交通拥堵现象不容忽视，高德交通发布的 2018 年拥堵城市排名显示，北京拥堵情况排名全国第一，早晚高峰期交通平均速度不足 23.9 公里/小时。2018 年城市通勤数据报告中，北京以平均距离 13.20 公里、平均单程用时 56 分钟居首位，且北京居住区域和办公区域分割最为明显，表 5-5 为上班距离及用时排行榜前 10 的城市。交通拥堵和居住区与办公区分割导致的通勤时间和通勤距离过长，也将阻碍企业和人才定居北京。

表 5－5　全国城市上班距离及时间排行前 10 的城市

编号	城市	平均里程（公里）	平均时间（分钟）
1	北京	13.2	56
2	上海	12.4	54
3	重庆	12.2	54
4	天津	9.9	48
5	成都	9.3	46
6	苏州	9.0	45
7	广州	8.8	45
8	深圳	8.7	44
9	杭州	8.4	44
10	武汉	8.2	43

资料来源：全国 50 城市上班距离及用时排行榜出炉：北京 19.2 公里居首. 人民网，2015－01－28.

三、全球市场参与性因素：较强的全球参与性和对外经济联系

经济全球化推动了创新全球化，城市的创新活动依赖于全球创新资源的整合利用，而全球市场参与性及对外经济联系既是城市创新的评价指标，也是创新型城市的重要特征，同时也是促进城市创新能力的影响因素（方创琳等，2013）。[①]

全球市场参与性和对外经济联系是全球创新型城市的重要考核指标。如澳大利亚智库 2thinknow 构建的对全球创新型城市进行评价的创新指标体系将考核指标分为人力资本、文化资本、市场网络和专利发放四个方面。2thinknow 评价报告指出，全球创新型城市必须拥有广泛的“市场网络”，通过实物贸易或信息交流的方式在世界范围内进行创意的分享和交流。

---

① 方创琳，等. 中国创新型城市发展报告. 北京：科学出版社，2013.

（一）全球创新型城市状况

美国的纽约和芬兰的赫尔辛基作为著名的全球创新型城市，在其发展过程中都十分注重加强全球化联系，它们注重全球市场发展和联系的案例能够充分说明全球市场参与性的重要作用。

纽约在20世纪80年代已经成为国际商务中心、国际总部中心和金融中心，后期由以生产为主的制造业中心转变成以服务为主的金融贸易中心。纽约的全球经济组织高度集中，在新闻、广告、银行、证券等领域为全球提供优质的服务，在商业和金融方面有着全球影响力。

芬兰的赫尔辛基顺应经济全球化趋势，努力开拓国外市场，以实现其建设创新型城市的战略目标。赫尔辛基加大对教育的投入，扩充人才储备；建设国际水准的研究机构，吸引优秀的人才前来学习交流，并且在不同的发展阶段制定不同的创新计划，推动科技创新持续发展，不断开拓国际合作的空间。

全球创新型城市一般也是全球创新网络的重要节点。在考虑文化创意和城市经济发展的关系时，需要考虑到与全球化相互作用的过程。加州大学教授斯考特曾指出，创新型城市中具有活力的企业往往十分重视全球化联系，积极参与国际合作，而全球范围内的经济合作有利于生产成本的减少，新的创意产业经济行为会给城市带来较大的竞争优势。斯考特的研究表明，创新过程也需要广泛的全球联系。

由上可知，全球创新型城市往往都具有较高的全球参与性和较强的对外联系，城市对外经济联系的增强有利于提高城市的创新能力。

（二）北京市现状

北京也在积极参与国际交流与合作。2017年北京共达成国外技术引进合同560项，合同金额27.4亿美元，占全国国外技术引进合同金额的7.61%。2017年北京高技术产品进出口贸易总额为379.2亿美元，其中出口贸易额为113.2亿美元。①

① 国家统计局. 中国科技统计年鉴. 北京：中国统计出版社，2018.

但北京在科技、金融、贸易等方面均未成为全球中心之一，如北京缺少跨国高科技公司总部或研究基地，金融方面与纽约、伦敦也存在着较大差距，因此北京的全球化道路仍有较长的路要走。

四、人才因素：注重人才的培养和引进及人才的激励

人才是科技创新的关键力量。美国学者弗洛里达提出了创新阶层（creative class）的概念，即能产生新技术、新思路和新内容的阶层，包括科学家、艺术家和工程师等（方创琳等，2013）。① 各类创新型人才发挥不同的作用，共同促进创新型城市的建设，且人才在创新型城市建设中的作用越来越重要。

（一）全球创新型城市状况

在经济全球化背景下，跨国高新技术人才越来越受到世界各国的重视（如表 5-6 所示）。

全球创新型城市十分注重培养和引进创新型人才。高技术移民在硅谷创新发展过程中起到了非常重要的作用。

硅谷采取多种方式吸引全球高科技人才，并取得了显著成果。20 世纪 80 年代以来，硅谷的中国和印度工程师比例不断增加，控制了硅谷技术贸易的 24%。硅谷来自世界各地的科技人员达 100 万以上，研发人员占硅谷总从业人员的 10%。一项关于美国技术移民的研究发现，美国技术移民申请的专利具有更高的全球效益。硅谷已经成为海外高科技人才最为集中的地区，在硅谷工作的科技工程领域的毕业生，超过 60%出生在海外（方创琳等，2013）。②

高技术移民除了给移入城市做贡献外，还能起到在移入城市和移出城市之间进行技术和知识传递交流的作用，有助于建设开放的城市创新系统，印度班加罗尔和台湾新竹的成功都从回归的高新技术人才中获益匪浅。

对于创新型人才的有效激励也是促进创新的重要措施之一。纽约城市创新网络的动力来源之一就是对科研人员的有效激励。

①② 方创琳，等. 中国创新型城市发展报告. 北京：科学出版社，2013.

表 5-6　创新型城市的人才培养、吸引和激励措施

		城市	措施
人才因素	人才的培养和引进	硅谷	1. 大学和科研机构培养留学生，培育后备人才 2. 科研机构引进外国科学家 3. 企业引进高新技术人才
		班加罗尔	1. 公立学校培养高科技人才 2. 创建民间培训机构 3. 鼓励国内人才到发达国家留学并通过各种政策吸引留学生归国
		伦敦	1. 鼓励高等教育学校吸收多元化学生 2. 鼓励文化艺术专业学生通过实习、学徒等方式参与文化创意产业
		首尔	1. 韩国政府出台了《国家战略领域人才培养综合计划》，在信息技术、文化产业技术等领域投入大量资金，提高大学生和科研机构的人才水平 2. 引入“国家特别研究员”，实施高级科技人才国家管理制度
		特拉维夫	政府成立移民吸收部和科学吸收中心，为科技移民提供咨询，并为吸收科技移民的企业提供补助
		北京	1. 国家和有关部委颁布了“赤子计划”、“春晖计划”和“高校学科创新引智计划”等 2. 北京市颁布了“北京海外人才聚集工程”“新世纪百万人才工程培养经费资助”等
	人才的激励	纽约	哥伦比亚大学规定：专利转让许可的收入在扣除20%的专利申请等费用后，剩余的金额为项目净收入。项目净收入低于10万美元时，50%归发明人所有；净收入超过10万美元时，第一个10万美元的50%和其余的25%归发明人所有。目前哥伦比亚大学每年约有400项成果转化，每年获得几百万美元的授权收入
		筑波	教职员工身份向非公务员过渡，大学可自行制定基于业绩和能力的工资体系，大学教师可以兼职技术转移工作和以技术入股

资料来源：笔者根据相关文献整理。

（二）北京市现状

国家和相关部委以及北京市都颁布了一系列重点科技人才政策，如表 5－7 所示。这些政策的颁布都是为了引进高技术人才，吸引留学人才归国，对国内的高科技人才进行奖励和支持。北京市政府认识到人才对建设创新型城市的重要性，一系列政策也表明了政府吸引和奖励人才的决心，但创新人才有不同的类别，如科学家、企业家、艺术家等，因此不能设置过于刚性的框架，而要为不同的人才都能提供舒适的创新环境。从国家和相关部委以及北京市颁布的重点科技人才政策上看，国家对于人才的政策优惠力度很大，但这些政策往往存在申报流程烦琐、申报时间具有刚性等不足，如人力资源和社会保障部制定的新世纪百千万人才工程，选拔工作要两年才进行一次，且申报是由各部门报送，而不是由创新型人才自己申报，烦琐的流程会降低政策的有效程度，对高技术人才不能形成有效的吸引。

表 5－7　国家及北京市科技人才政策

	颁布单位	政策名称	政策简介	申报流程
国家和相关部委重点科技人才政策	人力资源和社会保障部	海外赤子为国服务行动计划——“赤子计划”	1. 人力资源和社会保障部组织的示范性留学人员为国服务活动 2. 人力资源和社会保障部留学人员和专家服务中心组织的留学人员为国服务活动等	（1）各地各部门于每年 2 月底前将当年拟组织的留学人员为国服务活动计划报送人力资源和社会保障部 （2）人力资源和社会保障部根据当年为国服务活动的整体安排和重点资助方向，经过评估后，按照不同类型和规模，遴选纳入当年“海外赤子为国服务行动计划”
	教育部	春晖计划	由教育部拨出专项经费资助在外留学人员短期回国工作	春晖计划专项经费常年受理，择优资助。申请者可直接向各使（领）馆教育处（组）查询教育部发布的当年资助目录，然后向使（领）馆教育处（组）提出申请

续表

	颁布单位	政策名称	政策简介	申报流程
北京市重点科技人才政策	北京市科学技术委员会	“科技北京”百名领军人才培养工程	利用10年时间，通过科技项目带动、产学研用结合、国际合作交流等形式，培养百名科研水平一流、管理能力突出、成果国际前沿、能够引领和促进新兴学科形成与产业关键技术发展的科技领军人才	(1) 申报人登录北京市科委网（www.bjkw.gov.cn）下载并填写《科技北京百名领军人才培养工程推荐表》，按照要求附相关材料 (2) 申报人将申请材料报本单位进行审核，由本单位签署意见并加盖公章 (3) 申报人将纸质版与电子版备齐，报送市科委人事教育处
	市人保局＆市财政局	北京市高级人才奖励管理规定	加快“人文北京、科技北京、绿色北京”及中国特色世界城市建设，吸引各类优秀人才在京创新创业，完善高级人才激励机制，进一步优化首都人才发展环境	申报人由主管税务机关对其上一年度所缴个人工薪收入所得税额进行确认后，通过所在单位于每年5月至9月间向组织实施部门申请，由组织实施部门将申报材料审核汇总后报市人事局核准，发放兑现相关奖励

资料来源：笔者根据北京市科学技术委员会资料整理。

五、中介服务因素：完善的科技中介服务体系

创新不仅仅指新知识和新技术的产生，更重要的是科技成果的商品化及产业化，使城市真正得到创新收益（方创琳等，2013）。[①] 创新活动由多个主体、多个环节共同完成，每两个创新环节之间的连接都需要完善的服务。科技中介服务体系由科技创新服务机构、平台和人才等构成，提供研发设计、创业孵化、技术交易、技术投融资、技术咨询等专业化服务。科技中介服务是建设创新型城市的润滑剂，在不同创新主体之间起到桥梁和纽带的作用。科技中介服务也是技术创新扩散的重要媒介。从功能定位上来看，企业、大学、科研机构等的任务主要在于技术改进和创新，而中介服务机构

① 方创琳，等. 中国创新型城市发展报告. 北京：科学出版社，2013.

则起到创新成果转化的润滑剂和催化剂的作用，为科技创新体系的高效运转提供高质量的服务（如图 5-7 所示）。

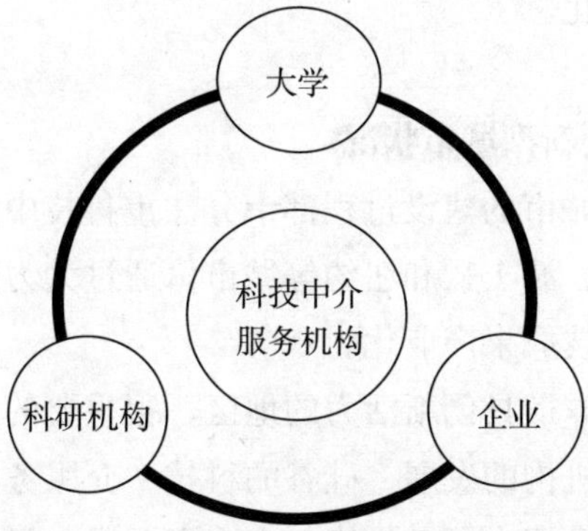

图 5-7　科技中介服务机构是不同创新主体的桥梁和纽带

资料来源：笔者绘制。

根据方创琳等（2013）① 的分类，科技中介服务机构可以分为交易平台型、转移代理型和技术孵化型三类。交易平台型负责信息的收集、处理以及交流等，主要起到交流渠道的作用；转移代理型主要提供管理咨询、法律咨询、技术咨询等服务，主要起到咨询服务的作用；而技术孵化型则通过硬件设施、人才交流和管理咨询、法律咨询及人才渠道等，负责协助创新企业的经营（如图 5-8 所

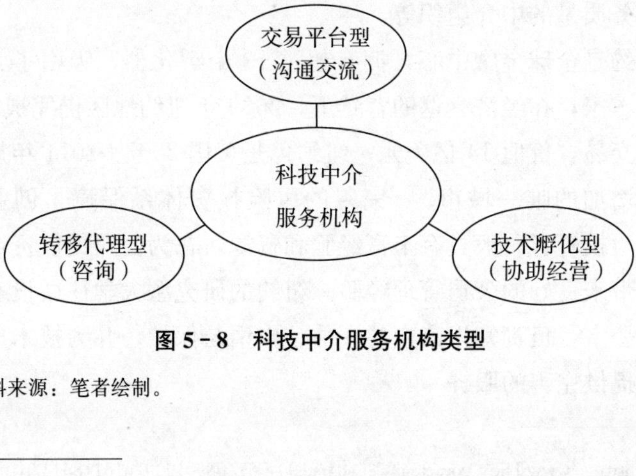

图 5-8　科技中介服务机构类型

资料来源：笔者绘制。

① 方创琳，等. 中国创新型城市发展报告. 北京：科学出版社，2013.

示）。科技中介服务机构是协调创新系统的重要纽带，能够优化创业环境，提高技术创新主体的创新能力，促进科技与经济互动，加速科技向产业转化。

（一）全球创新型城市状况

全球创新型城市的建设过程都十分注重科技中介机构的建立和发展。例如硅谷、波士顿和纽约等城市，通过大力发展科技中介服务机构，促进科技成果产业化。

硅谷成为全球最具创新活力的地区，很重要的原因就是硅谷重视科技中介服务机构的发展。硅谷的科技中介服务机构包括技术转移服务机构、金融资本服务机构、人力资源服务机构、财务服务机构、法律服务机构和管理咨询信息服务机构等多种类型，构成了完善的科技中介服务体系，促进创新要素的整合，提高硅谷的创新产出能力。

波士顿地区拥有 30 多家技术转移服务机构，其中最有名的是 MIT 技术许可办公室，它用一套有效的技术评估许可流程将大学研发的新技术、新产品转移给企业，促进产学研技术转移。过去 10 年里，MIT 技术许可办公室促成建立了数百家高新技术公司，涉及信息、生物等高新技术产业。纽约有完善的风险投资体系和众多高服务质量的中介组织等。

纽约是全球金融中心，拥有超过 12 个孵化器，吸引了大量的风投资本家，在经济衰退的背景下，2009 年纽约地区仍完成了 247 次风投交易，价值 14 亿美元；纽约也是美国 2007—2011 年风投成交数量增加的唯一城市。① 完善的风险投资体系保障了创业的实施，风险投资者一般具有丰富经验和资源，在为公司提供资金的同时也能带来良好的公司管理经验。纽约的研究型大学往往设有技术转移办公室，负责知识产权的评估、申请与保护，并为技术成果的商业化提供完善的服务。

① http://www.bjkw.gov.cn/n8785584/n8904761/n8904900/n10118514/n10130214/10133496.html.

（二）北京市状况

北京市的科技中介服务以技术交易服务机构和孵化器为主，北京有中国技术交易所、中国技术交易信息服务平台等 8 个官方技术交易服务机构以及北京创业孵育协会等 47 家孵化器，但转移代理型的科技中介服务机构较少。而北京市目前的中介服务机构存在职能边界模糊、机构设置不规范等问题，大多数中介服务机构政企不分，既像服务机构，又像管理机构，阻碍了现代科技中介服务机构的建设（高子涵，吕华侨，李娟，2011）。① 同时科技中介服务机构获取信息不畅，公共信息网络平台的缺乏不利于信息资源的共享。公共信息网络平台的建设既有利于打破政府对科技信息资源的垄断，又有利于科技中介服务机构了解技术供求双方的需要，促进科技成果转化为现实生产力。

六、文化因素：开放包容的创新文化

开放包容的创新文化也是创新的动力。美国的硅谷和纽约、印度的班加罗尔等创新型城市的发展都与拥有开放包容的创新文化分不开。

（一）开放包容的创新文化能够吸引多样化的人才

硅谷、纽约、伦敦等创新型城市都因为其开放包容的创新文化吸引了世界各国的高科技人才。例如，伦敦和纽约的国际人口都占到其总人口的四分之一以上。硅谷汇集着来自不同国家、不同文化背景的工程师和科学家，使得硅谷的企业能够接触到世界各国的技术和市场，成为硅谷保持创新动力的源泉。硅谷的商业环境十分开放，虽然硅谷的企业竞争激烈，但都保持着正式或非正式的交流，各企业的人员流动也成为常态，这使得信息、技术和知识在公司之间迅速传递，具有很强的知识溢出效应，促进了创新的产生。

（二）鼓励创新、宽容失败的创新文化激励着创新不断涌现

创新是一个存在一定风险的行为，成功率并不高，失败反而是

---

① 高子涵，吕华侨，李娟. 科技中介服务机构发展的国际比较与借鉴. 情报理论与实践，2011，34（9）：39-42.

常态。因此，崇尚创新、宽容失败的创新文化能够给创新失败者从头再来的勇气和动力。硅谷创新文化的宽容体现在对失败的宽容、对异己的宽容和对背叛的宽容上。硅谷的创新者从不以失败为耻，而是把失败作为成功的财富，硅谷的文化不仅尊重创业成功者，对失败者也给予宽容和敬意。硅谷对异己的宽容体现在尊重个人选择和每个人的独特性上，使世界各地的人才都能在硅谷这个兼容并包的环境中发挥自己的才能。硅谷的企业鼓励员工通过创新创业发挥自己的才能，因此对跳槽的现象十分宽容，员工流动频繁，并不强调员工对某个企业的忠诚，从而提升了整个硅谷的创新能力和市场竞争力。波士顿的128公路在20世纪70年代落后于硅谷的原因之一就是当时波士顿保密的风气和保守传统影响着当地的企业家创业模式。当时的员工普遍看重稳定升迁的机会，在20世纪70年代硅谷的技术人员流动成为常态时，128公路的企业还在强调员工对企业长期献身，员工对企业的忠诚大于创新和冒险，这种文化严重限制了128公路的创新能力（徐井宏，张红敏，2011）①。

（三）北京市状况

北京中关村是国家科教智力和人才资源最为丰富的地区，是北京高科技产业发展的主要承载区。中关村的迅速发展和创新成果的不断涌现离不开中关村的创新文化，其创新文化可以概括为以创新为核心，鼓励冒险，容忍失败，崇尚成功，敢于标新立异。但这种创新文化只在中关村地区比较盛行，北京要建设全国创新型城市，应在全市范围内培养鼓励创新、宽容失败的创新文化，这种文化的培养除了加大宣传外，还应在完善的创新体制保障下才可能出现。

七、产学研因素：建立完善的产学研合作平台

城市创新系统中企业、高校、科研机构、政府机构和中介服务机构并不是各自独立运转的，政府、中介服务机构可以作为重要的推动力量，推进产学研有机协调联系，以提高区域的科技创新效率

① 徐井宏，张红敏．转型．北京：清华大学出版社，2011．

（郝寿义，吴敬华，曹达宝，2012）[①]（如图 5－9 所示）。

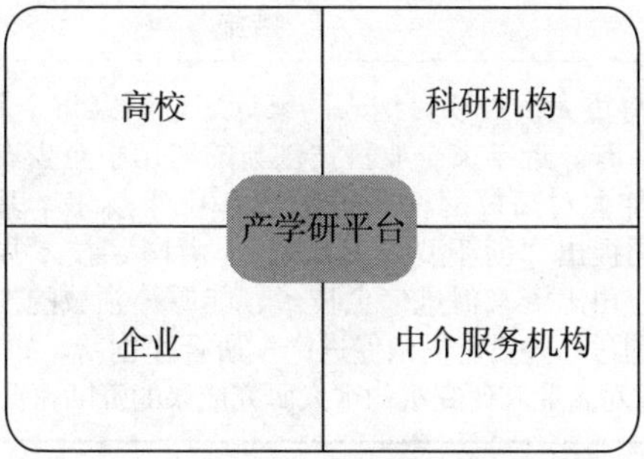

图 5－9　产学研平台联系四个创新主体

资料来源：笔者绘制。

产学研一体化是众多全球创新型城市的成功经验之一，并且越来越成为未来创新发展的趋势。表 5－8 总结了全球创新型城市在促进产学研一体化方面所采取的部分措施。

郝寿义、吴敬华、曹达宝（2012）[②] 在对滨海新区开发开放及产业发展进行研究时，提出了一种产学研合作机制的思路，即通过构建高校、科研机构、企业等主体的多位一体机制，形成协同驱动，通过深化产学研的合作层次，引导创新要素向优势主体聚集，加快创新成果的转化。在这个过程中，政府应加强政策引导功能，高校作为知识创新主体和人才培养基地，企业作为自主创新主体，科研机构作为技术创新主体，构建各主体协调运行的创新系统。

表 5－8　全球创新型城市在促进产学研一体化方面采取的措施

城市	措施
东京	鼓励企业与高校建立“共同研究中心”，并给予专门的补贴
硅谷	斯坦福大学通过建立技术许可办公室（OTL）和大学衍生企业，促进高校与企业的联系及高校研究成果转化
波士顿	1. 政府设立产业基金鼓励高校教师从事易于产业化的产业技术研究 2. 市场机制起到资源配置的作用 3. 完善的知识产权保护体系激励科技创新

①② 郝寿义，吴敬华，曹达宝. 滨海新区开发开放与产业发展. 天津：南开大学出版社，2012.

续表

城市	措施
赫尔辛基	1. 政府将重大发展项目纳入国家计划，国家与企业共同投资，成果归企业享有。近年来企业科技创新的费用中至少有10%来自政府 2. 政府加大对高校的科研资助。2001年赫尔辛基政府和赫尔辛基大学共同提出“创新型城市计划”，由国家技术局、赫尔辛基政府及众多公司出资来促进信息技术、能源等领域的发展 3. 政府通过一些投资机构促进产学研合作创新，如赫尔辛基技术开发中心通过对企业和研究机构重大研究成果的资助，促进成果的产业化

资料来源：笔者根据相关文献整理。

八、科技创新关键指标的国际比较

由于很难收集到各个全球创新型城市与本书所建立的全国科技创新中心评判指标体系相对应的指标数据，因此，下面从全国科技创新中心评判指标体系六大领域的若干关键性指标方面，分别将北京与相关全球创新型城市进行比较，对比分析北京与全球创新型城市的差距。

(一) 创新资源指数方面

在R&D投入方面，北京R&D投入比重已经占到GDP的6%以上，与国内其他城市相比有着明显的优势。然而放眼全球，我们不难发现，北京距离世界顶级科技创新中心还存在不小的差距，硅谷R&D投入达到了GDP的10%，而首尔、班加罗尔这一比例也在7%左右。

北京市R&D从业人员所占比重仅为发达城市的1/2～1/3。相比于波士顿1.22%和硅谷2.68%的比重，北京市只有0.8%。

在科技、教育经费的支出上，北京市已经达到相对较高的水平，已经超过了新加坡的16.62%和特拉维夫的12.43%。而伦敦市科技、教育经费支出占到了地方财政支出的20%以上，因此在放眼全球的大原则下，北京市仍需要在这方面加大投入。

未来的科技创新将会更加依赖于风险投资的规模与质量，与波士顿、硅谷超过40%的风险投资占企业融资的比重相比，北京市风险投资体系仍不完善，给予企业进行科技创新的支撑难免不足。

（二）创新环境指数方面

统计表明，北京市人均 GDP 仍较低，约为 21 188 美元，这一水平远远低于世界先进城市，如伦敦人均 GDP 达到 62 191 美元，新加坡人均 GDP 接近 50 000 美元，而东京、纽约人均 GDP 则分别为 24 181 美元和 105 840 美元，约为北京市的 1.14 倍和 5 倍。

在学术文章发表方面，北京市的差距则更加明显。从绝对数量来看，北京市在 SCI 上发表的文章数为 48 578 篇，而波士顿地区则发表了 46 793 篇，硅谷也有 50 000 余篇论文发表，东京在发表文章数量上也超过北京市 3 000 篇。

北京市在图书馆藏书的绝对规模上已经达到世界先进水平，但是考虑到相对水平，万人拥有藏书数却落后于全球创新型城市，北京市万人拥有藏书数 31 459 册，伦敦万人拥有藏书数 58 632 册，东京万人藏书数则超过了 60 000 册。

城市绿化方面，北京市绿地覆盖率虽不及新加坡 50%的水平，但也相差不多。48.1%的绿地覆盖率已经为科技创新提供了较为良好的生态环境。

（三）创新网络指数方面

高校是科技创新的主体之一，为科技创新提供必要的人才储备和知识输出。与全球著名创新型城市相比，北京市高校水平存在明显不足。根据 2018 年 USnews 世界大学排名，北京市只有 1 所大学进入前 30，而波士顿、硅谷、纽约则分别有 4～5 所大学入选，伦敦和东京则各有 1 所大学进入前 30。

企业是科技创新最为关键的一环，联系着技术知识的产出与高科技产品的实际生产。根据美国《财富》杂志公布的 2019 年世界 500 强企业名单，北京市作为首都，已经是 56 家世界 500 强企业的总部所在地，远远超过纽约的 15 家和首尔的 15 家，与东京世界 500 强规模（38 家）基本相当，已经超过巴黎的 18 家。

（四）创新成果指数方面

近年来，北京市发明专利授权数迅速增长，百万人发明专利授权数已经达到了 5 732 件，进步明显的同时，差距也不容忽视。波士顿、硅谷百万人发明专利授权数分别达到了 20 023 和 21 201 件，而班加罗尔、筑波的百万人发明专利授权数也在 6 000 件以上。

国际专利意味着广泛的应用与更高的认可度，北京市在国际专利的申请与授权数上仍处于劣势。国际专利占总专利数的比重约为 3.1%，接近于纽约与班加罗尔的 2.71%与 2.83%，但低于首尔的 3.43%，与波士顿（6.38%）和硅谷（6.86%）的差距则更大。

（五）创新可持续性指数方面

在经费支出的增长率上，北京市近年来进步明显，三年平均地方 R&D 经费支出额增长率和三年平均科技经费支出额增长率分别达到了 18.43%和 19.42%，已经逐渐超过一些发达城市，如波士顿这两项指标分别为 8.13%和 6.42%、硅谷则为 8.64%和 7.39%。但需要引起注意的是，北京市起步基础较低，而发达国家尽管增长率相对较低，但雄厚的基础弥补了增长速度的下降。

考虑北京市科技创新成果的可持续能力，三年平均专利申请授权量增长率和三年平均技术市场成交合同额增长率分别为 13.08%和 12.68%，两项指标都已经接近世界先进城市水平。就专利申请授权量增长率来看，波士顿为 18.3%、首尔为 14.7%、硅谷为 19.2%。而在技术市场成交合同额增长率方面，波士顿为 22.01%、硅谷为 27.16%、筑波则约为 15%。

（六）创新辐射指数方面

北京市技术市场成交额占全国总成交额的 40.4%，在全国范围内有着明显的优势，处于支配地位。首尔市的技术市场成交额所占比重为 29.33%，而东京则占到了 33.17%。北京市聚集着全国约 40%的技术交易，全国科技创新中心已形成一定的规模。

创新辐射距离直接体现着城市的辐射能力与带动作用，北京市当前的辐射距离已经达到 724.13 公里，与班加罗尔水平相当(763.17 公里)。相比之下，巴黎的辐射距离为 849.36 公里，纽约的辐射距离达到 993.52 公里，波士顿和硅谷的辐射距离均超过 1 000 公里，分别为 1 103.27 公里和 1 397.53 公里。

(七) 北京与全球创新型城市关键科技创新指标对比的结论

北京市在创新资源的投入上已达到全国领先水平，但与全球创新型城市相比，无论是人才还是经费投入都存在差距。

在创新环境方面，北京市有着比较优越的环境，但在一些方面依然有提升的空间，例如经济水平的提高、学术氛围的营造等。

北京市在创新网络主体的创新能力培养方面依然落后于全球著名创新型城市，世界顶尖高校的建设与拥有更强自主创新能力企业的培育成为发展的关键。

北京市注重创新成果的转化，也有了一定程度的发展。但是，创新成果转化能力仍有不足，尤其是应用广、技术含量高、具有权威性的创新成果有所不足。

在创新投入和创新产出上，北京市有着较高的增长率，无论在国内还是国际都处于领先地位，但是若考虑原有规模的大小，北京市底子薄的缺点便会显现。

北京市有着较强的辐射带动作用，已经具有成为全国科技创新中心的基础。但放眼全球，为了向更高水平的城市看齐，北京市仍需要推动技术交流，扩大自身的影响力。

第二节　北京建设全国科技创新中心的国内对比评价

上海和深圳是我国创新型城市建设的典范，在城市创新战略和驱动要素方面有各自的特色和优点（尤建新，卢超，郑海鳌等，2011）。[①] 深圳在我国最早提出要建设创新型城市，而上海则定位为具有全球影响力的创新型城市。2014 年福布斯中国城市创新发展论坛发布“2014 中国大陆创新型城市 25 榜单”[②]，如表 5－9 所示。这个榜单

① 尤建新，卢超，郑海鳌，等. 创新型城市建设模式分析——以上海和深圳为例. 中国软科学，2011（7）：82－92.

② 2014 福布斯中国大陆最具创新力的 25 个城市. 福布斯中文网，http://www.forbeschina.com/review/list/002234.shtml.

主要参考了各大城市专利申请量（人均及总量）、专利授权量（人均及总量）、科技三项支出占地方财政支出比例、发明专利授权量（人均及总量）等指标的综合比例。榜单显示，2018 年北京创新水平居全国首位，深圳创新水平居全国第二，而上海排名第三。我们通过对上海和深圳的创新型城市建设过程进行分析，以对北京的创新型城市建设提供借鉴经验。

表 5－9　2014 年中国大陆创新型城市榜单

排名	城市	省/直辖市/自治区
1	北京	北京
2	深圳	广东
3	上海	上海
4	广州	广东
5	苏州	浙江
6	西安	陕西
7	东莞	广东
8	杭州	浙江
9	成都	四川
10	天津	天津
11	南京	江苏
12	佛山	广东
13	武汉	湖北
14	宁波	浙江
15	合肥	安徽

资料来源：福布斯中国城市创新发展论坛。

一、上海和深圳创新与北京的对比

（一）创新指导意见

近年来创新政策治理的重点在于政策的协调发展（屠启宇，张剑涛等，2015)。[①] 北京、上海和深圳都出台了相关意见和政策措施对创新能力建设和工作重点进行部署。

1. 上海的创新指导意见

2014 年 5 月，习近平总书记在上海视察时提出，上海要建设成为有全球影响力的科技创新中心，这是上海建设全球城市的一项重大战略部署。上海政府对此积极响应，2014 年 6 月，上海市科委即以上海社会科学院为主要研究力量，组成联合课题组，2014 年 8 月正式开始调研，2015 年 5 月 26 日上海市人民政府发布《关于加快建设具有全球影响力的科技创新中心的意见》，提出创建科创中心“两步走”规划：2020 年前形成科创中心基本框架体系，到 2030 年形成科创中心城市的核心功能，为上海市创新发展指明了发展目标，并从如图 5-10 所示的几个方面加快推进上海科技创新中心的建设。

建设市场导向的创新机制体制	建设创新创业人才高地	营造良好的创新创业环境	优化重大科技创新布局
·推进政府管理创新 ·改革财政科技资金管理 ·深化科研院所分类改革 ·健全鼓励企业主体创新投入制度 ·完善科技成果转移转化机制	·进一步引进海外高层次人才 ·充分发挥户籍政策在国内人才引进集聚中的激励导向作用 ·创新人才培养和评价机制 ·拓展科研人员双向流动机制 ·加大创新创业人才激励力度 ·推进“双自”联动建设人才改革试验区	·促进科技中介服务集群化发展 ·推动科技与金融紧密结合 ·支持分类研发创新机构发展 ·建设更多开放便捷的众创空间 ·强化法制保障	·加快建设张江综合性国家科学中心和若干重大创新功能型平台 ·实施一批重大战略项目，布局一批重大基础工程 ·建设各具特色的科技创新集聚区 ·制定若干配套政策文件

图 5-10　上海建设科技创新中心措施

资料来源：笔者根据《关于加快建设具有全球影响力的科技创新中心的意见》整理。

① 屠启宇，张剑涛，等. 全球视野下的科技创新中心城市建设. 上海：上海社会科学院出版社，2015.

2. 深圳的创新指导意见

深圳2006年即提出要实施自主创新战略，建设国家创新型城市，是我国最早提出建设国家创新型城市目标的城市之一，并把创新作为未来发展的主导战略，从打造创新型人才高地、提升企业持续创新能力、发展战略创新产业、建设创新公共基础平台、完善创新资金链条、充分利用海内外创新资源、完善创新机制体制、建设创新文化平台等方面细致完善地提出了建设方向，为深圳创新能力的提高打下了坚实的基础。

2008年深圳成为首个国家创新型城市试点城市，同年深圳发布《深圳国家创新型城市总体规划（2008—2015）》，城市创新发展取得显著成果。

2012年11月深圳提出建设国家自主创新示范区，实现创新驱动发展，努力建设具有世界影响力的国际创新中心，并提出了从如图5-11所示的几个方面推动创新发展。

进一步深化科技体制改革，全面激发创新活力	抢抓产业发展新机遇，打造具有国际竞争力的战略性新兴产业集群	发挥科技支撑作用，服务经济社会全面发展
·完善以企业为主体的技术创新体系 ·创新科研机构建设的体制机制 ·加快科技管理体制改革	·大力发展战略性新兴产业 ·积极优化产业组织形态 ·不断拓展科技创新与新兴产业发展空间	·完善民生科技发展机制 ·加快社会管理领域科技支撑体系建设 ·促进城市低碳绿色发展

图5-11　深圳建设国家自主创新示范区措施

资料来源：深圳市《关于努力建设国家自主创新示范区实现创新驱动发展的决定》。

3. 北京的创新指导意见

2014年2月，习近平总书记在视察北京时明确提出北京要成为全国科技创新中心的战略定位。2014年9月24日发布了《进一步创新体制机制 加快全国科技创新中心建设的意见》，从深化金融创新、完善激励机制、构建高精尖经济结构等方面提出指导意见（如图5-12所示）。

培育新技术应用的市场环境	构建高精尖经济结构	促进现代服务业创新发展	营造有利于创新创业的生态环境
·充分发挥政府采购对新技术、新产品应用的导向作用 ·研究制定促进新技术、新产品应用的消费政策	·实施《北京技术创新行动计划（2014—2017年）》 ·运用市场机制推动构建高精尖经济结构	·积极培育和发展要素市场 ·加快科技服务业发展改革	·完善创新创业服务体系。弘扬中关村创新文化，营造鼓励创新、宽容失败的创新创业环境 ·加强知识产权运用和保护 ·积极融入全球创新体系 ·主动服务创新型国家建设

加快推动科技成果转化	强化企业技术创新主体地位	加强财政科研项目和资金管理	优化科技金融服务环境
·加快科技成果使用权和处置权改革 ·深化科技成果收益分配方式改革 ·深化科研资产管理改革	·健全技术创新市场导向机制 ·强化企业技术创新主体地位 ·完善科技资源共享的市场机制	·改革科技人才评价和激励机制 ·加强财政科研项目和资金管理 ·充分发挥社会组织在科研项目管理中的作用	·深化科技金融综合改革

图 5-12　北京加快全国科技创新中心建设的意见

资料来源：北京市《关于进一步创新体制机制 加快全国科技创新中心建设的意见》。

由此可知，北京在建设创新型城市方面起步晚于上海和深圳，且在习近平总书记提出将北京建设成为全国科技创新中心后一年半才正式就北京建设科技创新中心课题组织专家学者进行研究，这不仅说明北京在建设科技创新中心方面起步较晚，且政府反应不够迅速，未来需采取多种措施促进北京创新能力的发展，才能把北京建设成为全国科技创新中心。

（二）创新模式

上海的科技创新模式倾向于引进技术再开发的二次创新模式（蒋铁柱，杨亚琴，2001）。① 20 世纪 90 年代后，上海把引进外资

① 蒋铁柱，杨亚琴. 构建完善的科技创新政策支持体系——北京、上海、深圳三地科技创新模式比较. 上海社会科学院学术季刊，2001（3）：5-14.

和技术结合起来，对传统产业进行技术改造升级。这种以引进技术为主的自主创新模式使上海成为我国引进消化全球先进技术的基地。上海重视引进外国先进技术，这可以通过国外技术引进合同数量和金额体现出来。2017 年上海国外技术引进合同数为 2 127 项，占全国国外技术引进合同数的 28.8%，而北京国外技术引进合同数为 560 项，占比 7.6%（如图 5－13 所示）；从合同金额来看，上海国外技术合同引进金额为 507 800 万美元，而北京为 274 000 万美元。这一方面体现了上海引进技术再创新的创新模式，另一方面也体现了北京在引进吸收国外先进技术方面与上海相比仍有较大差距。

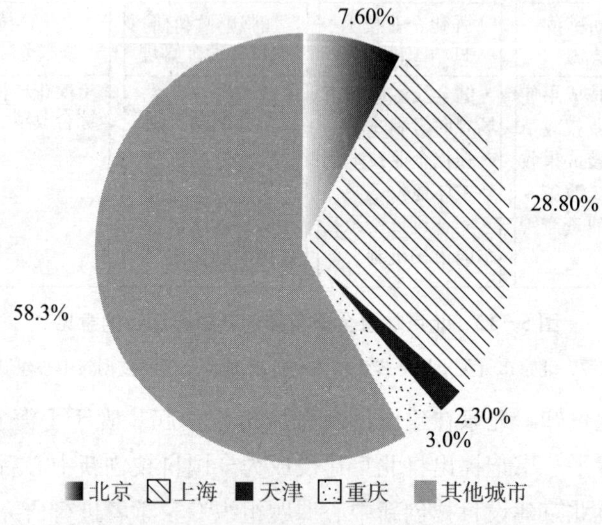

图 5－13　2017 年国外技术引进合同数比例

资料来源：国家统计局. 中国科技统计年鉴（2018）. 北京：中国统计出版社，2018.

在创新模式方面，深圳的创新型城市建设可以分为模仿式创新、追赶式创新和引领式创新三个阶段[①]，目前深圳采取的是高科技智造的自主创新模式（方创琳等，2013）。[②] 以引进技术和自主

① 深圳建设创新型城市的主要经验. http://www.gzxz.gov.cn/Item/44073.aspx，2015－05－25.

② 方创琳，等. 中国创新型城市发展报告. 北京：科学出版社，2013.

开发并重，培养了一批具有自主知识产权的高科技企业，如华为、中兴、康佳等。在引进技术方面，世界500强如IBM、微软、朗讯等为深圳的高科技产业发展做出了重要贡献，走出了一条“体制机制创新—高新技术产业创新—多驱动力创新”的深圳创新模式（方创琳等，2013）。①

（三）上海和深圳的创新发展内容

上海和深圳在建设创新型城市时具有不同的发展定位和建设内容，也具有不同的创新特色，对北京可以提供不同的借鉴经验，如表5－10所示。

表5－10 上海和深圳不同的创新发展内容

城市	目标定位	重点领域	突出特色	目前建设进展	创新突出之处
上海	有全球影响力的科技创新中心	集成电路研发、设计、流片、封装、测试、制造、新一代信息技术、生物医药研发制造及文化创意产业	•金融市场活跃 •具有较高的对外开放程度 •拥有自贸区建设红利 •长江经济带协同发展 •风险投资项目形成“政府参与投资分担风险，市场化运作”的模式，但同时存在风险资本过于依赖政府资金支持的问题 •上海的投融资政策注重共性技术和关键性技术的研发，通过为企业提供配套服务和保障来加大对科技型中小企业的支持	•出台了《关于加快建设具有全球影响力的科技创新中心的意见》，提出了上海推进科创中心建设的奋斗目标、总体要求及具体推进方面 •2014年科技投入活动保持第一，科技活动产出成果也升至第一 •发布《关于促进金融服务创新 支持上海科技创新中心建设的实施意见》，金融多措并举，支持科技创新	•具有完善的政策支持体系 •具有发达的金融市场 •政府高效透明，积极制定创新扶持政策和实施方案

① 方创琳，等. 中国创新型城市发展报告. 北京：科学出版社，2013.

续表

城市	目标定位	重点领域	突出特色	目前建设进展	创新突出之处
深圳	建成现代化、国际化创新型城市	生物、互联网、新能源、新材料、文化创意和新一代信息技术等战略性新兴产业	•企业作为创新主体 •具有独特的区位优势 •具有良好的创新创业文化氛围 •具有完善的科技中介服务：注重发挥市场机制，鼓励企业和民间机构积极参与，形成科技中介服务机构、同业协会等相互协调的科技中介服务体系 •创业板在深交所推出后，深圳的风险投资迅速发展，目前已经形成规范化经营、市场化运作的比较完善的风险投资体系	•出台了“孔雀计划”，吸引海外人才来深工作 •重大创新基础设施建设加快，国家基因库一期工程基本竣工 •新增国家、省、市级重点实验室、工程实验室、工程（技术）研究中心和企业技术中心等各类创新载体141家，累计达到1 107家 •PCT国际专利申请量占全国比重接近五成，连续十一年居全国首位	•加大产学研合作，弥补创新资源短缺短板 •重视人才引进，鼓励创业活动，推动创客空间发展 •鼓励创业活动，推动创客空间发展

资料来源：笔者根据以下文献整理：2014上海科技进步指标跟踪监测简报；尤建新，卢超，郑海鳌，等. 创新型城市建设模式分析——以上海和深圳为例. 中国软科学，2011（7）：82-92.

（四）北京与上海、深圳相比的优势和短板及借鉴意义

北京和上海、深圳相比，具有一定的创新优势（见图5-14），同时也有不足之处，下面将针对北京创新发展与上海和深圳相比的优势和短板进行分析，以发扬优势，弥补不足，推动北京全国科技创新中心建设。

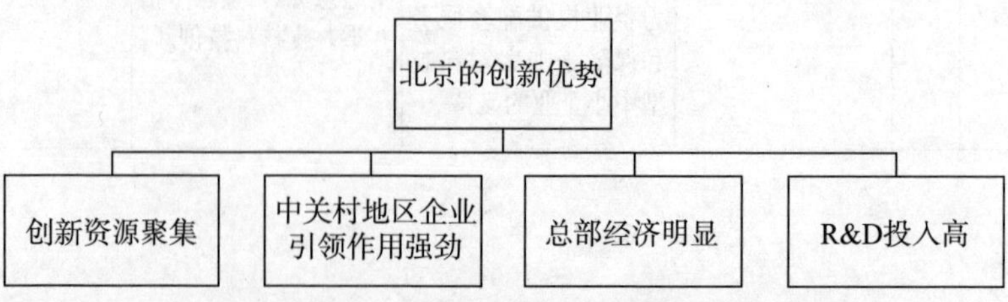

图5-14　北京的创新优势

资料来源：笔者绘制。

1. 北京建设全国科技创新中心的优势

（1）北京拥有丰富的智力资源，创新资源聚集。

北京拥有中央和地方各类科研院所 400 余所，普通高等院校 93 所。拥有国家重点实验室 79 家，占全国的 31.1%；国家工程实验室 61 家，占全国的 36.5%；国家工程技术研究中心 64 家，占全国的 17.7%；国家工程研究中心 43 家，占全国的 34.4%。国家级高新技术企业超过 12 400 家，数量居全国首位。北京的高校和科研资源具有全国其他城市不可比拟的优势，如深圳仅有深圳大学一所本地高校，科研机构和高校的匮乏是深圳的创新瓶颈，深圳通过加强与国内外科研机构和高校的合作，如深圳市政府与清华大学、北京大学等高校合作创办研究院，在人才、科研机构等方面培育自己的创新土壤。北京具有丰富智力资源的先天优势，在未来创新建设过程中应积极利用这一优势，加强产学研合作，将智力资源优势转化为产业化优势。

（2）中关村地区企业引领作用强劲。

中关村作为第一个国家自主创新示范区，拥有国内知名的高科技企业集群，聚集了以联想、百度为代表的高新技术企业近 2 万家，形成了以电子信息、生物医药、新能源与节能、环保、新材料、先进制造为代表的高新产业集群。中关村的企业创新主体作用明显，北京应加强中关村的辐射作用，在全市范围内助推企业的创新主体作用。

（3）北京具有明显的总部经济。

2014 年 6 月，中国总部经济蓝皮书—《中国总部经济发展报告 2013—2014》《全国 35 个主要城市总部经济发展能力评价报告（2013）》对外发布，北京、上海、广州和深圳分别以 88.99 分、86.11 分、77.53 分、76.55 分位列前四。北京聚集了一批国内外大型企业总部，总部资源优势明显高于其他城市。2013 年，北京共有总部企业及在京下属分支机构 3 937 家，拥有资产 82.7 万亿元，占全市法人单位资产总量的 67.7%；吸纳从业人员 309.8 万人，占全市法人单位从业人员的27.9%①，总部经济已经成为推动首都经济发展的重要力量。北京应继续发挥总部经济优势，出台优惠政策吸引跨国公司来北京设立总部。

(4) 具有较高的R&D投入。

R&D经费是衡量经济体创新能力和创新资源的重要指标，也是自主创新能力的重要驱动力（李华香，2012）。② 图5-15为2011—2013年北京、上海、深圳三个城市的R&D经费投入，北京的R&D经费投入高于上海和深圳，说明北京在研发投入和自主创新驱动方面与上海和深圳相比有一定优势。

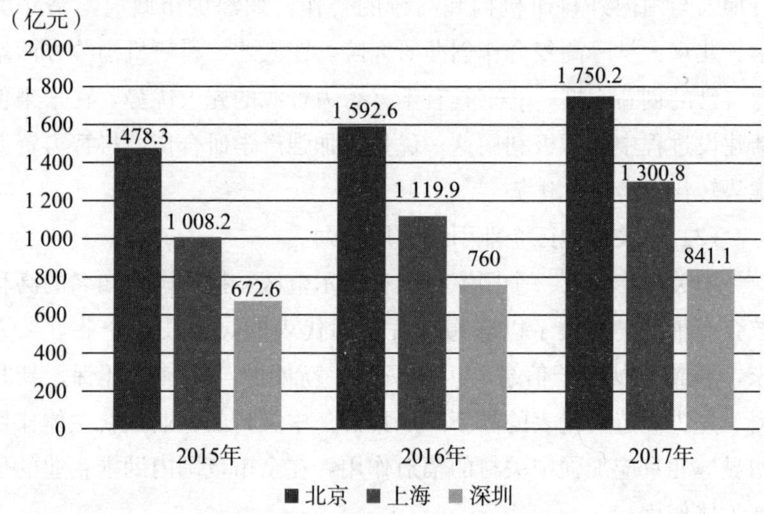

图5-15　北京、上海和深圳R&D经费对比

资料来源：《科学技术部全国科技经费投入统计公报》及《深圳市统计年鉴》(2016—2018)。

2. 北京与上海和深圳相比的短板

北京与上海、深圳相比的不足见图5-16。

---

① http://www.zgzbjj.com/templates/T_Second/index.aspx?nodeid=106&page=ContentPage&contentid=12622.

② 李华香. 世界城市建设的比较与反思——基于北京与上海的创新能力的分析. 山东师范大学学报：人文社会科学版，2012，57 (1)：115-123.

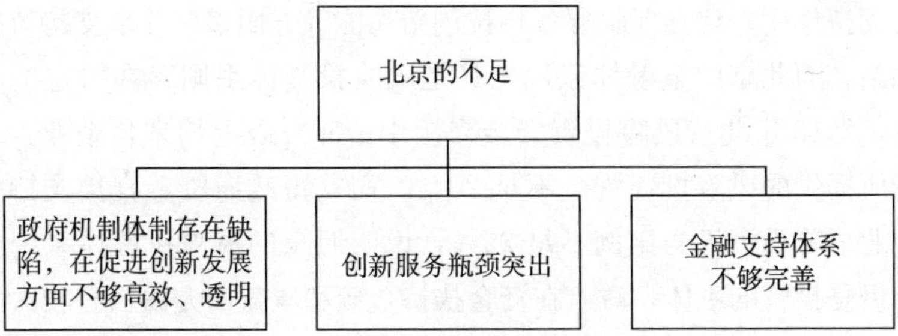

图 5－16　北京与上海、深圳相比的不足

资料来源：笔者绘制。

（1）政府机制体制存在缺陷，在促进创新发展方面不够高效、透明。

2014 年 2 月，习近平总书记在视察北京时明确提出北京要成为全国科技创新中心的战略定位。2014 年 9 月 24 日北京发布了《进一步创新体制机制 加快全国科技创新中心建设的意见》，但公开的只是纲要性意见，并未发布详细完整的意见正文。而 2015 年 6 月市科学技术委员会才正式发布课题并组织专家对北京建设全球科技创新中心进行研究，此时上海建设有全球影响力的科技创新中心研究成果已发布，并积极宣传推广。由此可以看出，北京市政府存在透明度低和效率低等问题。

（2）创新服务瓶颈突出。

深圳的科技中介服务机构注重发挥市场机制的作用，鼓励企业和民间机构积极参与，形成科技中介服务机构、同业协会等相互协调的科技中介服务体系，科技中介服务能力在全国居于首位。而 2015 年 2 月，首都科技发展战略研究院发布的"首都科技创新发展指数 2014"中的数据显示，北京的创新服务在四个一级指标中得分相对较低，提升空间也最大。

（3）金融支持体系不够完善。

上海作为全国金融中心，在金融体系方面比北京更为完善，且上海十分注重出台相关政策以加快金融服务创新。2015 年 8 月，上海发布了《关于促进金融服务创新 支持上海科技创新中心建设的实施意见》，从推动多样化信贷服务创新中发挥多层次资本市场的支持作用、增强保险服务科技创新功能等方面多措并举支持科技创新。而北京的金融体系，尤其是风险投资体系则存在一定的不足，2013 年北京风险投资资金来源中，50%以上均来自企业，政府所提供的风险投资资金不足 20%。而获得政府资金直接支持的创业风险投资机构比例不足 25%，说明北京的风险投资体系中企业仍是投资的主体，政府在资金扶持金额和覆盖面方面仍有较大的不足。而且目前受到《商业银行法》《保险法》等限制，我国数十万亿元规模的银行、保险、社会保险等机构资金难以大规模进入风险投资领域。

3. 上海和深圳对北京的借鉴意义

上海和深圳的发展从以下几个方面对北京提供了经验借鉴意义(见图 5－17)。

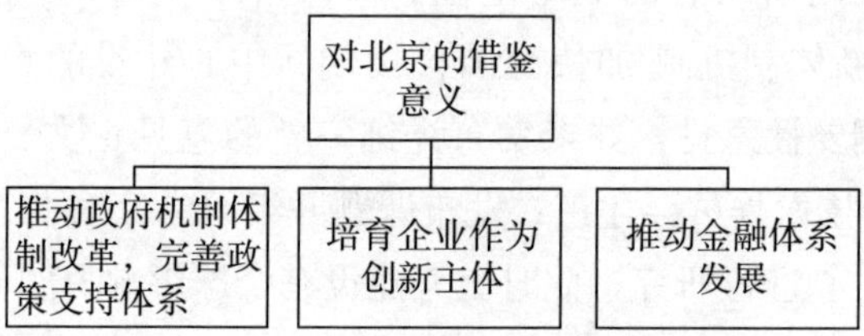

图 5－17　上海和深圳对北京的借鉴意义

资料来源：笔者绘制。

(1) 推动政府机制体制改革，完善政策支持体系。

上海具有完善的政策支持体系。具体来说创新服务的支持政策包括：①税收优惠政策。如企业研发费用税前加计扣除，对高新技术企业减按 15%税率征收企业所得税，企业固定资产加速折旧等。②财政扶持政策。出台了上海市火炬计划和上海市星火计划，对技术经济项目进行资助。③人才支持政策。如浦江人才政策、青年科技启明星计划、优秀学术/技术带头人计划等。2015 年 8 月，上海市印发了《关于服务具有全球影响力的科技创新中心建设 实施更加开放的海外人才引进政策的实施办法（试行）》。这标志着海外人才有关业务受理工作进入实施阶段。④咨询指导。包括科技政策服务、科技决策咨询等。⑤提供培训指导。包括科技人员培训和科技创新管理培训。上海的政策支持体系是支持上海创新发展的重要保障，对北京推动科技创新、完善政策支持等具有良好的借鉴作用。

（2）培育企业作为创新主体。

深圳的创新水平不断发展，与深圳注重企业的创新主体地位，形成六个“90%”格局是分不开的，即90%的创新型企业是本土企业，90%的研发人员在企业，90%的科研投入来源于企业，90%的专利产生于企业，90%的研发机构建在企业及90%以上的重大科技项目发明专利来源于龙头企业。强化企业的创新主体地位，能够全面提升产业的核心竞争力，为创新驱动发展提供有力支撑。目前，在北京创建科技创新中心中起到主体作用的科技型企业面临技术创新乏力的瓶颈，由于革命性的技术创新之后是技术的缓慢推进和演变过程，存在技术创新“天花板”。2013年9月，北京市人民政府发布《关于强化企业技术创新主体地位 全面提升企业创新能力的意见》①，目标是到2020年建设一批高水平的企业研发机构，形成一批创新型企业群，企业创新创业环境不断优化。这需要继续实施企业研发机构建设，引导企业研发投入，优化企业创新环境，推动企业创新联动机制。

（3）推动金融体系发展。

上海作为我国的金融中心，在推动创新发展方面具有得天独厚的优势。上海创建全球科技创新中心，势必形成新一波的创业创新浪潮，由于在企业创业、创新的各个阶段都需要不同形式的金融支持，上海金融资本集聚，成为最关键的驱动因素之一。北京建设科技创新中心，会有很多创新型中小企业涌现，它们的发展需要资金支持作为保障，北京金融体系的发展能够有效为中小企业的发展保驾护航。2017年上海市实现金融业增加值4 763亿元，2017年北京实现金融业增加值4 267亿元，虽在金额增加值方面略高于上海，但因为北京定位为全国科技创新中心，因此在金融扶持方面需要进

① 北京市人民政府办公厅．北京市人民政府关于强化企业技术创新主体地位 全面提升企业创新能力的意见（京政发〔2013〕28号）．http://zhengwu.beijing.gov.cn/gzdt/gggs/t1326758.htm

一步加大力度。

二、北京与全国重要省市创新水平比较

根据建立的指标体系，分别从省域和城市两个层面分析北京与全国重要省市的综合创新能力、创新资源、创新环境、创新网络、创新成果、创新可持续性和创新辐射之间的差异，评价分析北京科技创新水平，找到北京进一步提高创新能力的关键点（见表5-11）。

表5-11　2013年北京与20省份综合创新指数及分指数比较

省份	综合创新指数	创新资源指数	创新环境指数	创新网络指数	创新成果指数	创新可持续性指数	创新辐射指数
北京	70.00	66.77	87.93	97.04	65.71	35.87	66.67
天津	41.25	34.13	42.62	40.34	44.13	62.80	23.48
河北	21.61	16.89	15.58	4.14	18.11	39.18	35.77
山西	27.04	27.58	15.39	8.07	19.60	67.59	24.00
辽宁	21.16	13.40	27.80	12.06	22.72	34.78	16.22
吉林	19.27	16.00	15.66	8.70	22.85	46.01	6.42
黑龙江	20.04	10.86	13.55	8.83	15.07	55.02	16.88
上海	44.77	53.98	72.92	51.01	55.17	16.72	18.84
江苏	37.10	42.30	56.15	13.40	44.07	28.89	37.80
浙江	33.44	48.02	48.80	10.69	41.43	41.75	9.92
安徽	26.63	16.85	9.77	3.13	31.72	62.68	35.64
福建	26.33	25.38	28.58	7.50	17.54	59.00	19.96
江西	19.33	18.60	11.63	3.32	19.03	60.70	2.71
山东	26.73	30.06	29.68	6.97	27.70	45.94	20.04
湖北	28.20	13.03	21.22	7.72	34.91	69.87	22.46
湖南	23.27	20.03	19.13	2.15	30.67	59.23	8.38
广东	39.98	47.58	54.21	7.74	46.60	41.88	41.87
重庆	26.15	17.70	21.83	4.48	35.64	54.29	22.98
四川	22.71	21.11	17.29	1.26	28.65	44.35	23.59
云南	24.00	10.77	11.02	5.64	21.64	70.10	24.82
陕西	31.29	24.49	11.57	8.93	30.16	70.07	42.50

资料来源：笔者根据指标体系计算。

（一）省域层面的创新水平比较

北京在政治地位、经济规模等方面都可以与其他省份做比较，笔者首先将北京与部分省份的综合创新指数和分指数进行比较，以分析北京在省域层面的创新能力水平。

通过表 5 - 11 可知，在综合创新指数方面，北京的综合创新能力最强，随后为上海、天津和广东，说明北京的整体创新水平在全国范围内是最高的。造成这种结果的原因是，除创新可持续性指数外，北京在创新资源、创新环境、创新网络、创新成果和创新辐射这五个方面与其他省份相比得分均为最高，水平都位于全国首位。下面我们将对六个分指标分别进行分析。比较各领域后北京的优缺点如图 5 - 18 所示。

1. 创新资源指数

北京的创新资源指数得分 66.77 分，上海、浙江、广东和江苏分别排在第二到第五位。北京的创新资源指数得分较高，因为北京的地方 R&D 经费支出额占 GDP 比重及风险投资占中小企业融资额比重均位于全国首位，而上海则在 R&D 人员数量占全部从业人员比重及科学家及工程师数量占全部从业人员比重上排名全国第一。这说明北京的科研投入较高，但在科研人员的占比方面则表现不够突出，未来北京应加大对人才的政策扶持，以吸引更多的高科技人才落户北京。

2. 创新环境指数

北京的创新环境指数得分 87.93 分，上海、江苏、广东和浙江分别排在第二到第五位。在创新环境方面，北京在百人拥有互联网用户数、SCI 上发表的学术文章数、百万人拥有国家级科学协会数量及人均受教育年限方面位于全国首位，这说明了北京在智力资源和居民平均素质方面拥有巨大的优势。但北京在城市建成区绿地覆盖率和中小板、创业板上市公司数量上得分相对较低，其中城市建成区绿地覆盖率得分最高的为江苏，而中小板、创业板上市公司数量得分最高的为广东。这两个指标北京的得分较低，首先说明北京在城市绿地建设方面尚有较大进步空间，在营造宜居的生活环境方面需要加大投入；其次，中小板、创业板上市公司数量较少说明北京的创业公司在融资方面存在较大阻碍，且风险投资缺乏有效的退出通道，北京未来建设科技创新中心应完善风险投资渠道，加快风险投资体系建设。

创新资源指数 （第一位）	创新环境指数 （第一位）	创新网络指数 （第一位）
优势： ·地方R&D经费支出额占GDP比重 ·风险投资占中小企业融资额比重 不足： ·R&D人员数量占全部从业人员比重 ·科学家及工程师数量占全部从业人员比重	优势： ·百人拥有互联网用户数 ·SCI上发表的学术文章数 ·百万人拥有国家级科学协会数量 ·人均受教育年限 不足： ·城市建成区绿地覆盖率 ·中小板、创业板上市公司数量	优势： ·百万人拥有国家高等院校数量 ·百万人拥有国家重点实验室数量 ·百万人拥有国家孵化器数量 ·世界500强企业总部数 ·百万人拥有国家创新型企业数量 不足： ·百万人拥有的人才中介服务机构
创新成果指数 （第一位）	**创新可持续性指数 （第十八位）**	**创新辐射指数 （第一位）**
优势： ·百万人发明专利授权数 ·百万人拥有重点项目和社科项目数 ·科研机构输出技术成交额占全市技术成交额比重 不足： ·百万人拥有国家星火计划立项项目数 ·高技术产品出口占总产品出口比重	不足： ·地方R&D经费支出额增长率 ·科技经费支出额增长率 ·专利申请授权量增长率 ·技术市场成交合同额增长率	优势： ·技术市场成交额占全国比重 ·创新辐射距离 ·本科及以上毕业生离城就业数量占毕业生总量的比重

图 5-18　北京在省域级别上的创新能力分析

资料来源：笔者根据指标计算结果整理。

3. 创新网络指数

在创新网络指数方面，北京得分位于全国首位，从分指标来看，创新网络指数共有六个分指标，其中百万人拥有国家高等院校数量、百万人拥有国家重点实验室数量、百万人拥有国家孵化器数量、世界500强企业总部数、百万人拥有国家创新型企业数量5个分指标北京均排名全国第一，而百万人拥有的人才中介服务机构数则落后于上海。这一方面说明北京的科研资源十分丰富，具有全国最多的高等院校、重点实验室、国家孵化器、世界500强企业总部和创新型企业，这些都是北京不可比拟的优势；另一方面也应注意到，虽然北京拥有全国最多的科研机构和创新企业，但缺乏与之对应的人才中介服务机构，中介服务机构是促进创新资源流动、构建创新网络、促进科技成果转化的重要组成部分，未来北京应加大中介服务机构的建设，促进科技成果的转化，构建有效的科技创新网络。

4. 创新成果指数

在创新成果指数方面，北京的百万人发明专利授权数、百万人拥有重点项目和社科项目数及全市技术市场输出额占全市技术成交额比重均位于全国首位，而百万人拥有国家星火计划立项项目数及高技术产品出口占总产品出口比重得分很低，这说明北京的有效专利数和技术输出方面表现出色。星火计划是依靠科学技术促进农村经济发展的计划，虽然北京的重点项目和社科项目数在全国排名首位，但星火计划立项项目数较少，说明北京的项目重点没有放在促进农村经济发展，未来北京在进行项目立项时应注重项目对农村经济发展的带动作用，体现全国科技创新中心应有的对农村经济发展的关注。而北京的高技术产品出口占总产品出口比重得分较低，说明北京的创新成果在国际影响力及出口带动方面还存在不足，未来北京应加大科技创新成果的出口，使北京在成为全国科技创新中心的同时，也成为国际创新网络的重要节点。

5. 创新可持续性指数

在创新可持续性指数方面，北京与其余20个省份相比排名十分靠后，除上海、江苏和辽宁外，其余17省份得分均高于北京。创新可持续性指数由R&D经费支出额增长率、科技经费支出增长率、专利申请授权量增长率及技术市场成交合同额增长率四个分指标构成。这四个指标北京的得分均较低，R&D经费支出额增长率更是最低。北京、上海和江苏在创新可持续性方面得分均较低的原因是，创新可持续性指数是由增长率构成的，而北京、上海和江苏在R&D经费、科技经费支出、专利申请授权量及技术市场成交合同额等方面基数较大，因此相同增量就会导致较小的增长率，因而导致三个城市的创新可持续性能力分数较低。也应该看到，其他省份在R&D经费、科技经费等方面不断加大投入，推动创新能力的建设。北京为了建设全国科技创新中心，在创新可持续性方面不应因具有较好的基础而故步自封，而是应抓住创新持续能力建设的关键点，不断加大R&D经费和科技经费的支出，鼓励专利申请，促进技术市场合同成交。

6. 创新辐射指数

在创新辐射方面，北京得分也位于全国第一，一方面，技术市场成交额占全国比重和创新辐射距离在全国得分最高；另一方面，本科及以上毕业生离城就业数量占毕业生总量的比重得分则全国最低。这说明北京在技术辐射方面表现良好，但在人才辐射方面，北京的本科及以上毕业生毕业后留在北京的比例全国最高，这也能够反映北京对人才的吸引力，虽然北京生活成本高昂、有户籍限制、交通拥堵、雾霾天气经常出现，但北京丰富的创新资源还是吸引人才留在了北京。北京应珍惜创新资源对人才的吸引作用，着力解决生活成本高昂等问题，为人才落户北京营造更良好的生活条件。

（二）城市层面的创新水平比较

北京作为直辖市，也可以从城市层面对北京的创新能力进行分析。笔者将2016年北京与18个副省级以上城市进行比较，分析北京的创新能力水平（见表5-12）。在综合创新指数方面，北京得分仅仅略高于深圳，说明深圳的综合创新能力很强，有赶超北京的趋势，北京要建设全国科技创新中心，综合创新能力明显优于其他城市是一个很重要的体现。

表 5-12　2016 年北京及副省级以上城市综合创新指数及分指数比较

城市	综合创新指数	创新资源指数	创新环境指数	创新网络指数	创新成果指数	创新可持续性指数	创新辐射指数
北京	61.68	66.08	86.13	80.13	25.62	44.85	67.29
沈阳	22.90	14.17	29.27	16.04	26.80	31.35	19.79
大连	22.08	14.15	33.56	19.47	17.76	22.81	24.71
长春	26.31	9.18	15.49	11.28	23.96	76.27	21.65
哈尔滨	33.53	20.59	20.08	12.10	63.51	58.57	26.31
南京	43.03	51.27	53.57	23.23	43.81	66.69	19.61
杭州	42.13	51.17	50.28	23.53	41.47	51.80	34.52
宁波	38.20	39.44	41.57	9.80	51.75	51.62	35.05
厦门	29.94	19.90	38.95	39.68	27.33	39.00	14.80
济南	29.54	35.85	39.42	21.04	30.28	40.49	10.16
青岛	30.95	30.56	38.52	13.68	37.31	61.44	4.21
武汉	35.21	23.44	28.07	27.28	57.68	51.06	23.75
广州	43.62	56.70	54.48	27.17	81.33	27.64	14.41
深圳	45.24	56.12	68.43	45.91	25.00	66.95	9.04
成都	27.32	30.38	23.20	9.45	22.80	67.28	10.79
西安	28.72	35.40	21.23	24.50	21.86	53.68	15.64
上海	40.63	52.41	67.81	38.67	42.56	22.09	20.23
天津	37.17	30.83	40.15	26.01	32.05	69.08	24.90
重庆	25.61	12.78	18.95	1.05	28.99	67.48	24.43

资料来源：笔者根据指标体系计算。

从城市层面的综合创新指数和分指数来看，北京与副省级以上城市的差距比北京与省域的差距小。总体来说，北京在综合创新指数、创新资源指数、创新环境指数、创新网络指数和创新辐射指数方面均排在首位，但部分指数与第二名差距不大；而在创新成果指数和创新可持续性指数方面则排名比较靠后。下面将根据六个分指数对北京在城市级别上的创新能力水平进行分析。各领域比较后北京的优缺点如图 5-19 所示。

创新资源指数 （第一位）	创新环境指数 （第一位）	创新网络指数 （第一位）
优势： · 地方 R&D 经费支出额占 GDP 比重 · 风险投资占中小企业融资额比重 不足： · 科技、教育经费占地方财政支出比重 · R&D 人员数量占全部从业人员比重 · 科学家及工程师数量占全部从业人员比重 · 本科在校生所占比重	优势： · 百人拥有互联网用户数 · SCI 上发表的学术文章数 · 百万人拥有国家级科学协会数量 · 人均受教育年限 不足： · 万人图书馆藏书数	优势： · 百万人拥有国家重点实验室数量 · 世界 500 强企业总部数 不足： · 百万人拥有国家高等院校数量 · 百万人拥有国家孵化器数量

创新成果指数 （第十四位）	创新可持续性指数 （第十三位）	创新辐射指数 （第一位）
不足： · 百万人发明专利授权数 · 百万人拥有重点项目和社科项目数 · 国际专利占总专利数比重 · 科研机构输出技术成交额占全市技术成交额比重 · 百万人拥有国家星火计划立项项目 · 高技术产品出口占总产品出口比重 · 规模以上工业企业新产品销售收入占主营业务收入比重 · 单位 GDP 能耗降低率	不足： · 地方 R&D 经费支出额增长率 · 科技经费支出额增长率 · 专利申请授权量增长率 · 技术市场成交合同额增长率	优势： · 技术市场成交额占全国比重 · 创新辐射距离在全国得分最高 · 本科及以上毕业生离城就业数量占毕业生总量的比重小

图 5－19　北京在城市级别上的创新能力分析

资料来源：笔者绘制。

1. 创新资源指数

北京的创新资源指数得分 66.08 分，广州、深圳、上海、南京分别位于第二到第五位。

在城市层面，北京的地方 R&D 经费支出额占 GDP 比重及风险投资占中小企业融资额比重仍位于全国首位，科技、教育经费占地方财政支出比重，R&D 人员数量占全部从业人员比重，科学家及工程师数量占全部从业人员比重，本科在校生所占比重得分均较低，这几个指标得分较低体现了北京在基础教育投入和科技创新人才培养方面存在不足。深圳和广州的科技、教育经费占地方财政支出比重均高于北京，说明深圳和广州对教育的重视程度不断加大，北京应借鉴深圳和广州的经验，加大科技、教育经费投入，推动教育发展。

2. 创新环境指数

北京的创新环境指数得分为 86.13 分，深圳、上海、广州、南京分别排在第二到第五位。

在创新环境方面，北京在百人拥有互联网用户数、SCI 上发表的学术文章数、百万人拥有国家级科学协会数量及人均受教育年限方面位于全国首位，这说明了北京在智力资源和居民平均素质方面拥有巨大的优势。但北京在万人图书馆藏书数上得分相对较低，其中万人图书馆藏书数得分最高的为深圳，说明深圳虽然缺乏丰富的高校和科研机构资源，但深圳通过丰富图书馆藏书来提高普通民众的知识水平。北京未来应建设更多的基础教育设施，通过建设图书馆、丰富图书馆藏书等措施提高普通民众素质，为培养创新文化，开创大众创业、万众创新局面营造社会氛围。

3. 创新网络指数

北京的创新网络指数方面得分位于全国首位，深圳、厦门、上海、武汉分别位于第二到第五位，北京的创新网络指数得分远高于排名第二的深圳。

从分指标来看，创新网络指数共有六个分指标，其中百万人拥有国家重点实验室数量、世界 500 强企业总部数北京排名全国第一，百万人拥有国家高等院校数量和百万人拥有国家孵化器数量这两个在省域级别得分最高的指标，在城市级别则得分相对较低，说明北京虽然高等院校数量和国家孵化器数量绝对值较大，但因为北京也具有较大的人口基数，所以在城市级别上百万人拥有的高等院校数和国家孵化器数则不再占优势，北京应认识到自身人口基数大这个事实，在控制人口快速增长的同时，也应加强高等院校和国家孵化器建设，进一步提高北京的科技创新实力。

4. 创新成果指数

在创新成果指数方面，北京的得分很低，广州、哈尔滨、武汉等城市的得分均远高于北京。北京的百万人发明专利授权数、百万人拥有重点项目和社科项目数及全市技术市场输出额占全市技术成交额比重、百万人拥有国家星火计划立项项目数及高技术产品出口占总产品出口比重等九个分指标得分很低，这与北京在省域级别上的表现差别很大，说明北京在与省份进行比较时，由于省份具有较大的人口基数，所以百万人拥有的各种科技成果较少，北京则排名比较靠前；但将北京与城市进行对比时，北京因具有比其他城市大得多的人口基数，因此百万人拥有的科技成果排名则比较靠后，这与创新网络指数排名靠后的原因比较相似，因此北京仍应在控制人口的基础上加大创新成果的产生。

5. 创新可持续性指数

在创新可持续性指数方面，北京与上海得分均较低，原因和北京在省域层面创新可持续性指数较低的原因相同。北京、上海在创新可持续性方面得分均较低的原因是，创新可持续性指数是由增长率构成的，而北京、上海和江苏在 R&D 经费、科技经费支出、专利申请授权量及技术市场成交合同额等方面具有较大基数，因此相同增量就会导致较小的增长率，因而导致三个城市的创新可持续性能力分数较低。其他城市在 R&D 经费、科技经费等方面不断加大投入，推动创新能力的建设。北京为了建设全国科技创新中心，在创新可持续性方面不应因具有较好的基础而故步自封，而应抓住创新可持续性能力建设的关键点，不断加大 R&D 经费和科技经费的支出，鼓励专利申请，促进技术市场合同成交。

6. 创新辐射指数

在创新辐射指数方面，北京得分也位于全国第一，并远高于其他城市。这也是由北京的技术市场成交额占全国比重和创新辐射距离在全国得分最高以及本科及以上毕业生离城就业数量占毕业生总量的比重得分全国最低造成的，与省域级别对比相同。这说明北京在技术辐射效应方面表现良好。北京应努力解决生活成本高昂等问题，为人才落户北京营造更良好的生活条件。

第三节　北京建设全国科技创新中心的关键因素分析

通过前两节对全球创新型城市的梳理和与国内城市的比较，可以发现北京在建设全国科技创新中心方面的关键因素。

一、政府管理因素：政府管理不够透明，扶持政策需要完善

创新型城市的建设是一个复杂的系统工程，需要各方面协调合作。从全球创新型城市的经验来看，多数国家的政府在建设创新型城市的过程中都积极制定创新发展战略，对研发、创新等活动进行财政、金融政策支持（王兵兵，2013）。[①] 政府通过建立高效率和职责明确的领导机构，建立由法律制度、产权制度和风险投资制度构成的成熟的组织制度，并通过扶持和发展民间协调组织，打造良好的自主创新环境，为企业营造便于创新和乐于创新的氛围。

北京政府和各级创新组织为科技创新做出了较大努力，也取得了不错的成果，但所形成的成果与北京拥有的资源和北京的经济地位并不匹配，存在以下发展不足：

（1）北京市政府存在透明度低、行动迟缓等不足，且在科技创新方面形成了资源独占、信息封闭和经费争夺的创新组织，独立运行的创新体系，造成要素阻断、要素的配置不合理，科技中间成果不能及时交流，最终造成资源的浪费。

（2）在风险投资制度方面，尚未形成完善的风险投资体系。一方面，在现有的市场条件下，银行放贷较为谨慎，中小型企业信贷

① 王兵兵. 国际创新型城市的横向比较、发展模式与启示借鉴. 决策咨询，2013（5）：12-16.

融资存在贷款准入门槛高的问题，而资本市场的融资成本和进入门槛使社会资本也难以对科技创新企业进行资金支持。另一方面，政府对技术创新方面的资金投入不足，企业技术创新的资金多靠自身积累。但企业自身资金有限，难以承受技术创新的高额资金，导致我国的技术创新活动不能迅速发展。

（3）在扶持政策方面，国家和北京市都出台了一系列税收、金融和人才引进及培养政策，但一些政策存在申请要求高、申请流程烦琐等问题，削弱了政策的扶持作用。在人才激励方面，传统的高校科研体制受国家计划经济背景影响，具有较浓的行政色彩，目前的科研评价方法不能按照不同学科的不同特点采取不同的评价方法，并且以官方评价为主，项目审核和成果评价制度不能有效保证科研工作的实效性，科研项目结束后科研成果与科研人员无关，不能有效激励科研人员研发便于商品化的成果。

（4）北京目前科技创新方面的法律制度和产权保护制度都不够完善，人们申请专利、保护产权的意识虽有提高，2017 年北京专利申请受理数为 21.1 万件，但远未达到人人都重视产权、尊重产权的程度，这与缺乏产权交易市场和侵犯产权惩罚力度小等有一定的关系。

二、区位因素：基础设施不够完备，生活环境不够宜居

高技术企业和人才对于生活环境、基础设施等方面也会有较高的要求，而北京高昂的房价和土地成本、经常发生的雾霾天气、拥堵的交通环境、没有北京户口而带来的福利待遇的落差是影响高新技术企业和人才落户北京的重要因素。

（1）北京高昂的商务成本和劳动成本阻碍了高新技术企业落户北京，而昂贵的房价等问题则成了制约创新型人才在北京发展的重要瓶颈。根据 2014 年福布斯发布的中国大陆经营成本最高的城市排行榜（如表 5－13 所示），北京的劳动成本指数、办公成本指数和税收成本指数均位于全国第一，综合排名位于第一。商务成本过高会影响创新项目的产业化，很多创新项目到了产业化阶段都会到

北京以外的地区去生产。而创新型人才考虑到高昂的房价和北京户口的可得性及由此带来的子女教育等问题，也很有可能在北京发展一段时间后去往生活成本更为低廉的城市，导致人才的流失。

表 5-13　2014 年福布斯发布的中国大陆经营成本最高的 20 个城市

排名	城市	省/直辖市/自治区	劳动成本指数	办公成本指数	能源成本指数	税收成本指数
1	北京	北京	1	1	47	1
2	上海	上海	2	3	120	2
3	天津	天津	15	6	33	26
4	南京	江苏	10	9	48	11
5	杭州	浙江	3	13	1	9
6	乌鲁木齐	新疆	7	17	128	6
7	深圳	广东	5	2	18	7
8	武汉	湖北	43	7	19	17
9	珠海	广东	9	5	22	10
10	廊坊	河北	6	56	73	12
11	合肥	安徽	11	46	44	38
12	宁波	浙江	13	37	1	23
13	青岛	山东	32	24	36	37
14	沈阳	辽宁	47	21	40	15
15	厦门	福建	4	29	99	4
16	大连	辽宁	25	8	40	24
17	太原	山西	17	19	125	20
18	贵阳	贵州	31	28	124	8
19	广州	广东	12	4	22	46
20	长春	吉林	25	27	28	49

资料来源：2014 年福布斯排行榜。

（2）北京拥堵的交通和过长的通勤时间与通勤距离也会阻碍创新企业和人才在北京的发展，进而影响北京的创新能力。2018 年极光大数据报告，北京通勤距离平均为 13.2 公里，通勤时间平均为单程用时 56 分钟，在各大城市中居首，且居住区域和办公区域分割最为明显。交通拥堵和居住区与办公区分割导致的通勤时间和通勤距离过长，也将阻碍企业和人才定居北京。

(3) 北京的雾霾天气是另一项影响城市吸引力的不利因素。北京大学统计科学中心、北京大学光华管理学院 2015 年 3 月发布了一项北京过去五年雾霾污染数据调查报告，报告显示，过去五年中，北京经历了 437 次污染过程（PM2.5 大于 35 微克/立方米），平均每周 1.7 次，每次污染过程的持续时间平均约 70 小时。在 2014 年北京马拉松比赛中，部分参赛选手戴着防霾口罩开跑。北京的雾霾天气既影响了人们的日常生活，又影响了北京的国际形象。而全球高科技企业总部或研究基地多落户于环境整洁、自然条件良好的地区，如纽约、休斯敦等。严重的雾霾天气会影响北京对于高科技企业和人才的吸引力。

(4) 北京在人才落户方面也存在较大限制。北京控制大学毕业生进京户口指标，每年不超过 1 万个，而 2018 年北京高校毕业生达到 23.14 万人，可拿到北京户口落户北京的比例不超过 5%，而没有北京户口会影响人才的购房、子女教育、社会福利等方面，落户困难阻碍了人才在北京的长期发展。

三、产学研因素：缺乏完善的产学研平台

伦敦、大田、东京等城市都通过高校及科研机构与企业的紧密联系来实现“产学研”一体化，提高科研成果转化率，促进高新技术产业的发展和协同创新。北京拥有丰富的高校及科研机构，同时也拥有众多的高新技术企业，这些都是北京发展科技创新的重要资源。但目前存在的问题是：高校研究与企业需求脱节，很多时候高校及科研机构的研究成果无法转化为产品，而企业所需要生产的产品又得不到相应的技术支持。因此，应该建立高校及科研机构与企业的协调机制，按市场需求和市场规律办学，促进教育科研和产业的自然连接（孙玲，2008）。①

北京产学研的现状是：北京的产学研组织松散、功能重叠，产

① 孙玲. 创新型城市的结构条件及运行机制研究. 长春：东北师范大学，2008.

学研缺乏良好的信任基础，科研成果不符合市场需求，缺乏有效的公共信息平台及高校内部科研机制体制存在问题（如表 5－14 所示）。

表 5－14 北京产学研现状及原因

现状	表现	原因
产学研组织松散，功能重叠	高校、科研机构和企业缺乏有效的合作，研究室和实验室封闭独立、各自为政，造成创新资源分割、创新活动封闭、科技成果产业化薄弱	1. 政府方面没有出台有足够吸引力的配套政策，在产学研合作方面的人才吸引、建设产学研基地和产业化项目方面没有给予有效的政策和资金方面的支持和引导 2. 缺乏有良好服务质量的中介机构，使得高校、科研机构和企业之间缺乏畅通的沟通渠道
产学研缺乏良好的信任基础	1. 企业担心科研机构能否取得期望的成果，可能存在在研发资金方面进行卡压的现象 2. 科研机构担心企业资金能否全部到位，会在技术成果交付时不能全部交付	1. 产学研合作多为自愿结合，缺乏约束机制 2. 政府尚未出台相关的政策法规规范技术交易主体和交易行为
高校和科研机构成果不符合市场要求	我国每年产生的约 3 万项科技成果中，形成产品的只有 20%左右，而实现产业化的只有 5%	1. 政府是高校和科研机构的主要投资主体，高校和科研机构为了不断得到政府资助只得对政府负责而不是市场负责，项目结束后科研成果与科研人员无关，缺乏有效的科研成果产业化机制，科研人员也不会从其产业化中得到相应的好处，不能激励科研人员进行有利于商业化的科研成果的研究 2. 企业尚未形成技术创新主体，无法要求技术研发向自己需要的方向发展
缺乏有效的公共信息平台	大学和科研机构有大量的科研成果不能有效产业化，而企业又在不断寻找合适的科研成果	大学、科研机构和企业缺乏有效的沟通，信息交流不畅

续表

现状	表现	原因
高校内部科研机制体制存在问题	我国高校科研存在交流共享不足，缺乏科技创新团队的长期发展机制及缺少有效的激励机制的问题，存在片面将论文数量、项目和经费数量、专利数量等与科研人员评价和晋升直接挂钩的做法	1. 高校科研管理采用静态直线式管理，科研项目的分配以学校为单位，缺乏有效的交流平台，资源与研究成果很难在高校之间共享，造成科研资源的浪费 2. 高校的科研团队往往是在有申报项目的需要时临时组建，在项目结题时团队则自然解散，创新过程中团队交流少且交流内容范围较窄，缺乏长期的配合默契的科技创新团队

资料来源：笔者根据以下文献整理：熊焰. 对技术交易的思考. 中国中小企业，2009 (10)：60-63；杨锐，付欣，李轮. 当前我国高校科技创新发展结构性瓶颈及其突破策略. 电子测试，2013 (10).

四、风险投资因素：风险投资体系不够完善

北京的创新风险投资存在政府投入资金和覆盖面小，机构资金难以进入，科技计划覆盖面窄，风险投资项目少，投资强度低等不足。

（一）政府扶持力度小，机构资金难以进入

2013 年北京风险投资资金来源中，50%以上均来自企业，而政府所提供的风险投资资金不足 20%。获得政府资金直接支持的创业风险投资机构比例不足 25%，说明北京的风险投资体系中企业仍是投资的主体，政府在资金扶持金额和覆盖面方面仍有较大的不足。而且目前受到《商业银行法》《保险法》等限制，我国数十万亿元规模的银行、保险、社会保险等机构资金难以大规模进入风险投资领域。

（二）政府科技计划覆盖面窄

国家对创业风险投资项目进行支持的科技计划有星火计划、支撑计划、863 计划、火炬计划和创业基金等。《中国创业风险投资发展报告 2013》调查显示，中国创业风险投资项目中仅有 10.2% 的项目获得了国家科技计划的支持，较 2012 年占比略微减小（见

图 5－20)。国家的科技计划覆盖面窄，由此可以推断，北京的风险投资机构获得的国家科技计划的扶持也较少。

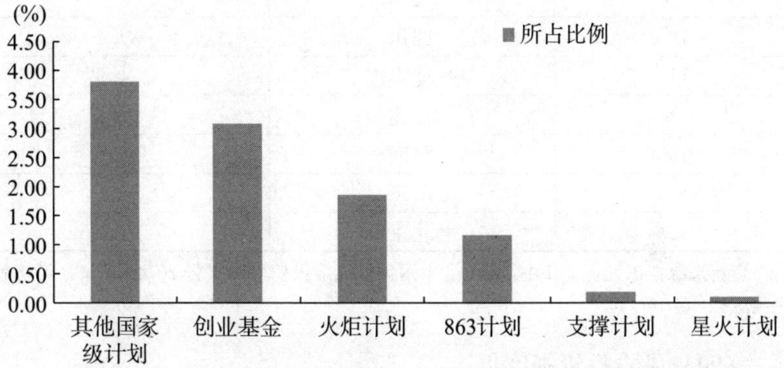

图 5－20 国家科技计划对创业风险投资项目的支持（2013 年）

资料来源：王元，张晓原. 中国创业风险投资发展报告 2013. 北京：经济管理出版社，2013.

（三）风险投资项目少

《中国创业风险投资发展报告 2014》对 2013 年全国 28 个地区的创业风险投资项目进行调查，结果显示，全国全年投资的 1 493 个项目中北京的项目占比仅为 1.2%，远远低于江苏地区的 37%，也低于上海、天津和重庆，在参与调查的 28 个地区中排名 15，表明北京在创业风险投资项目方面吸引力不足，引进项目过少（见表 5－15)。

表 5－15 2013 年我国创业风险投资机构所投资项目的地区分布

排名	地区	份额（%）
1	江苏	37
2	广东	14.5
3	浙江	9.6
4	上海	4.6
5	安徽	4.6
6	重庆	4
7	湖南	2.9
8	湖北	2.7

续表

排名	地区	份额（%）
9	天津	2.5
10	四川	2.1
11	辽宁	1.9
12	福建	1.8
13	河南	1.6
14	山东	1.5
15	北京	1.2

资料来源：王元，王伟中，梁桂. 中国创业风险投资发展报告 2014. 北京：经济管理出版社，2014.

（四）风险投资强度低

在投资强度方面，2013 年北京创业风险投资所投资项目的投资强度也较低，为 1 184.78 万元/项，相比于投资强度最强的海南 1 亿元/项，北京的投资强度属于一个很低的级别，依然排在上海、天津和重庆之后，在 28 个区域中排名 18。由此可知，北京的风险投资项目不仅少，强度也较低，整体风险投资水平在全国都排名比较靠后（见表 5－16）。

表 5－16　2013 年各地区创业风险投资的投资强度

排名	地区	投资强度（万元/项）
1	海南	10 000
2	天津	3 621.15
3	湖南	2 719.31
4	广东	2 548.43
5	陕西	2 379.62
6	辽宁	2 338.64
7	云南	2 260
8	江西	2 165
9	上海	2 076.64
10	四川	1 755.2
11	湖北	1 739.23
12	安徽	1 515.07

续表

排名	地区	投资强度（万元/项）
13	浙江	1 492.21
14	重庆	1 446.76
15	新疆	1 436.02
16	江苏	1 412.41
17	山东	1 360.78
18	北京	1 184.78

资料来源：王元，王伟中，梁桂．中国创业风险投资发展报告2014．北京：经济管理出版社，2014.

五、科技中介服务因素：技术交易市场不完善

技术从发明者的无形知识转化为有用的产品或服务时，需要通过技术交易市场使技术产权化和产权资本化。这是一个完整的链条，需要完善的技术交易市场来保证这个过程的顺利实施（熊焰，2009）。①

我国的科技中介服务机构多是20世纪80年代以后通过政府的统筹规划和大力扶持产生的（高子涵，吕华侨，李娟，2011）。②

技术交易合同成交额增长率是创新持续能力的重要标志，而北京创新持续能力分数较低说明了促进技术交易合同成交的必要性。近年来我国的技术交易市场虽有较大的发展，但仍存在技术交易环境不成熟的缺陷。

第一，技术交易的法制环境不健全。我国的技术交易市场经过三十多年的发展取得了较大的进步，但法制环境的建设却没有跟上发展的步伐，只有《科技进步法》《促进科技成果转化法》等基本法律，缺乏规范交易市场主体、交易行为及促进技术市场发展的专项法律法规文件（熊焰，2009）。③

第二，技术中介服务机构不发达。我国的技术中介机构存在发

①③ 熊焰．对技术交易的思考．中国中小企业，2009（10）：60-63.

② 高子涵，吕华侨，李娟．科技中介服务机构发展的国际比较与借鉴．情报理论与实践，2011，34（9）：39-42.

展不平衡、结构不合理、职能交叉等问题，许多中介机构从事初级单一的中介服务，缺乏提供融资、管理咨询、技术转化等服务的专门机构。

第三，尚未形成技术交易网络。我国技术市场存在基础建设滞后等问题，且地区之间条块分割，缺乏全国范围的技术交易平台。交易过程中存在信息不对称等缺陷，加大了技术交易成本，阻碍了创新发展。

六、科技人才数量与北京的创新地位不符

在利用创新指标体系对北京从省域和城市级别进行分析时，笔者发现，在创新资源方面，北京的科研投入较多，但北京的科技人才，包括R&D人员、科学家及工程师数量等在从业人员中占比较小，虽然北京高校本科生及以上毕业生离京就业占比较小，说明北京对本科毕业生等初级人才具有较强的吸引力，但对于高端科研人员和工程师则吸引力较弱，北京应积极出台人才的扶持政策，吸引高端人才落户北京，同时也应建立完善的培训体系，将留京的毕业生等培养成为高端的高科技人才。

经过以上分析，笔者发现，北京市在政府管理、生活环境和基础设施以及产学研平台建设、风险投资体系、科技中介服务及科技人才吸引等方面与全球创新型城市及国内优秀的创新型城市相比都有一定的距离，未来可以从这六个方面着手改进，促进北京全国科技创新中心的建设。

参考文献

1. Wong P K，Ho Y P，Singh A. Singapore as an Innovative City in East Asia：An Explorative Study of the Perspectives of Innovative Industries. Social Science Electronic Publishing，2005.

2. Wunsch-Vincent S，Lanvin B，Dutta S. The Global Innovation Index 2014—The Human Factor in Innovation. Cornell University Insead & Wipo，-2014.

3. 2014 上海科技进步指标跟踪监测简报.

4. 北京市人民政府关于强化企业技术创新主体地位 全面提升企业创新能力的意见. http://zhengwu.beijing.gov.cn/gzdt/gggs/t1326758.htm.

5. 北京资产总量首次超百万亿元 总部经济占比近 7 成. http://www.zgzbjj.com/templates/T_Second/index.aspx?nodeid=106&page=ContentPage&contentid=12622.

6. 方创琳，等. 中国创新型城市发展报告. 北京：科学出版社，2013.

7. 高子涵，吕华侨，李娟. 科技中介服务机构发展的国际比较与借鉴. 情报理论与实践，2011，34（9）：39－42.

8. 国家统计局. 中国科技统计年鉴 2014. 北京：中国统计出版社，2014.

9. 郝寿义，吴敬华，曹达宝. 滨海新区开发开放与产业发展. 天津：南开大学出版社，2012.

10. 蒋铁柱，杨亚琴. 构建完善的科技创新政策支持体系——北京、上海、深圳三地科技创新模式比较. 上海社会科学院学术季刊，2001（3）：5－14.

11. 李星. 基于三螺旋模型的创新型城市运行机制研究. 北京：北京交通大学，2008.

12. 李华香. 世界城市建设的比较与反思——基于北京与上海的创新能力的分析. 山东师范大学学报：人文社会科学版，2012，57（1）：115－123.

13. 马海涛，方创琳，王少剑. 全球创新型城市的基本特征及其对中国的启示. 城市规划学刊，2013（1）：69－77.

14. 马海涛. 全球创新型城市建设的模式提炼. 科学，2013，65（4）：44－47.

15. 王兵兵. 国际创新型城市的横向比较、发展模式与启示借鉴. 决策咨询，2013（5）：12－16.

16. 王亚坤. 风险投资项目评价指标体系研究——以北京市为

例. 北京：北京化工大学，2009.

17. 纽约科技创新的特点及主要经验做法. http://www.bjkw.gov.cn/n8785584/n8904761/n8904900/n10118514/n10130214/10133496.html.

18. 全国50城市上班距离及用时排行榜出炉：北京19.2公里居首. 人民网，2015-01-28.

19. 深圳建设创新型城市的主要经验. http://www.gzxz.gov.cn/Item/44073.aspx.

20. 孙玲. 创新型城市的结构条件及运行机制研究. 长春：东北师范大学，2008.

21. 屠启宇，张剑涛，等. 全球视野下的科技创新中心城市建设. 上海：上海社会科学院出版社，2015

22. 王亚坤. 风险投资项目评价指标体系研究——以北京市为例. 北京：北京化工大学，2009.

23. 王元. 中国创业风险投资发展报告. 北京：经济管理出版社，2014.

24. 熊焰. 对技术交易的思考. 中国中小企业，2009 (10)：60-63.

25. 徐井宏，张红敏. 转型. 北京：清华大学出版社，2011.

26. 杨冬梅. 创新型城市的理论与实证研究. 天津：天津大学，2006.

27. 杨冬梅，赵黎明，闫凌州. 创新型城市：概念模型与发展模式. 科学学与科学技术管理，2006，27 (8)：97-101.

28. 闫凌州，杨冬梅. 国外创新型城市的建设实践综述. 提高全民科学素质、建设创新型国家——2006中国科协年会论文集，2006.

29. 杨锐，付欣，李轮. 当前我国高校科技创新发展结构性瓶颈及其突破策略. 电子测试，2013 (10).

30. 尤建新，卢超，郑海鳌，等. 创新型城市建设模式分析——以上海和深圳为例. 中国软科学，2011 (7)：82-92.

第六章　全球著名创新型城市的发展历程与经验启示

本章以全球著名创新型城市为典型案例，对其发展历程、创新发展内容进行分析，以求他山之石，可以攻玉，为北京打造全国科技创新中心提供借鉴和启示。

第一节　伦敦——由工业之城到创意之都

一、创新背景

伦敦是世界重要经济中心之一，2014 年地区生产总值已达到 6 955 亿美元（世界第五、全欧洲第一），约占全英国 GDP 的 24.9%。①

伦敦与纽约合称全球最大的国际金融中心，金融业的重要地位可见一斑。

2010 年，伦敦已有超过 100 万金融行业从业人员，接近英国总就业人口的 4%，其中有三分之一的劳动力位于伦敦市内。② 同时伦敦的银行数也位居世界之首，在 2007 年便已超过 470 家。21 世纪初，伦敦文化创意产业飞速发展，成为伦敦第二大支柱产业。其 2012 年文化创意产业产值达 300 亿英镑，已超过金融业成为伦敦最大的产业部门。③

伦敦拥有丰厚的历史文化底蕴，早在 18 世纪就建成了世界最大的博物馆——大英博物馆，收藏着来自世界各国的历史文物。除了博物馆之外，伦敦有着众多历史悠久的大学，如伦敦大学、皇家舞蹈学院、皇家音乐学院、帝国理工学院等等。此外，伦敦又是世界传媒中心，有《泰晤士报》《金融时报》《卫报》等诸多知名报刊。同时，BBC 与路透社也设于此地。

当前，伦敦人口已突破 860 万，创 1939 年以来最高纪录。伦敦市长鲍里斯·约翰逊预期伦敦人口将于 2050 年达到 1 100 万。④ 其流行语言有 300 多种，而外来移民约占 40%，各种信仰与文化并存。可以说，文化的多元化造就了伦敦的文化创意产业。⑤

二、创新中心发展历程与发展内容

(一) 19 世纪：工业革命下的“世界工厂”

在第一次工业革命的推动下，伦敦一举成为“世界工厂”，随着

① 全球各大城市 GDP 排行榜. http://www.360doc.com/content/14/0512/20/10853593_377038493.shtml.

② The City UK，Key Facts about UK Financial and Professional Services. https://www.thecityuk.com/assets/2017/Reports-PDF/54c0ebf2b5/UK-Key-Facts-2017-updated.pdf. April 2017.

③ 转变经济发展方式：国外发展文化创意产业成功之道. 新华网，2010-07-14.

④ 数据称伦敦人口突破 860 万：创 7 余年来最高纪录. 中国新闻网，2015-02-03.

⑤ 外国移民占伦敦人口百分之四十. 中研网，2014-05-20.

第二次工业革命的进行，伦敦的工业部门再次得以快速发展，如钢铁、飞机、汽车等产业，工业的迅速崛起为伦敦的繁荣奠定了基础。

（二）二战后至 20 世纪末：制造业的衰落与服务业的兴起

两次世界大战严重破坏了伦敦制造业的发展。而与制造业形成鲜明对比的是，伦敦的服务业迅速发展，服务业就业人口所占比重在 20 世纪 80 年代末便已达到 82%。其中，金融保险业发展最为突出。随着金融向自由化和国际化的方向发展，金融保险也成为伦敦最大的经济部门和就业部门，同时也使得伦敦成为世界最大的金融中心。当前，伦敦拥有 500 多家银行的总部或分支。同时，法律、会计、咨询、教育、科研等专业服务业异军突起，这也是金融服务业带动的结果。

（三）21 世纪至今：建设文化创意产业之都

伦敦文化创意产业的迅速发展主要源于政府的大力支持，并适当地采取了相关的政策。在面临发展经济的重大历史使命下，英国政府在 1997 年明确提出将文化创意产业作为振兴经济的焦点，并成立了“文化创意产业特别小组”。

在大的战略背景下，伦敦市决定将文化创意产业作为城市发展的核心产业。在 2003 年，伦敦成立了专门评估创意产业的委员会，调动艺术界、教育机构及相关部门的积极性，共同探讨文化创意产业发展的阻碍。次年，伦敦建立了“创意伦敦”工作协调小组，一方面负责激发创意产业的积极性，另一方面解决该产业在融资、人才、场所等方面的困难。

自 1997 年以来，英国的文化创意产业飞速发展，与金融业组成了英国知识经济的两大支柱。10 年间，英国整体经济增长了 70%，而创意产业的增长则高达 93%。英国的创意产业以每年 6% 的速度增长。至 2004 年，艺术产业的外贸总额达到 130 亿英镑，占外贸总额的 4.3%。音乐产业则达到了 60 亿英镑产值，就业人员达 13 万人。① 1997—2006 年，创意产业从业人数每年平均增加

① 陈颖. 创意经济的驱动力变革. 经济论坛，2009 (9)：58.

2%，2006 年从业人员有约 200 万人，比 2005 年增长了 4%，成为英国就业最多的行业。①

目前，作为英国的创意之都，伦敦的艺术基础设施占到全英国的 40%，位于伦敦的设计机构所占比重超过三分之一，产值达到英国设计产业产值的一半以上。就音乐产业来讲，伦敦的产值已占整个英国的一半，达到 15 亿英镑。此外，有一半以上的广播和电视产业从业人员在伦敦工作，早已超过了 25 000 人。② 伦敦还拥有英国 85%的时尚设计师，创造了超过 80 亿英镑的增加值。最后必须要提到的是，英国排名前 11 位的报纸中，伦敦占有 10 个席位，其出版产业产值高达 34 亿英镑，占英国的 36%。③

三、对北京市建设全国科技创新中心的启示

（一）明确的战略规划

从伦敦文化创意产业的发展历程来看，政府起着关键的引导作用。为了实现文化创意产业和城市的持续发展，伦敦政府成立了专门的机构来对文化创意产业进行分析和规划。因此，根据伦敦的经验，政府在建设创新中心的过程中，要给予明确的战略规划和相关的支持政策。

（二）互动、全面与持续的政策支持

政策支持的互动性指伦敦政府的支持政策充分考虑到创新主体的作用；全面性指伦敦制定的政策涉及与创新相关的各个方面；持续性指伦敦政府根据发展阶段的不同，持续制定相应的发展政策。

对于北京市来讲，在制定政策时，同样要注意这几点：首先，政策要尽可能包含与创新有关的不同方面，例如融资、基础设施等等；其次，政府的政策应适时修正，以适应新的需求；最后，政策要具有持续性，为建成科技创新中心制定一系列相衔接的政策。

---

① 徐静，胡晓梅，何静. 创意阶层理论的英国实践及对中国的启示. 知识经济，2008（12）：5.

② 王琪. 世界城市创意产业发展状况的国际比较. 上海经济研究，2007（9）：9.

③ 丛海彬，高长春. 创意中心城市竞争力的国际比较及其启示. 城市发展研究，2010（8）：32－33.

（三）多元与宽容的社会文化环境

全球经济一体化大大推动了各国、各地区之间的交流与合作，使不同地域、不同文化的人们之间的交流日益频繁，正是这一点造就了伦敦多元的文化氛围。伦敦包容外来文化的态度，为文化创意产业的发展保留了更多的资源；反过来，多元文化的碰撞也促进了创新灵感的迸发。

第二节　首尔——向“绿色、创意城市”转型

一、创新背景

首尔是韩国的政治、经济中心，目前在高科技产业和服务业方面占据韩国产业的制高点，为韩国主导产业的集中地。2005 年年底，首尔的地区生产总值达 1 984 亿美元，占韩国当年 GDP 总量的 22.82%；首尔都市圈产值为 4 120.5 亿美元，占韩国 GDP 总量的 47.39%。① 首尔在电信、金融、批发和零售以及房地产行业的相对比重均高于韩国其他地区的平均水平，聚集着韩国 50%以上的金融机构、43%以上的高新技术企业，全球知名的三星、LG、现代等公司的总部也都集中在首尔。2007 年，首尔 GDP 达 2 600 亿美元，其中，服务业占该市经济的比重达 85.7%，2010 年的经济增长率达 5%，经常项目收支出现了 150 亿美元左右的顺差。②

首尔还是韩国的文化、艺术和教育中心，聚集着首尔国立大学、高丽大学等 34 所大专院校，占全国大专院校总数的 50%，其中成均馆大学是韩国最古老的教育机关，建于 1398 年。市内设有中央博物馆、民俗博物馆和邮政博物馆等 12 个博物馆，有 11 家报社，发行 3 000 多种报刊，占全国报刊发行种类的 92%。③ 近年来，首尔文化产业兴起，韩国影视、流行音乐、娱乐观光、时装等

① http://www.gdpip.org.cn/Article/Print.asp?ArticleID=1001.

② 进军设计：政策支持新动力. 浙江日报，2009-10-21.

③ http://www.ctsho.com/home/jingdian/20039814700.html.

强劲“韩流”在世界各地产生了巨大影响，首尔成为“亚洲魅力之都”。

二、创新中心发展历程与发展内容

（一）20世纪60—70年代：由劳动密集型转向重化工业

20世纪60年代之前，由于资源相对匮乏，韩国农业在产业结构中的比重较大且较为落后，加之战争的破坏，其他产业也增长缓慢，生活必需品短缺，这迫使韩国经济大量依赖国外援助。这一时期韩国政府制定产业政策的重点是建立中间产品和非耐用消费品的进口替代产业，以推动战后经济复苏。1953—1957年，韩国工业年均增长率为14.6%，在国民经济中的比重从12.7%扩大到18.3%，1960年上升到20.5%，相应地，第一产业和第三产业的比重持续下降。

1973年，韩国开始举全国之力进行产业转型，即从劳动密集型转向重化工业，其中主要包括汽车、机械、造船和电子等产业。此前，韩国没有本国的汽车产业，主要进口日本丰田公司的汽车零部件进行组装、销售。1973年，朴正熙总统要求汽车必须全部由本国公司生产，现代集团承担了这项任务；1974年之后，韩国开始研发、制造本国的汽车；1973年三星电子在首尔成立，政府要求三星电子扩大生产规模，并向国外销售产品。同时，韩国政府确定了钢铁、机械、电子、纤维四大重点发展行业，并颁布实施了相应的法令予以保障，如《钢铁工业培育法》等，使这些产业获得了迅猛发展，如钢铁到1980年时已成为韩国主要的出口产品，其出口占韩国全国出口的9.4%。20世纪70年代，韩国重化工业的增长速度已经超过了轻工业，1965—1980年，整个韩国制造业中，重化工业的比重从34.2%扩大到53.2%。

（二）20世纪80—90年代：由劳动密集型转向技术密集型产业

1978年世界第二次石油危机的爆发使韩国经济遭到重创，外债激增。韩国政府意识到了前一阶段行政手段过多代替市场机制的弊端，认为产业结构转型和产业的均衡发展最终需要依靠市场力量的调节。在此观念的作用下，20 世纪 80 年代韩国政府开始推行全新的产业政策，再次发力推动韩国产业转型。

20 世纪八九十年代，韩国政府主要推行以下三方面的产业政策：一是调整产业结构，大力发展汽车、造船产业，制定了韩国自主研发的汽车每年生产一百万台的目标；二是大力推动企业之间加强竞争，1981 年韩国政府颁布《公正交易法》，1983 年全面开放进口外国产品，引入竞争，激发国内企业的竞争意识；三是根据韩国当前的条件和产业结构发展的规律，政府决定将高新技术产业作为产业政策的重点，大量培养科技人才，对高新技术产业的发展给予优惠政策和大量人力与财力支持，设立“风险投资基金”，鼓励企业进行自主科技研发，如总部设在首尔的三星公司开始生产半导体，以迎接 IT 时代的到来。

进入 20 世纪 90 年代，服务业和高技术产业异军突起，迅速成为推动首尔产业升级和转型的两大动力源。服务业从 20 世纪 80 年代占产业结构的 40%上升到 90 年代的 50%；同时，高科技产业逐渐取代重化工业，成为主导产业。首尔迅速发展成为韩国主导产业的集中地，其高科技产业和服务业远远超过了仍以轻工业和传统消费品为主的釜山，成为驱动韩国经济发展的发动机。

（三）2008 年金融危机爆发后：实行“设计首尔”“绿色首尔”战略

随着首尔城市经济的知识化、产业结构的软化，服务业逐渐成为首尔作为国际性大都市的主体经济形态。面对 2008 年金融危机所暴露出来的产业结构问题，首尔将节能作为建设绿色环保城市，实现可持续发展的重要手段。近年来，首尔根据自身特点，推出了一系列节能环保政策与措施，使绿色增长在全体市民中达成共识，从而逐步走上经济的绿色增长之路。

2009 年年底，韩国国会通过了《绿色增长基本法》，同年韩国政府在广泛听取业界意见的基础上制定了实施细则和相关计划，这意味着“绿色增长”正式启动，发展绿色产业，构建新的增长动力，成为首尔及韩国政府未来一段时间内经济发展的重点。①

三、对北京市建设全国科技创新中心的启示

（一）回归绿色生态，走可持续发展道路

在面对 2008 年金融危机之时，首尔在推进产业进一步转型时着重强调两点：一是创意，即“设计首尔”；二是可持续性，即“绿色首尔”。首尔通过全面的生态网络建设，确立了绿色经济的方向，实现了城市的产业转型与经济的可持续发展。

（二）鼓励市民广泛参与，提升整体软实力

首尔十分重视城市软实力在全球竞争中的作用，在“身土不二”国家精神理念的指导下，激发着人人参与创新。而“设计”的功能已经超越经济重建的产业概念，成为提升城市整体文化价值的社会概念，并且通过促进市民设计理念的不断发展而成为提升城市软实力的动力。

（三）让明确的目标发挥引领作用

例如“设计首尔”“绿色首尔”等政策的实施，都在首尔建设创新型城市的发展历程中起着主导性作用。在尊重市场规律的前提下，充分发挥政策的引导和激励作用，推动高科技产业的发展，这一点值得学习。

（四）政府政策协调、连贯

首先，首尔在工业发展的不同阶段及时地调整政策方向，来达到产业结构均衡、产业关系协调的效果。其次，首尔由农业到重化工业，再到技术密集型产业和现代服务业，最后到绿色增长战略，这一过程体现出产业转型与科技创新的连贯性与协调性。

（五）惜才重教，将科研作为创新的助推力

首尔通过发展高技术产业促进了科技的创新与产业的转型升级。而在这一过程中，最关键的一点在于首尔格外重视人才的储备与培养。首尔出台的引入“国家特别研究员”、设立“总统科学奖

---

① 韩国的低碳绿色新政解析. 低碳工业网，http://www.tangongye.com/news/NewShow.aspx?id=225011.

学金”的举措都为创新的发展提供了优越的工作条件和大量的人才积淀。

第三节　波士顿——科教兴市的典范

一、创新背景

波士顿是美国最古老又最有文化价值的城市。美国的第一所公立学校——波士顿拉丁学校和第一所大学——哈佛大学都建立于此。至今，哈佛大学已培养出 8 位总统以及 40 位诺贝尔奖获得者。受到创建波士顿拉丁大学的清教徒的影响，这里依旧保持着努力工作、道德政治、重视教育的良好文化风气。在波士顿全部人口中，白人占 54%，黑人占 25%，亚裔美国人约占 7%。由于 19 世纪 20 年代，大批爱尔兰人和意大利人移居波士顿，现如今爱尔兰裔成为这里最大的族裔，占到了 15.8%。因此，爱尔兰人在波士顿的发展中扮演着重要的角色，例如肯尼迪家族。①

2009 年，波士顿的人均收入便已高达 32 255 美元，成为美国重要的高科技创新中心。高科技企业雇员达到 20 多万，也是全球著名的高科技创新型城市。此外，波士顿同样是美国最大的医疗研究中心和第二大生物领域科技中心。② 这一切成就主要得益于波士顿所具有的高水平的大学和科研机构。

在波士顿的发展历程中，金融与保险有着极其重要的地位。波士顿是美国顶级的金融城市，美洲银行和王者银行的地区总部就建在波士顿。以波士顿为基地的富达投资推动了全球共同基金的普及与发展。吉列公司、新百伦等诸多世界顶级企业都设立于此。

此外，波士顿的教育水平在美国名列前茅，甚至在全世界都可

① Banner, David. The History of Boston. Massachusetts. http://www.searchboston.com/articles/history.html.

② 魏也华. 国际城市区域中二级城市的功能——以波士顿为例. 世界地理研究，2005 (5)：32 - 38.

谓首屈一指。波士顿拥有上百所大学，既有哈佛大学、麻省理工学院、波士顿大学、波士顿学院这样的综合性大学，也有波士顿音乐学校这样的专业院校，每年在校接受教育的大学生超过 25 万。[①] 2002 年，波士顿公立学校系统被《福布斯》评选为美国最好的大城市学校系统，毕业率超过 82%。此外，波士顿还有着发达的私立学校、教会学校和特许学校。高水平的教育造就了波士顿是一个很有教养的城市，拥有许多著名的剧院和优秀的表演团体，如卡特拉剧院、波士顿歌剧院、波士顿芭蕾舞团、波士顿交响乐团等等。

二、创新中心发展历程与发展内容

（一）20 世纪 30—70 年代：计算机工业带动的“马萨诸塞奇迹”

产业空心化是经济高级化所必须经历的一个阶段，波士顿也曾通过减税等手段以求恢复往日制造业的繁荣，但均未成功。20 世纪 30 年代，麻省理工学院院长康普顿提出，波士顿的优势在于教育与研究，只有发展技术产业，才能解决当前经济下行的问题。首先，麻省理工学院鼓励教师与本地私人公司挂钩，密切合作。其次，为了促进大学的技术转移，建立了与之相适应的制度。早在二战之前，一些技术公司的成立便起源于麻省理工学院的研究实验室。尽管当时还没有明确的高新技术产业的定义，但这些新技术公司无疑应属于该范围。

波士顿最早实行了高校与金融的合作，将金融引入创新成果的转化之中。于 1946 年成立的美国研究与发展公司是世界最早的风险投资公司，这种扶持模式大大加快了高校的成果转化过程。在风险投资的支持下，大批创新型的小微企业发展壮大，逐渐形成了 128 公路高新技术创新园区。[②]

128 公路高新技术创新园区的快速发展还源于美苏之间的冷战

① The Boston Public Schools at a Glance. http://www.bostonpublicschools.org/.

② 杭州高新技术产业发展专题研究班. 波士顿高新技术产业的发展经验以及对杭州的启示. 中共杭州市委党校学报，2009（4）：30－35.

以及随之而生的军备竞争。用于军事技术开发的资金大多落到了麻省理工学院以及 128 公路部分公司的手中。1950—1960 年十年中，该地区便从国防部得到了 60 亿美元的订单，而且订单的额度还在逐年递增。在政府需求的拉动下，128 公路地区的创新极为活跃，创造出包括晶体管、半导体芯片、计算机在内的多项发明。此外，新的公司也在不断涌现，仅麻省理工学院的 4 个研究机构和 3 个工程系就衍生出了 175 家企业。1955—1971 年，该地区的企业数由不足 40 家迅速地增加到超过 1 200 家。

20 世纪 70 年代，随着冷战的氛围趋于缓和，美国在国防军备上的支出开始减少，128 公路地区也受到了严重的影响。1970—1972 年，约有 3 万工人失业，高新技术产业的失业率高达 20%。直到 70 年代后期，计算机工业的兴起才帮助该地区走出萧条。128 公路地区再次聚集了众多高新技术企业和咨询公司，如美国无线电公司、博纳罗伊德公司、王安公司等等。

（二）20 世纪 80—90 年代：奇迹的破灭与 128 公路的陨落

由于管理体制的不完善，波士顿繁荣的背后也存在着令人担忧的隐患。曾在 80 年代引领计算机产业的波士顿，由于没有很好地将目标转向个人电脑领域，发展逐渐放缓，并最终落后于硅谷地区。进入 90 年代，硅谷新增工作岗位 15 万，是 128 公路地区的 3 倍，硅谷电子产品 110 亿美元的出口额也远远超过 128 号公路的 26 亿美元。新企业的创立难以弥补昔日企业巨头的衰退，128 地区开始呈现出下滑的趋势。

（三）21 世纪以来：生物技术引领的“新马萨诸塞奇迹”

生物医药技术产业被誉为 21 世纪的“朝阳产业”，有着成长迅速、技术密集、全球化发展的特点。20 世纪 90 年代以来，生物药品销售额保持 30% 的增速，而整个医药行业的增长速度还不足 10%。①

从 20 世纪 70 年代开始，直至 90 年代后期，波士顿生物技术

① 李天柱．美国生物制药的发展路径研究及其启示．中国软科学，2010（5）：136-143.

产业得到了飞速发展。投入生物技术产业的风险投资和 R&D 经费的增长率都超过了 20%，该领域创造的就业增长率也高达 10%。同一时期，马萨诸塞州工业的就业增长率仅有 1%。

三、对北京市建设全国科技创新中心的启示

（一）高科技产业需要以丰富的科教资源为基础

波士顿依托丰富而高质量的科教资源，主导了美国生物科技的革命，使美国生物产业规模达到了整个欧洲的 3 倍，成为该领域的霸主。事实证明，丰富的科教资源是科技创新的基础，而北京市同样是科教资源丰富的城市，因此推动科教资源优势的转化，寻找科教优势与创新的对接口，成为推进科技创新发展的重要环节。

（二）科技创新需要牢固的基础研究和宽松的人才成长环境

波士顿在生物技术领域中，从基础研究入手，为整个马萨诸塞州打下了坚实的基础。在基础科研发展的过程中，加强人才培育，创造有特色的创新文化，形成助于创新思维不断涌现的环境，将有助于在科研创新上有所突破。

（三）风险投资起到了催化作用

波士顿成功的经验告诉我们，科技创新的基础是科学，核心是人才，决胜靠金融。我国著名经济学家辜胜阻也曾表示，战略性新兴产业的发展一靠科技创新，二靠科技金融。[①] 因此北京市也需要重视风险投资、私募股权投资等金融科技手段的发展与完善，加大对科技创新的全方位支持。

（四）产业集群是创新型产业形成的重要形式

128 公路地区的兴起与衰落，与产业聚集水平和创新要素的交流水平有着重要的关系。在建设科技创新中心的过程中，应该加强创新要素的利用率与流通性，避免出现信息、技术阻塞的情况。

---

① 辜胜阻. 战略性新兴产业是经济转型的重要推力. 人民网，http://energy.people.com.cn/GB/14061076.html.

第四节　硅谷——硅谷变“绿谷”

一、创新背景

硅谷的人口并不多，2010年大约有300万，仅占美国总人口的1%。但是，硅谷创造出来的GDP将近占到美国GDP的3%。地区人均GDP达到13万美元，约为全美人均GDP的2.8倍，人均收入更是美国平均水平的两倍。在其125万从业人员中，科研开发人员占到25%，远远超过美国全国水平的12%。[①] 而硅谷所获得的专利数也在美国名列前茅，占到了美国的12%。

硅谷是全美文化教育以及素质最高的地区之一。居民普遍具有较高的文化水平，在25岁以上成年人中，有25%拥有学士学位、19%有着硕士或更高的学位。近千名美国科学院院士在硅谷任职，甚至包括30余名曾获得诺贝尔奖的科学家。硅谷也是美国人口多元化的地区之一。2010年，硅谷300万人口中，有39%的白人、29%的亚裔、26%的西班牙裔。[②] 文化的多元化以及交融化大大提高了硅谷在创新上的潜能。

二、创新中心发展历程与发展内容

半个世纪以前，硅谷所在的旧金山南湾地区还是一个农业区，但自20世纪70年代起，硅谷逐渐成为高新技术的创新源点，并成为世界上最具经济活力的地区之一。

1938年，第一家高科技企业落户硅谷，自此之后，硅谷进入了波浪式前进的轨道，经历了四次低谷，但每一次都推动硅谷向更高的水平进发。从生产的产品和提供的服务的角度来划分，硅谷的

---

① 美国硅谷的发展情况介绍. http://www.smes-tp.com/Article_Ahow.asp?ArticleID=39536.

② The Index of Silicon Valley 2011. http://www.siliconvalleycf.org/news-resources/docs/jvsv-index-2011.pdf.

发展大体可以划分为以下五个阶段。

(一) 20世纪40—50年代：国防产品研发与生产

早期的硅谷缺少高科技企业，因此斯坦福大学的毕业生都到东海岸去就业。这一情形的转变源于特曼教授大力倡导发展工程学，并且学以致用，为地方经济做出了贡献。后来，人们尊称特曼教授为“硅谷之父”。

随后，特曼又在1947年提出了建立大学科技园，即在校园内建立一些学生自主管理的小公司，为学生新思想的开发与实践提供环境。斯坦福研究园成立于1951年，是世界第一个大学科技园。这些当时名不见经传的小公司，后来都为重要技术的诞生做出了杰出的贡献。①

1953年，在特曼教授的极力招揽下，晶体管的发明人之一威廉·肖克利来到硅谷，并从当时半导体产业较为成熟的东部招来了八个科技人才。正是由这八个人诞生了后来的仙童半导体、英特尔、AMD等世界著名企业。

(二) 20世纪50—70年代：晶体管和集成电路时代

由于不满肖克利的管理方式，八个人在1957年一起离开肖克利实验室，开始四处筹集资金。最终从仙童公司得到了150万美元的资金支持，成立了仙童半导体公司。1959年，仙童公司与得克萨斯仪器公司几乎同时研发出了集成电路，开启了一个崭新的时代。硅谷之名在这一阶段首次出现在人们的视野中，而仙童半导体公司成为那一时代硅谷的标志。

(三) 20世纪70—90年代：个人电脑的兴起

集成电路产业的发展吸引了大批科技企业、科技人才与投资公司，同时也形成了许多非正式的机会。这些因素为硅谷的创新提供了必备的条件，而多种多样的交流途径又为硅谷创造了优越的环境。

个人电脑产业为硅谷带来了巨大的财富，也极大地促进了硅谷

① 鄢祖林. 高技术开发区与科技企业孵化器. 北京：科学出版社，1991.

的发展。1975—1990 年，硅谷的企业数量由 800 多家发展到 3 000 家，而 1978 年一年，硅谷 50 家大型电子公司的销售总额就达到了 884 亿美元。

（四）20 世纪 90 年代末至 21 世纪初：互联网时代

20 世纪 90 年代开始，硅谷又经历了一次产业创新。这一次则以网络的形成与发展为核心内容。而网络经济的发展又带动了软件行业的兴起，于是在这个时期，出现了雅虎、网景等著名网络公司。

（五）21 世纪以来：绿色经济时代

2010 年 10 月，《华尔街日报》有这样一篇报道：《硅谷 3.0：新的科技浪潮正在酝酿》，指出硅谷正位于新一轮创新的起点，而新创新则以绿色技术为主导。

尽管硅谷仍在信息、网络等产业方面处于领先地位，但伴随着绿色科技初露峥嵘，已经开始有大量资金投入绿色经济的产业之中。金融危机以来，越来越多的风险资金倾向于新能源和环保领域。2008 年硅谷在清洁技术领域的投资已达到 19 亿美元，尽管在 2009 年受金融危机的影响有所下降，但随后又恢复了增长的趋势。①

发展绿色经济、打造绿色之谷已经成为硅谷各方的共识。其发展主要包括四大方向：可再生能源、节能型建筑、绿色基础设施、清洁的交通体系。硅谷的创新势必会为全球的可持续发展提供新思路与新模式。硅谷聚集着最优秀的人才与最先进的技术，有着最完善的创业模式与合作平台，未来十年，或许其将会再次以创新引领世界。

三、对北京市建设全国科技创新中心的启示

（一）鼓励大学与企业双向沟通

硅谷地区有 8 所大学、9 所专科学院和 33 所技工学校，为硅谷高科技企业的发展提供了充足的资源。② 1980 年，美国颁布了

---

① 徐新明. 硅谷赚钱的风向指向环保. 中国社会报，2007-08-03.

② 朱自强，等. 世界科技园的发展与战略研究. http://www.shlkx.net/xsyj/zhxx/zh_08101.html.

《拜杜法案》和《史蒂芬森-威德勒技术创新法》，允许大学的机构进行技术转移，这也大大刺激了大学与企业的合作，激发了创新人员的积极性。

（二）吸引全球创新型人才

美国向来重视高端人才的引进，多次修改科技人才的移民法，放宽对高技术人才移民的限制。而正是来自各地的人才使硅谷能充分接触和利用来自其他国家的人才、市场、金融等资源。

（三）有完善的专业服务机构

硅谷的创业支持和服务体系门类齐全、数量庞大，大致分为三类：金融服务类，如银行、投资银行、保险公司、产权交易公司等；中介服务类，如会计师事务所、律师事务所、咨询公司等；商业服务类，如通信、广告、设计等。如此成熟的创新服务体系也值得北京市在建设科技创新中心时借鉴。

（四）风险投资成为创新的发动机

硅谷的风险投资机构在创新网络中处于核心地位，既能够为企业提供急需的资金支持，同时还能参与到投资公司的计划体系之中，帮助企业实现良性、快速的成长。

美国政府允许大型机构进行风险投资，这无疑拓宽了风险投资的资金渠道。如《银行控股公司法案》规定银行可以投资于小企业投资公司，并可以通过小企业发行的可转换债券实现间接控制。而《雇员退休收入保障法》也规定：在不影响风险投资组合安全的情况下，允许养老金参与高风险的投资。一系列政策与机制形成了如今有利于创新创业的风险投资环境。

（五）硅谷的成功同样是制度与文化的成功

宽松的制度与文化环境使得人才与资本等创新资源能够实现自由流动与有效配置，在促进人才、科技机构等主体密切合作的同时，造就了硅谷独一无二的创新网络，释放出源源不断的创新活力。

第五节　筑波——崛起、衰落与再复兴

一、创新背景

筑波位于日本茨城县南部，北靠日本名山筑波山，东临日本第二大湖霞浦，地势相对平坦，水源充足，自然环境优美。筑波隶属东京大都市圈内，定位于体现和服务东京科教功能的卫星城，距离东京都 60 公里，距离东京成田机场 40 公里，距离茨城县首府水户市 50 公里。

日本建设筑波科学城的目的主要有两个：一是创造适宜研究和教育的环境，二是缓解东京人口压力。基于此，日本政府决定将筑波发展定位为一座力求科技发展的城市。作为东京大都市圈的核心城市之一，筑波的城市定位与东京大都市圈其他核心城市的定位形成了相对比较明显的区域职能分工，即各核心城市根据自身资源、自然条件等特色，发挥自身比较优势，承担不同的职能，在分工合作、优势互补的基础上，共同发挥了整体聚集优势，各核心城市发展形成了基于自身优势的产业集群。

二、创新中心发展历程

（一）20 世纪 60 年代：筑波科学城的建设

长期以来，日本主要依赖从欧美各国引进技术，并加以吸收创新，通过快速模仿为日本工业赶超世界水平争取了时间、节约了资金，也帮助日本在二战后迅速崛起。但是这也产生了以下四个方面的负效应和发展瓶颈：一是放松了本国科研的压力，导致产业受外国控制；二是各国加强了知识产权保护；三是产业结构转型主动性不强；四是原始创新能力不足。

20 世纪 60 年代，日本意识到技术竞争的重要性，开始从“贸易立国”向“技术立国”、从“最佳模仿者”向“创造者”转型。筑波科学城被寄予成功转型的希望。

(二) 20世纪90年代：筑波科学城模式建设的失衡

舒适的居住环境、雄厚的科研实力、先进的产业能力是筑波科学城建设的政策着力点。但是经过30年的建设，筑波的实际状况与理想出现了较大的偏差。其一，高新技术研发的内在机制落后，科技成果难以得到有效的转化；其二，中央与地方政府目标不统一，导致科学城难以融入当地经济之中；其三，官僚作风打击了科研人员的创造性。

(三) 21世纪以来：筑波的再度崛起

在意识到上述问题后，日本政府开始改变政府完全主导的模式，积极发挥市场的调节作用。《科学技术基本法》明确将发展战略由“技术立国”转为“科学技术创新立国”，广泛培养研发能力。《国立大学法人法》进一步推动了筑波科研机构的市场化。而《大学技术转移促进法》促进了大学科研成果向产业的转化，也促进了产学研合作。

在多项政策的配合下，筑波聚集了大量研究所与大学，营造出了有利于学术交流与科研人员交流的条件。此外，筑波为科研人员提供了细致入微的生活服务，如孩子就学、外籍科研人员家属访日、女性科研人员生育等等。政府角色的转化与一系列具有创造性的人才服务措施，共同保证了筑波在21世纪的新生。

三、对北京市建设全国科技创新中心的启示

(一) 明晰政府与市场在创新型城市建设中的职责

筑波作为科学城是成功的，但作为创新城，筑波的发展模式存在明显的弊端。日本政府曾对筑波寄予厚望，期待建成“日本的硅谷”。但现在回头来看，筑波科学城并不算非常成功。筑波科学城在建设过程中，完全是政府这只“看得见的手”在主导，而忽视了市场这只“看不见的手”的积极作用。在整个筑波的创新聚集过程中，政府干预了智力资源的聚集，对产业和金融资源的聚集关注过少，没有很好地搭建创新资源聚集的平台，使筑波没有形成硅谷那样的自组织社会。

（二）提高科研机构的自主地位

筑波拥有日本31％的研究机构、40％的科研人员，占有50％的科研经费，而《国立大学法人法》彻底激活了科研机构的创新活力。历经10余年的发展，筑波逐渐由科学城市向创新型城市转变。而我国科教资源普遍停留在论文、专利数量上，对于科研成果解决现实问题的能力重视不够。因此，加强这一方面是十分必要的。

（三）创新"吸引人才，留用人才"的方式

筑波有效地利用国家出台的法律，如《国立、公立大学任用外籍教员的特别措施法》《外国科技人员招聘制度》等，来吸引人才流入筑波，并将当地人才送到国外交流学习。反观我国，在人才留用和吸引上缺少灵活性，人才流失导致高质量创新资源缺失。

第六节　新加坡——从"污染重地"到"花园城市"

一、创新背景

新加坡是全球著名的宜居城市。交通非常发达，拥有航空、铁路、巴士和地铁。新加坡在城市绿化和保洁方面效果显著，有"花园城市"的美称。教育制度与英国相似，拥有亚洲著名的3所大学：新加坡国立大学、南洋理工大学和新加坡管理大学。新加坡属于典型的热带海洋性气候，全年气温变化小，年均气温23℃～31℃，非常宜居。新加坡汇集了当地的美味和世界各地的佳肴，来自世界各地的商品琳琅满目。

新加坡独立时，失业问题严重，所以这一时期政府努力发展劳动密集型工业，增加就业机会。新加坡政府很早就意识到劳动密集型产业具有很多问题。利润低下是首要问题，此外，在全球化过程中要面对不断出现的发达国家贸易保护主义以及反倾销政策的困扰。由于劳动密集型产业创造的利润有限，使得国家经济发展速度很难提高，同时也很难有持续性，因此，20世纪70年代以后，新加坡积极推动产业转型和升级，大力发展高端制造业和知识密集型产业。

二、创新中心发展历程与发展内容

（一）1961—1978 年：劳动密集型产业快速发展

建国初期的新加坡面临民族关系紧张、社会矛盾尖锐等社会问题。为缓和民族矛盾，发展经济，解决失业、“房荒”等问题，新加坡推行工业化政策，制定和实施了第一个经济发展计划。这一时期，新加坡的主要产业是传统手工业，后来又逐渐发展了纺织、电子零部件加工、造船修船、石油化工等产业。为推进经济发展和就业，政府积极改善基础设施，设立工业园区和厂房，大量吸引外资。

（二）1979—1997 年：资本密集与技术密集型产业发展

20 世纪 70 年代，欧美经济发展停滞，以加工业为主的新加坡经济受到影响。新加坡随即提出“第二次工业革命”，通过一系列措施推动经济转型，大力推动工业的机械化、自动化，实现向高密集精密制造业的发展，旨在由劳动密集型向资本密集型、技术密集型转变，实现产业结构升级。

（三）1998 年至今：知识密集型产业兴起

1997 年亚洲金融风暴对新加坡产生了巨大冲击，1998 年新加坡 GDP 增长率跌至 1.5%。经济增长停滞迫使新加坡政府开始新一轮产业结构调整，大力发展知识密集型产业。政府积极推动私有化，促进本地企业、跨国公司与政府控股企业合作；大力发展物流产业，鼓励外资在新加坡设立运营总部，提升新加坡服务功能；把知识经济作为国家竞争的关键要素，在生物医药、环境、水务科技、互动媒体等方面加大投资。

这些举措推动了新加坡产业向知识性、服务性升级。目前新加坡形成了电子、化工、生物医药、资信与传媒、物流、金融等多个世界级的产业群，成为世界三大炼油中心之一、世界吞吐量最大的集装箱码头、跨国企业重要的物流和后勤管理中心。此外，新加坡还是全球第四大外汇交易中心，汇集了超过 110 家国家级银行。

三、对北京市建设全国科技创新中心的启示

（一）政府与市场有效率的结合

政府与市场可以划清彼此的界限，进行有效的合作，营造出适宜创新的环境。严格而完善的法律体系以及有力的执行保障了企业行为的合规合法性；政府的清廉与透明保证了企业以及科研人员拥有相对公平的环境；再加上宜居的城市生态环境，这三点为新加坡带来了良好的创新软环境。新加坡对于政府服务以及城市环境的重视值得北京市学习。

（二）培育与引进人才，提高人口素质

新加坡十分重视人才的引进与培育。首先，新加坡对于人才的培养更加注重产业发展的切实需求，实行灵活的职业技术教育；其次，新加坡对于世界范围内优秀人才的引进可以追溯到 20 世纪 70 年代。

（三）充分结合自身资源禀赋，走特色发展道路

新加坡的经验告诉我们，城市化并不是告别农业，土地资源不富裕的城市可以依靠科技含量和科技附加值的提升来发展集约型农业。对于城市服务业的发展，新加坡的经验表明，各产业间可以实现优势资源的相互转化，要重视产业内部与产业之间的互动性培育。新加坡的创新发展历程证明，需要灵活应变。因此，在进行科技创新与产业创新的过程中，应结合自身实情，这将有利于创新的不断发展。

第七节　班加罗尔——印度“硅谷”

一、创新背景

班加罗尔总面积 174.7 平方公里，人口约 650 万，是印度第五大城市，也是印度南部著名的经济、文化中心。早在 1988 年就被美国《新闻周刊》评为全球十大高科技城市之一。

20 世纪 50 年代以后，班加罗尔成为印度国防和通信研究重点机构的聚集地，如科学研究所、国家航空研究所等。同时，这里也成为工业投资的重点区域，设立了飞机制造厂、电器、机床、汽车等工厂。1992 年，政府正式在班加罗尔建立了国家级软件技术园区。多年的积累和政府的支持使班加罗尔迅速成为印度软件产业的领军者。班加罗尔汇聚了 GE、微软、得州仪器等 100 多家跨国公司的研发中心，而在班加罗尔创立的高科技企业也达到 4 500 家。

班加罗尔位于坎纳达、德卢固以及泰米尔文化的交汇处，设有印度科学院、班加罗尔大学等教育机构，是活跃的文化中心。这里共有工程学院 125 所，数量上居印度全国首位。

二、创新中心发展历程与发展内容

（一）1984 年以前：内生发展，奠定基础

早在 60 多年前印度独立时，班加罗尔就被打造成一个重工业基地，以发展武器和航天等国防工业为基础，一大批大型企业和高科技企业在这里安营扎寨，有印度重型电气设备公司、印度机床公司、印度航空公司、印度宇航研究室等。如此成就自然离不开政府政策的扶持，印度政府自 20 世纪 60 年代起便十分重视人才的培育与储备，鼓励高素质人才去美国等发达国家深造，并利用这些人才在美国的关系网络，搭建起班加罗尔与美国之间合作的桥梁。

但是，政府也有其失策的一面，进口替代发展战略以及过度强调自力更生，限制了外资的进入，而国内企业缺乏有效的竞争与管理，导致班加罗尔出口受阻，发展速度缓慢。

（二）1984—1990 年：政策改革，逐步开放

随着拉杰夫·甘地“用电子革命把印度带入 21 世纪”口号的提出以及接下来一系列政策的支持，软件业被确定为重点产业，享受投资补贴等优惠政策，其出口限制也大大放宽，能够自由引进国外先进技术和设备，这无疑促进了班加罗尔软件业的飞速发展。

进入 20 世纪 80 年代，西方国家特别是美国软件工程师出现了严重的匮乏，此时印度大批受过良好教育、有一定开发能力的人才

便受到了众多跨国公司的欢迎，这些大型公司纷纷在班加罗尔建立软件开发公司和研发中心。

（三）1990—2000年：产业聚集，跳跃发展

印度在20世纪90年代开始实行《软件技术园区计划》，引导软件业集群化发展。班加罗尔是印度最早建立的软件园，同时也是发展最快、规模最大的一个。政府在班加罗尔和美国之间架设了印度第一座卫星设备，为软件业提供信息交流服务。1998年，印度政府成立了“国家信息技术与软件开发特别小组”并于次年印发了《信息技术行动方案》，为软件业的发展提供了制度上的保障。

自20世纪90年代中期以来，惠普、IBM、摩托罗拉、Digital等大型跨国公司入驻科技园，班加罗尔成为亚洲当之无愧的软件之都。1998年，班加罗尔在册的信息技术企业达到了253家，项目总值为8.4亿美元；到2000年，企业总数就超过了780家，项目总值也接近10亿美元。①

（四）2000年至今：软件业下滑，寻求新空间

进入2000年，全球软件市场出现了衰退，班加罗尔的发展也逐渐放缓。2007年末的金融危机，使得高度依赖美国和欧洲的班加罗尔软件业受到了前所未有的重创。塔塔公司2009年的净收益减少了近20%。与此同时，随着人口的不断增加，班加罗尔出现了交通拥堵、水电供应不足、生态环境严重污染等问题，投资环境急剧恶化，已无法满足持续创新的要求。

为了解决这些难题，班加罗尔开始重视一直被忽略的国内市场，将企业部分业务外包，以缓解当前过度依赖出口和城市功能拥堵的现状。

三、对北京市建设全国科技创新中心的启示

（一）拥有完善的政策体系与专业化管理机构

自20世纪80年代起，甘地政府制定了一系列发展计算机的政

① 刘双云．印度班加罗尔科技园的发展特点与经验借鉴．理工高教研究，2007，25（6）：34-35.

策，1981 年甘地政府主张放宽进口，降低关税。1984 年，甘地政府正式将软件业确立为独立的产业，出台了相应的补贴和优惠政策。1986 年底，又制定了《计算机软件出口、开发和培训政策》，并成立了软件发展局。20 世纪 90 年代初，拉奥政府决定从软件业率先实行转型，从生产、出口等多个方面支持软件业的发展。1998 年，印度政府成立了“国家信息技术和软件开发特别小组”，3 个月后特别小组提交了《信息技术行动计划》。1999 年下半年，印度电子部更名为信息技术部，专门负责《信息技术行动计划》的实施。一系列衔接良好而又目的明确的政策引领了班加罗尔创新型城市的发展。

（二）积极引导产业聚集

印度软件技术园在孟买、普那、班加罗尔等地设有 26 个分部。[①] 班加罗尔分部成立于 1992 年，设在班加罗尔电子城，是发展最快、规模最大的一个。软件技术园的功能不仅局限于支持出口，更重要的是建立了产业界之间的良好关系，促进了技术的交流。聚集的产业发展模式为创新提供了关键的基础。

（三）大力吸引和培养软件人才

20 世纪五六十年代，印度在联合国和众多发达国家的援助下，建立了 5 所理工学院，培养出了一大批优秀的人才。目前，印度已有 400 余所大学设立了计算机专业，多层次的教育为印度提供了大量软件人才。印度政府还制定了税收、金融、子女教育等一系列优惠政策，吸引海外人才回国发展，加速了软件业的创新发展。

（四）风险投资基金扶持软件创新企业

软件业是知识、技术密集型产业，需要大量资本用来进行产品的研发与生产。但是，创新企业特有的高风险使以银行为代表的传统金融工具望而却步，因此中小型软件企业融资困难重重。为了扶持软件创新企业，印度政府以研发税形式积累风险投资基金，对软件企业进行系统的扶持。

---

① 数据来源：中华人民共和国商务部驻孟买总领馆经济商务室网站。

（五）强化知识产权的保护

为了支持软件外包服务企业的发展，印度政府制定了一系列法律条文，不断加强知识产权的保护。1994 年的《版权法》规定，对任何违法者都处以严厉的处罚甚至刑事诉讼，严重者会被处以监禁和高额罚款。这些措施优化了软件业的法律环境，良好的信誉与少有的知识产权纠纷使得很多跨国公司将科研中心建立于此。

第八节 特拉维夫——沙漠中的“硅溪”

一、创新背景

特拉维夫市区面积 51.76 平方公里，据以色列中央统计局资料，人口在 2011 年时已达到 40 万，人口密度为 7 445 人/平方公里。如今，特拉维夫已经成为以色列最为国际化的经济中心，也是“硅溪”地区的心脏。

据《福布斯》统计，在 9 万名以色列籍亿万富翁中，至少有 4 万人住在特拉维夫，这里也成为中东最昂贵的城市。特拉维夫被美国《新闻周刊》评为世界十大最具影响力的高科技城市之一。由于这里高度聚集了以色列大部分高科技产业，又被称为“硅溪”。

特拉维夫同样还是以色列的教育中心，拥有特拉维夫大学和巴伊兰大学。与此同时，以色列人均拥有博物馆数量居世界前列，其中许多便位于特拉维夫，著名的有以色列故土博物馆、特拉维夫艺术博物馆、犹太人大流散博物馆、Batey Haosef 博物馆等。

二、创新中心发展历程与发展内容

（一）20 世纪 70 年代：科技兴农时代

以色列国土狭小且大部分是沙漠，资源贫乏。但是，尽管耕地稀少，自然条件恶劣，但科技兴农时代农业获得了令人瞩目的成就。20 世纪 70 年代，以色列开始转变农业生产结构，从粮食生产为主转向发展高质量花卉、畜牧业等农产品，利用高科技不断提高农业效益，形成了高投入、高科技、高效益的特色途径。

（二）20世纪90年代：高新技术产品成为重点产业

20世纪90年代以来，以色列高科技产业得到了迅猛发展。以色列在一些重要科技领域已经达到了世界领先水平，如光纤、电子光学检测系统、热成像夜视仪、电子光学机器人等。另外，在一些前沿技术材料领域也具备了很强的研发能力。截至2009年，以色列已有60多家公司在纳斯达克上市交易，当然，还有很多高科技企业在特拉维夫股票交易所交易。① 尽管以色列高技术企业没有大规模的增长，但其资本却在不断增值。

以色列高科技产业遍布全国，但是重心则位于特拉维夫的阿蒂丁工业园。特拉维夫已建有5个工业园，这些工业园为科研成果的产业化提供了条件、缩短了时间，同时也吸引着其他国家的知名企业。以电子信息产业为例，特拉维夫聚集了以色列80%的软件企业和60%的硬件企业。②

三、对北京市建设全国科技创新中心的启示

（一）改善制度环境，激发高校和科研机构的创新热情

以色列政府对企业和科研机构提供多种支持，尝试了大学、科研机构“连泥带土”的转移模式，促进人才与技术的流动，建立了大学、企业之间的双向流动机制，通过人才流动带动技术转移，形成现实生产力。

（二）搭建合作平台，促进国内外交流

以色列政府十分重视国际科技合作，其主要方式便是建立双边科技合作基金。目前，以色列已先后与十余个国家建立了双边科学研究、双边工业研发等合作基金。在合作基金的作用下，以色列可以相对便捷地获取科技信息和技术支持，掌握世界最新的科技创新动态，带动自主创新能力。

---

① NASDAQ-Non US companies. http://www.nasdaq.com/asp/nonusoutput.asp.

② http://www.mfa.gov.il/MFA/MFAArchive/2000_2009/2002/5/High-Tech+Opportunities+in+Israel.html.

（三）有庞大的科技金融支撑

以色列政府将国外天使资本、风险投资基金、跨国投资者等个体联系在一起，形成了庞大的投资网络。很多以色列风险资金还在欧美设立分公司，寻求共同投资者，这些机构同样负责关注技术发展的最新动态。如此的创新金融网络对本土的科技创新起到了推动作用。

第九节　纽约——世界级的金融帝国

一、创新背景

纽约是美国第一大都市，也是第一大商港，既是美国的金融中心，又是世界金融中心之一。曼哈顿岛是纽约的核心，这个东西窄、南北长的小岛聚集着美国最大 500 家公司的三分之一。7 家大银行中有 6 家将总部设立于此，这里还集中了世界金融、证券、期货等行业的精华。著名的纽约证券交易所和美国证券交易所均设于此。

纽约也是美国工业中心之一，服装、化妆品等行业均位居全国首位。纽约建有 3 个国际机场，地下铁道更是全长 1 000 多公里，拥有全世界最发达、最便捷的交通系统。

纽约拥有哥伦比亚大学、纽约大学、洛克菲勒大学等世界著名高校。而这里还有着众多公共图书馆，如纽约公共图书馆、皇后图书馆、曼哈顿大图书馆等。高校和图书馆的普及为纽约的创新发展提供了最宝贵的条件。

纽约拥有人口 900 余万，人口密度达到 10 630 人/平方公里，而这里又是美国少数民族最集中的地区，黑人有 100 万以上，唐人街有华人 15 万，此外还有众多意大利人和犹太人。

二、创新中心发展历程与发展内容

（一）1609—1820 年：成为重要港口城市

1664 年，英国人赶走了荷兰人，征服了此殖民地，将其改名为“纽约”，并初步构建了纽约的市政机构。作为进入北美殖民地和加勒比海地区的唯一港口，纽约港宽、水深的优越性十分明显，庞大的资本随着殖民者涌入纽约，使得它迅速发展成为颇具规模的港口城市。1775 年爆发的独立战争使得纽约的经济遭受重创。

美国独立后，纽约市一度充当了美国的临时首都。随着美国东北部逐渐成为新兴城市经济的主导地区，居于其中心地位的纽约成为东北部经济发展的最主要受益者，从战争的创伤中恢复过来。1812—1815 年第二次美英战争后，“英国商人想重拾他们在北美利润雄厚的市场”，跨国贸易日渐兴盛。这推动了为海员服务的保险业以及为商贸服务的金融业的出现和发展，“纽约的金融中心地位开始悄然成形”。①

（二）1820—1870 年：纽约的交通革命

公路将纽约州内的不同地区连接起来。② 1817 年纽约州在天然深水港的基础上开始修筑伊利运河，该运河于 1825 年顺利完工并投入使用。1851 年，与伊利运河水陆互补的伊利铁路也全线通车，同年，纽约中央哈得逊铁路又向西延伸到奥尔巴尼，使纽约同时拥有两条通向西部的铁路。

随着交通运输网的逐步完善，蒸汽机被引入纽约并得到广泛的应用，纽约开始了工业革命，“工厂制度出现在各个工业领域”，经济步入了高速发展时期。③ 到 19 世纪中叶，以纽约为中心，在美国东北部已经形成了一个经济核心区。

（三）1870—1945 年：世界金融中心初步形成

1914—1918 年第一次世界大战期间，原来的老牌强国如英国、法国、意大利受到战争影响，经济出现了严重衰退。而美国则依靠战争的机会得到了长足的发展，取代英国成为新的头号经济强国。

---

① Abu-Lughod J L. New York，Chicago，Los Angeles：America's Global Cities. Univ. of Minnesota Press，1999.

② Klein M M. The Empire State：A History of New York. Ithaca：Cornell University Press，2001.

③ Engerman S L，Gallman R E. The Cambridge Economic History of the United States. Cambridge［England］：Cambridge University Press，1996.

然而经济繁荣的背后滋生了大量的泡沫，1929 年 10 月纽约证券市场崩盘，大萧条接踵而至，低迷的市场持续了 25 年，市场平均股价才重补了“贝森缺口”。[①] 1939 年二战爆发，“战争使美国社会把和平时期的劳动力、资金和技术转移到了战时经济的备战需要”[②]，为纽约经济重现辉煌提供了契机。凭借地理优势，纽约成为反法西斯国家重要的战略物资的输出地之一。战争同时也扭转了纽约制造业不景气的局面。

（四）1945 年至今：世界金融中心的巩固与强化

这段时期纽约的产业结构出现了制造业的急剧衰落与金融、服务业等第三产业崛起的双重变化。通过适时地调整优化产业结构，优先发展高科技产业和服务业等手段，同时采取区域经济发展战略和城市工业园区战略，顺应城市经济发展的规律，纽约恢复并逐步巩固了其在整个大都市区、纽约州乃至全国金融中心的地位，并逐渐成为世界金融中心之一。

三、对北京市建设全国科技创新中心的启示

（一）充分利用有利的地理条件

优越的地理位置在纽约的发展演进史中无疑扮演着极为重要的角色，纽约的诞生和发展都是凭借其地理优势而发端的。纽约通过充分利用天然的地理优势，构建便利的水陆交通网络，在国内和国际贸易中都具有独特的运输成本优势，进而获得了强大的区位优势和地区影响力。结合自身资源禀赋和比较优势进行产业转型，并以此为依据进行科技创新、奠定必要的创新资源，是建设创新型城市起步阶段的主要途径。

（二）高素质的人力资源是纽约建成全球创新型城市的主要动力

纽约是欧洲人较早到达的殖民地，是欧洲廉价剩余工业品在北

---

① 王书丽. 1920 年代美国股市由繁荣到萧条的一次轮回. 历史教学，2006（8）：35－40.

② Engerman S L，Gallman R E. The Cambridge Economic History of the United States. Cambridge [England]：Cambridge University Press，1996.

美的销售中心，“相对于美国其他的内陆城市别具吸引力”。[①] 大量移民对纽约城市经济的影响是多方面的，不但缓解了其发展建设中日益尖锐的劳动力问题，而且为其带来了庞大的资本和先进的技术，大大加快了纽约的城市化进程。人口的增多也推动了城市交通系统的完善和企业数量的增长。

一战结束后，美国出台了《排华法案》《格里法案》等一系列严苛的立法控制移民，移民人数逐渐下降，而移民中的高级技术工人和知识分子的比例则在不断增加。据统计，在 1998—1999 年间，申请美国 H-1B 移民的人员中从事信息技术领域工作的占 70%。[②] 这对纽约的科技创新发展起到了很大的推动作用。

（三）坚忍不拔的人文精神

20 世纪 70 年代后期，人们对纽约的未来存在着各种不同的观点。有人认为纽约会从此一蹶不振，但是以市长科克为首的乐观派则看准了 1975 年财政危机后曼哈顿的复兴迹象。于是，纽约市长采取了一系列措施，调整产业结构，大力发展高新技术产业和生产服务业，并复兴其传统的制造业，取得了卓越的成绩。最终，纽约顺利完成了产业结构的转变，适应了后工业社会的发展以及国际大环境的需要，成为全球性的城市和世界金融中心。

第十节　东京——亚洲经济中心

一、创新背景

东京是日本的政治、经济、文化中心，海陆空交通枢纽。根据建成区面积、人口以及国民生产总值等指标，东京是亚洲第一大城市、世界第二大城市。东京不但人口密集，同时也是各种物资与各

---

① Abu-Lughod J L. New York, Chicago, Los Angeles: America's Global Cities. Univ. of Minnesota Press, 1999.

② Gabaccia D R, Leach C W. Immigrant Life in the U. S.: Multi-Disciplinary Perspectives. London: Routledge, 2004.

类资讯的巨大集散地。

东京还是日本的文化教育中心。各种文化机构密集，其中有全国百分之八十的出版社和规模大、设备先进的国立博物馆、西洋美术馆、国立图书馆等。坐落在东京的大学占日本全国大学总数的三分之一，在这些大学就读的学生则占全国大学生总数的一半以上。东京作为一个国际化的大都市，还经常举办各种国际文化交流活动，如东京音乐节、东京国际汽车展、东京国际电影节和东京国际动漫节等。

二、创新中心发展历程与发展内容

（一）明治维新后：东京工业的发展

明治维新最初的 20 年，东京只是全国的政治、文化中心，工业生产额仅居全国第三。日本的工业革命完成于 19 世纪末 20 世纪初，随着产业资本和人口不断地向东京集中，东京的工业水平有了突飞猛进的发展。东京由单纯的政治中心向兼有政治、经济中心功能的城市转变。

（二）二战战败后至 20 世纪 80 年代初：重化工业的复苏与高端服务业的萌芽

20 世纪 50 年代中期，在优先发展重化工业的产业政策指导下，东京的经济开始腾飞。加之东京与美国的经济往来以及京滨工业地带聚集着大批工矿企业，决定了以东京为核心的东京圈得以慢慢恢复，并得到强化。1960—1986 年，日本 GDP 在世界所占比重由 3%上升到 11.8%。

由于日本产品具有节能、环保以及自动化生产的优势，具有极强的国际竞争力，这为日本赢得了巨大的贸易盈余，金融储备大量增加，从而提升了东京在国际金融和相关事务中的地位。

（三）1985 年至今：世界经济中心的形成

1985 年《广场协议》的签订大大促进了日本的对外直接投资。随着日本 FDI 开始流向世界其他各国，日本经济成为一个跨国体系，而东京正是该体系的中心。许多日本企业将总部设在日本中心城市，尤其是东京。国际型企业的聚集促进了东京经济、金融的蓬勃发展，随之扩大的城市规模又带动着东京第三产业的整体前进。东京当前已成为国际金融、管理中心，日本最大的商业、服务业中心。

三、对北京市建设全国科技创新中心的启示

（一）对高新技术产业实行优惠与扶持政策

首先，对创新型企业减免设备税，降低其成本；其次，允许电子设备大比例折旧，以促进企业设备更新换代。这些政策大大减轻了企业的创新成本，鼓励并促进了拥有自主创新能力企业的创新活动。

（二）提供完善的金融服务

创新离不开资金的支持，东京为这些企业提供了长期限、低利息的贷款，降低企业创新信贷成本；同时，为科技型中小企业提供场外股票交易市场，为这些企业提供低门槛、便捷的上市融资渠道。充足的信贷资金和金融资本极大支持了东京高新技术企业的创新活动。

（三）促进创新网络主体之间的交流

首先，政府鼓励产业与高校共同建设研发中心，并为校企联合研究项目提供补贴与优惠政策。同时，对有卓越创新贡献的人才给予奖励，以激励创新的持续诞生。其次，东京政府倡导科研人员之间进行交流，从而汲取更为先进的技术。

第十一节　建设全国科技创新中心——国际城市的成功经验

由于各个城市的资源禀赋、文化背景乃至区位环境都存在着差异，因此当今世界著名创新型城市的发展历程各具特点。但是在上述案例的分析中，我们发现这些成功的城市在许多方面仍有共通之

处。而这些共同点将是北京市建设科技创新中心的关键切入点，借鉴历史经验、吸取教训，将有助于北京市更快地步入世界前列水平，成为在全国、全世界有影响力的创新中心。

一、科创人才的培育与吸引

创新型科技人才是近几年来提出的概念，目前对于其内涵和外延还没有做出统一的界定。同是针对创新型科技人才的研究，有的以 R&D 人员作为具体研究对象，有的则以学科带头人、两院院士等高层次人才作为具体研究对象。尽管如此，众多学者对于科技创新人才所具有的创造力与创新特质并无异议。美国心理学家 Guilford (1967)① 认为，人才是具有创造力的，而这种创造力主要分为六个方面：敏感性、流畅性、灵活性、独创性、再定义性、洞察性。而 Scott 和 Bruce 开发出包含“寻找新技术、新程序、新工艺或者提出新方法等，产生创新性思想”等六个题目的个体创新行为量表，以衡量个人的创新能力。② 王亚斌、罗瑾琏、李香梅 (2009)③ 在其论文中将创新人才的特征划分为四点：创新积累、创新意识、创新精神以及创新能力。张景焕和金盛华（2007)④ 研究了具有创造成就的科学家关于创造的概念结构，用研究结果强调了创新型人才对于取得创造性成就的意义。

而在对世界著名创新型城市的案例分析中，我们也可以得到相应的佐证。波士顿有着雄厚的教育底蕴和人才资源。一流的高校为城市的创新提供着源源不断的动力。硅谷的迅速发展同样少不了人才的推动，这里有接近一半的人拥有本科或更高的学历，更是吸引

---

① Guilford J P. The Nature of Human Intelligence. New Jersey：McGraw Hill, 1967.

② Scott S G and Reginald A Bruce. Determinants of Innovative Behavior：A Path Model of Individual Innovation in the Workplace. Academy of Management Journal，1994，37 (3).

③ 王亚斌，罗瑾琏，李香梅. 创新型人才特质与评价维度研究. 科技管理研究，2009 (11)：318－320.

④ 张景焕，金盛华. 具有创造成就的科学家关于创造的概念结构. 心理学报，2007 (1)：135－145.

着来自世界各国的优质人才，为其创新助力。筑波、大田的发展更是以科学城为基础，通过科学城的建设吸引人才流入，从而促进创新水平的提升。再来看同处发展中国家的印度，著名的班加罗尔一方面鼓励本国人才出国学习，另一方面又积极吸引人才回国就业，造就了班加罗尔软件产业的兴盛。

21世纪初，我国提出了"人才强国战略"。2010年，国务院又印发了《国家中长期人才发展规划纲要（2010—2020年）》，随后，科技部、人社部等7部委于2011年联合发布了《国家中长期科技人才发展规划（2010—2020年）》，这足以说明科技创新人才在当下的重要性。科技创新人才将成为推动科技创新的重要力量。

二、创新氛围的营造与完善

创新氛围是创新环境的一部分，对科技创新起着潜移默化的作用。贾亚男（2001）① 将创新氛围列为创新环境中的一个因素，并且认为良好的创新氛围可以对企业和个人的创新产生影响。李婷和董慧芹（2005）② 则认为，科技创新的氛围将有助于获取更好的科技创新绩效。Bruno 和 Tyebjee（1982）③ 认为，一个成功的科技创新环境除了要有高素质的人才、令人满意的政策、相应的科研机构支撑，还需要适宜的创新氛围。孙冰和张为峰（2013）④ 认为，创新环境由技术环境、人文环境、政法环境、市场环境和经济环境等相互联系、相互作用的五个要素构成，而其中人文环境更多的就是创新氛围的一种体现。

世界各国在建设创新型城市的过程中，也在创新氛围的营造上下足了工夫。伦敦拥有世界最大的博物馆以及众多的知名报刊，为

① 贾亚男. 关于区域创新环境的理论初探. 地域研究与开发，2001，20（1）：5-8.

② 李婷，董慧芹. 科技创新环境评价指标体系的探讨. 中国科技论坛，2005（4）：30-31，36.

③ Bruno A，Tyebjee T. The Environment for Entrepreneurship，Encyclopedia of Entrepreneurship，1982（2）：288-315.

④ 孙冰，张为峰. 技术创新与创新环境之间的非线性关系研究. 统计与决策，2013（6）：171-174.

创新提供了自由碰撞的空间。硅谷的成功也是其创新氛围营造的成功，硅谷拥有大批创新人才和创新企业，而这正是由于硅谷有着崇尚创新、崇尚自由的创新文化。纽约的金融业经历了20世纪70年代后期的危机，在多数人并不看好的情况下，纽约所特有的坚韧、敢于创新、敢于转变的精神带领纽约成为当今的国际金融中心。

发达城市的做法与我国所提倡的大众创业、万众创新多少有些不谋而合。营造一个良好的氛围，目的就是激励个人与企业勇于创新，激发起人们更多的激情和创造灵感。具有创新潜力的文化应该是开放的，对外界文化持有批判吸收的态度，促使自身的文化对新环境、新技术具有更强的适应能力，不断激励创新的产生。

三、科技金融的发展与加强

当前有关技术与金融的最重要的研究进展是卡萝塔·佩蕾丝的《技术革命与金融资本》。① 在书中，佩蕾丝描述了技术创新与金融资本的基本范式，即新技术早期的崛起是一个爆炸性增长时期，会导致经济出现极大的动荡和不确定性。风险资本家为获取高额利润，迅速投资于新技术领域，继而产生金融资本与技术创新的高度耦合，从而出现技术创新的繁荣和金融资产的几何级数增长。陈涤非（2002）② 认为，科技为金融发展提供了知识准备和技术基础，金融为科技发展创造了资本动力，金融与科技在互动中实现了共同发展。而房汉廷（2010）③ 将科技金融归纳为科学知识和技术发明转化为商业活动的融资行为的总称。

而从全球创新型城市的成果经验来看，科技金融确实起到了关键作用。充足的风险投资为波士顿带来了更高的成功概率，风险投资不断寻求具有潜力的创新活动，并提供强有力的资金支持。硅谷的风险投资机构向来处于核心地位，既提供必要的资金保障，又对

① 卡萝塔·佩蕾丝. 技术革命与金融资本（中译本）. 北京：中国人民大学出版社，2007.

② 陈涤非. 金融与科技：在互动中共同发展. 现代经济探讨，2002（6）：45-47.

③ 房汉廷. 关于科技金融理论，实践与政策的思考. 中国科技论坛，2010（11）：5-10.

公司计划提供建议，辅助企业健康发展。东京同样有着较为完善的金融服务体系，为创新企业提供低息贷款和更为便捷的融资渠道，极大地促进了东京的创新活动。

我国经过多年的快速发展，资本短缺的现象已经有所缓解。但是风险投资的水平与利用效率仍有待提高。利用科技金融的专业优势对战略性新兴产业相关项目进行甄别，通过投资回报率高的创新项目来提高成功率，以获得科技金融的长期支撑，激励创业创新团队提高效率、维持诚信并借助金融市场来分散创新创业风险，从而实现金融与科技创新的良性循环。

四、政府政策的制定与实施

美国著名学者伯顿·克拉克（2001）① 提出要构建政府、市场、大学的“三角协调模式”，将其引用至科技创新体系中，我们可以发现，科技创新取决于三股力量：国家政策、科研力量和市场力量。因此，明确政府的功能与地位、政策的必要特征显得十分重要。刘江翔（2009）② 将政府的功能定位为以下四点：首先，政府应该是科技创新的“掌舵者”，指导和引领科技创新；其次，政府应是科技创新的“助推者”，为科技创新提供必要的投入；再次，政府要做科技创新的“护航者”，营造环境，促进持续创新；最后，政府还是科技创新中“市场”的“补位者”，弥补市场失灵所带来的问题。由此，政府政策的制定就一定要有明确的目标性、问题考虑的全面性并且要前后衔接连贯。

全球创新型城市的成功案例也证明了政府政策在科技创新过程中的重要作用。伦敦政府在发展文化创意产业的过程中制定了一系列政策，而这些政策的制定则充分考虑了与创新相关的各个方面，并且根据发展阶段的不同，采取了有差别的政策，而这正体现出了

① 伯顿·R. 克拉克. 高等教育新论——多学科的研究. 杭州：浙江教育出版社，2001.

② 刘江翔. 论科技创新与政府服务功能的完善. 闽江学院学报，2009，30（1）：5－10.

政策制定的连续性。筑波在建设科学城的过程中，其发展模式曾经出现过弊端，过于强调政府的作用，使发展最终失去了平衡与协调。在反思自身问题后，日本政府制定了目标明确、考虑详细的政策，从而建立了全新的科学城。班加罗尔同样是在政策扶持下迅速发展的创新型城市，印度政府为了充分利用其软件业的优势，不断制定政策，吸引人才、促进出口，推动班加罗尔软件业一步步地发展。

当前，我国已经进入必须更多依靠科技进步和创新来推动经济发展的历史阶段，创新型国家建设成为一项重大的战略任务。这既对企业、研究机构、大学等组织的科技创新能力提出了更高的要求，也对我国各级政府在科技创新体系中的角色定位和功能完善构成了挑战。

五、网络组织的建立与扩展

Heidenreich（2009）① 通过对产业技术创新途径的研究，发现建立良好的企业、大学和政府之间的合作关系，将有利于创新的实现。Musiolik、Markard 和 Hekkert（2012）② 认为，创新网络的形成和发展有助于 TIS 的构建。20 世纪 90 年代末，中国学者开始关注产业创新网络。盖文启和王缉慈（1999）③ 认为，资金困难、市场环境的不确定性以及合作创新薄弱等问题，是驱使具有创新优势的高新技术中心企业进行网络化合作创新的重要原因。肖泽磊、项喜章、刘虹（2010）④ 认为，高技术产业集群的创新资源的集聚以及组织间的创新合作网络，有助于集群竞争优势的形成和发展。

① Heidenreich, M. Innovation Patterns and Location of European Low-and Medium-technology Industries. Research Policy，2009（38）：483－494.

② Musiolik J，Markard J & Hekkert M. Networks and Network Resources in Technological Innovation Systems：Towards a Conceptual Framework for System Building. Technological Forecasting and Social Change，available online 7 February，2012.

③ 盖文启，王缉慈. 区域中小企业创新网络的结点联结及其效率评价研究. 中国软科学，1999（9）：102－106.

④ 肖泽磊，项喜章，刘虹. 高新技术产业创新群构成要素及优势分析. 中国软科学，2010（7）：103－111.

硅谷通过设立法律法规，鼓励大学与企业之间的沟通交流，刺激了大学与企业的密切合作，提高了创新活动的积极性。班加罗尔在其《软件技术园区计划》中强调要引导软件业集群化发展，而正因如此，才有了班加罗尔迅速的崛起。以色列政府在特拉维夫创新城的建设中，积极搭建合作平台，以便本国科研机构可以便捷地获取科技前沿信息和技术支持，提高自主创新能力。东京在发展中，更是将网络主体间的交流作为重要的切入点，鼓励高校与企业合作建立科研中心，并给予合作项目补贴，支持其发展。

随着现代信息与通信技术的发展和市场竞争的日益激烈，产业创新网络成为重要的创新中心，成为各组织间共享和交换资源、共同开发创意和新技能的一种方式。任何一家企业都不可能拥有在所有领域内保持领先并给市场带来重大创新所必需的全部知识，企业往往需要依托外部知识进行创新。

六、对绿色科技的关注与反思

绿色科技是以保护人体健康和人类赖以生存的环境，促进经济可持续发展为核心内容的所有科技活动的总称。绿色科技实质上是指能够促进人类长远生存和可持续发展，有利于人与自然共存共生的科学技术。它不仅包括硬件，如污染控制设备、生态监测仪器以及清洁生产技术，还包括软件，如具体操作方式和运营方法，以及那些旨在保护环境的工作与活动。

为了适应科技创新大趋势的需要，打造绿色之谷已经成为硅谷各方的共识，通过技术创新发展清洁能源、减少能耗污染，将成为未来创新的重点领域之一。筑波在建立科学城之初，便已经将舒适、绿色的居住环境作为主要目标之一。在面对 2008 年金融危机时，首尔果断提出了转型，建设“绿色首尔”，通过发展绿色经济，实现城市经济和科技创新的可持续发展。

伴随着人们对自然的利用程度日益加剧，生态与经济、社会不协调问题日益突出，成为困扰社会发展的一个重大问题。社会要发展，技术要进步，发展绿色科技成为解决这一问题的根本途径。在建设“两型社会”的大背景下，促进绿色科技与创新的融合，将加快北京市建设全国科技创新中心的步伐，形成绿色创新生态系统。

参考文献

1. Abu-Lughod J L. New York, Chicago, Los Angeles: America's Global Cities. Univ. of Minnesota Press, 1999.

2. Banner, David. The History of Boston. Massachusetts. http://www.searchboston.com/articles/history.html.

3. Bruno A, Tyebjee T. The Environment for Entrepreneurship. Encyclopedia of Entrepreneurship, 1982 (2): 288-315.

4. 卡萝塔. 佩蕾丝. 技术革命与金融资本（中译本）. 北京：中国人民大学出版社，2007.

5. Engerman S L, Gallman R E. The Cambridge Economic History of the United States. Cambridge [England]: Cambridge University Press, 1996.

6. Gabaccia D R, Leach C W. Immigrant Life in the U.S.: Multi-disciplinary Perspectives. London: Routledge, 2004.

7. Guilford J P. The Nature of Human Intelligence. New Jersey: McGraw Hill, 1967.

8. Heidenreich, M. Innovation Patterns and Location of European Low-and Medium-technology Industries. Research Policy, 2009 (38): 483-494.

9. http://energy.people.com.cn/GB/14061076.html.

10. http://www.ctsho.com/home/jingdian/20039814700.html.

11. http://www.finance.qq.com.

12. http://www.gdpip.org.cn/Article/Print.asp?ArticleID=1001.

13. http://www.mfa.gov.il/MFA/MFAArchive/2000_2009/2002/5/High-Tech+Opportunities+in+Israel.html.

14. 纳斯达克网站. http://www.nasdaq.com/asp/nonusoutput.

asp.

15. The City UK. Key Facts about UK Financial and Professional Services. https://www.thecityuk.com/assets/2017/Reports-PDF/54c0ebf2b5/UK-Key-Facts-2017-updated.pdf. April 2017.

16. Klein M M. The Empire State: A History of New York. Ithaca: Cornell University Press, 2001.

17. Musiolik J, Markard J & Hekkert M. Networks and Network Resources in Technological Innovation Systems: Towards a Conceptual Framework for System Building. Technological Forecasting and Social Change, available online 7 February, 2012.

18. Scott S G and Reginald A Bruce. Determinants of Innovative Behavior: A Path Model of Individual Innovation in the Workplace. Academy of Management Journal, 1994, 37 (3).

19. The Index of Silicon Valley 2011. http://www.siliconvalleycf.org/news-resources/docs/ jvsv-index-2011.pdf.

20. 伯顿·R. 克拉克. 高等教育新论——多学科的研究. 杭州：浙江教育出版社，2001

21. 陈涤非. 金融与科技：在互动中共同发展. 现代经济探讨，2002 (6)：45－47.

22. 陈颖，创意经济的驱动力变革. 经济论坛，2009 (9)：58.

23. 丛海彬，高长春. 创意中心城市竞争力的国际比较及其启示. 城市发展研究，2010 (8)：32－33.

24. 房汉廷. 关于科技金融理论，实践与政策的思考. 中国科技论坛，2010 (11)：5－10.

25. 盖文启，王缉慈. 区域中小企业创新网络的结点联结及其效率评价研究. 中国软科学，1999 (9)：102－106.

26. 杭州高新技术产业发展专题研究班. 波士顿高新技术产业的发展经验以及对杭州的启示. 中共杭州市委党校学报，2009 (4)：30－35.

27. 贾亚男. 关于区域创新环境的理论初探. 地域研究与开发，

2001，20 (1)：5－8.

28. 进军设计：政策支持新动力. 浙江日报，2009－10－21.

29. 李婷，董慧芹. 科技创新环境评价指标体系的探讨. 中国科技论坛，2005 (4)：30－31，36.

30. 李天柱. 美国生物制药的发展路径研究及其启示. 中国软科学，2010 (5)：136－143.

31. 刘江翔. 论科技创新与政府服务功能的完善. 闽江学院学报，2009，30 (1)：5－10.

32. 刘双云. 印度班加罗尔科技园的发展特点与经验借鉴. 理工高教研究，2007，25 (6)：34－35.

33. 美国硅谷的发展情况介绍. http://www.smes-tp.com/Article_Ahow.asp?ArticleID=39536.

34. 全球各大城市 GDP 排行榜. http://www.360doc.com/content/14/0512/20/10853593_377038493.shtml.

35. 数据称伦敦人口突破 860 万：创 7 余年来最高纪录. 中国新闻网. 2015－02－03.

36. 孙冰，张为峰. 技术创新与创新环境之间的非线性关系研究. 统计与决策，2013 (6)：171－174.

37. 外国移民占伦敦人口百分之四十. 中研网，2014－05－20.

38. 王琪. 世界城市创意产业发展状况的国际比较. 上海经济研究，2007 (9)：9.

39. 王书丽. 1920 年代美国股市由繁荣到萧条的一次轮回. 历史教学，2006 (8)：35－40.

40. 王亚斌，罗瑾琏，李香梅. 创新型人才特质与评价维度研究. 科技管理研究，2009 (11)：318－320.

41. 魏也华. 国际城市区域中二级城市的功能——以波士顿为例. 世界地理研究，2005 (5)：32－38.

42. 肖泽磊，项喜章，刘虹. 高新技术产业创新群构成要素及优势分析. 中国软科学，2010 (7)：103－111.

43. 徐静，胡晓梅，何静. 创意阶层理论的英国实践及对中国的启示. 知识经济，2008（12）：5.

44. 徐新明. 硅谷赚钱的风向标指向环保. 中国社会报. 2007-08-03.

45. 鄢祖林. 高技术开发区与科技企业孵化器. 北京：科学出版社，1991.

46. 张景焕，金盛华. 具有创造成就的科学家关于创造的概念结构. 心理学报，2007（1）：135-145.

47. 中华人民共和国商务部驻孟买总领馆经济商务室网站.

48. 朱自强，等. 世界科技园的发展与战略研究. http//www.shlkx.net/xsyj/zhxx/zh_08101.html.

49. 转变经济发展方式：国外发展文化创意产业成功之道. 新华网，2010-07-14.

第七章　北京加快建设全国科技创新中心的路径与政策建议

全国科技创新中心是全国创新型城市发展的高级阶段，是城市创新水平的重要标志，是站在全国以及区域科技发展前沿，能与世界范围内知名科创中心相竞争的城市。在新的世界政治经济形势下，北京正处于发展的新阶段，应针对北京特有的城市发展现状以及资源、要素禀赋情况，分析优势和不足，研究提出相应的路径与政策导向。

第一节　北京建设全国科技创新中心的战略定位与基本思路

从创新型城市发展到全国科技创新

中心的过程是动态、分阶段的，北京要想在全球科技竞争中争取主动地位，就要在动态发展过程中牢牢抓住自身发展的主线，明确发展战略定位，遵循适合北京城市发展的独特思路。

一、北京的战略定位

与纽约、伦敦等世界知名技术创新中心相比，北京创建全国技术创新中心，不仅要符合全球创新型城市建设的一般规律，在选择发展模式时，更需要考虑北京城市发展特色。

根据 2017 年北京市发布的《北京城市总体规划（2016 年—2035 年）》（以下简称《规划》），北京城市战略定位是全国政治中心、文化中心、国际交往中心、科技创新中心。其发展目标是至 2035 年成为拥有优质政务保障能力和国际交往环境的大国首都，全球创新网络的中坚力量和引领世界创新的新引擎，彰显文化自信与多元包容魅力的世界文化名城，生活更方便、更舒心、更美好的和谐宜居城市和天蓝、水清、森林环绕的生态城市。《规划》明确了全国科技创新中心是北京市的战略定位和发展目标。

目前，我国正处在经济转型期，北京创建全国科技创新中心，在依赖国家加速崛起的同时，也要适应国家在全球崛起的背景下，依赖创新驱动发展的新形势。除了继续发挥北京全国政治中心、文化中心、国际交往中心的定位，也要探索符合中国特色和北京特征的新的定位，加强科技创新中心、全国金融中心、全国经济协调中心等功能。

基于此，未来北京建设全国科技创新中心可以考虑如下战略定位（见表 7-1）。

（一）全国创新资源配置中心

优化科研体制机制，聚集高素质人才，自主创新，不断提升科研创新能力。在学术前沿占据优势地位，成为引领全球科技发展和连接全球创新网络的重要节点，增强北京对全球科技创新的影响力和渗透力。

除此之外，要发挥大国首都优势，聚集国际组织机构，汇聚全球媒体、学术资源，积极组织国际会议与国际活动，增强北京在全球创新信息潮流中的引导力。

表 7-1　北京战略定位以及关键目标指标

五大功能	目标指标（2020 年）	目标指标（2025 年）	数据依据
全国创新资源配置中心	研发人员数量超 40 万人	研发人员数量超 45 万人	2018 年北京该数值为 39.7 万人，按照常住人口的 2%（2014 年增长率）计算目标值
	万人中 R&D 人员 260 人/年	万人中 R&D 人员 300 人/年	2020 年目标与 2010 年北京颁布的《首都中长期人才发展规划》提出的 2020 年目标一致，2025 年目标按常住人口的 2%（2014 年增长率）计算目标值
全国高科技研发中心	研发经费支出占地区生产总值比重达 8%	研发经费支出占地区生产总值比重达 10%	2018 年北京该数值为 6.20%
	百万人年专利授权数 3 000 件	百万人年专利授权数 7 200 件	2020 年目标与北京颁布的《首都中长期人才发展规划》提出的 2020 年目标一致，按 2018 年全市专利授权量为 5 927 件计算 2025 年目标值
全国科技金融管理中心	风险投资额占全球风险投资额比重为 4%	风险投资额占全球风险投资额比重为 8%	北京（2010—2013 年）为 1.5%，旧金山-圣何塞为 19%，纽约为 3.8%
全国高科技企业聚集中心	战略性新兴产业增加值对规模以上工业增长的贡献率超过 70%	战略性新兴产业增加值对规模以上工业增长的贡献率超过 80%	2018 年北京该数值为 68.37%
	战略性新兴产业增加值占地区生产总值比重达到 30%	战略性新兴产业增加值占地区生产总值比重达到 40%	北京在 2014 年曾提出，到 2017 年战略性新兴产业增加值将在地区生产总值中占到 25%，2018 年为 32.4%
全国创新辐射中心	技术交易增加值占 GDP 比重超 15%	技术交易增加值占 GDP 比重超 20%	2018 年北京该数值为 13.2%
	流向京外的技术合同成交额占北京技术市场交易额超 70%	流向京外的技术合同成交额占北京技术市场交易额超 80%	2018 年，流向外省市技术合同成交额占 73%

资料来源：笔者根据杜德斌. 全国科技创新中心动力与模式. 上海：上海人民出版社，2015 及相关资料整理。

（二）全国高科技研发中心

北京是全国科技智力资源最集中的城市，拥有大量的中央和地方各类科研院所、高等院校、国家重点实验室以及中外资巨头设立的研发机构，这些是北京的科技创新载体，也是北京建设国家科技创新中心的重要依托和保障。未来北京应加大研发资源的聚集力度，成为全球范围内的高科技成果研发源头。

（三）全国科技金融管理中心

形成强大的科技金融资金流通能力，发展科技金融支付结算，提高科技金融信息交流能力，成为全球极富吸引力的科技投资目的地、科技资本集散地和国家级科技金融管理中心。提升在全球金融价值链中的地位和作用，通过金融政策、资金支持等各方面的联动，激发科技创新的内生动力。

（四）全国高科技企业聚集中心

目前在北京，特别是中关村自主创新基地，科技企业高度聚集，其中有一大批科技上市公司。除此之外，在北京有众多跨国公司地区总部，未来北京应吸引和聚集更多的科技企业以及世界500强。行业巨头企业是推动科技创新的主要力量，高科技企业汇集在一起，更能促进竞争和推动创新。

（五）全国创新辐射中心

企业和研发资源形成科技创新成果后，如何提高创新成果在地区乃至全国的辐射力度成为重要环节。北京建设成为全国创新辐射中心，在聚集了全国优质创新资源以及研发中心后，应不断提高高科技产业辐射的广度和质量，拉动区域增长。

二、北京建设全国科技创新中心的基本思路

北京创建全国科技创新中心，不能简单套用国外知名城市的建设思路，需要考虑北京城市发展的特色与定位，形成北京建设全国科技创新中心的思路。

近年来，国内外众多学者对创新型城市和创新能力的影响因素、全国科技创新中心的建设进行了有益的探讨。

一方面，前文结合这些有益的探讨，建立了创新网络、人力资本、创新政策、创新投入、创新基础、产业集群、创新文化、创新服务八大影响全国科技创新中心的因素模型，并剖析了各类因素影响全国科技创新中心发展的作用机理，构建了全国科技创新中心的理论框架，为北京打造全国科技创新中心提供了理论与机制基础。

另一方面，前文在探求建设创新型城市的影响因素的过程中，通过将北京与全球顶级创新型城市进行横向对比，发现了北京的创新瓶颈，在学习借鉴国外创新型城市的发展经验过程中，为北京建设全国科技创新中心提供了一定的参考。

综上，笔者提出了如下北京建设全国科技创新中心的思路。

（一）总体思路

针对北京现有的创新瓶颈，以及支撑科技创新的关键因素，笔者提出，北京创建科技创新中心的总体思路为：把握世界新一代科技革命的历史机遇，以市场需求为导向，强化企业在技术创新中的主体地位，以创新驱动为动力，以整合国内外优质科技创新资源为手段，完善创新创业服务体系，优化科技创新服务环境，加强知识产权运用和保护，构建完善的自主创新体系，有效支撑全国科技创新中心建设。

（二）具体思路

北京创建科技创新中心的具体思路主要包括以下几个重要方面（见图 7－1）：

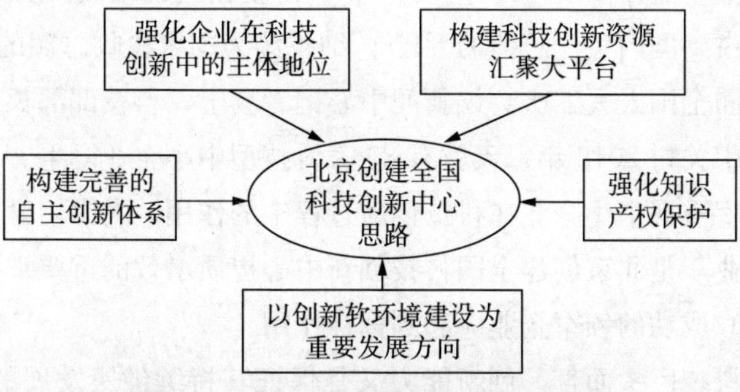

图 7－1　北京创建科技创新中心的思路

资料来源：笔者绘制。

1. 强化企业在科技创新中的主体地位

企业是市场需求的晴雨表，对科技创新成果产业化有诉求，也能提供相应的工厂、资金等基础条件，是形成创新与产业化良性循环的关键环节。只有让企业作为科技创新的突破口，强化企业在科技创新中的主体地位，才能保持技术创新的市场导向，并能顺利保证科技成果产业化应用，真正提高市场竞争能力。

从国家层面来讲，政府相关部门多次强调企业在科技创新中的地位，在第十二届全国人民代表大会第二次会议上，国务院总理李克强在作政府工作报告时指出，要强化企业在技术创新中的主体地位，鼓励企业设立研发机构，牵头构建产学研协同创新联盟。

在北京，企业正发展成为科技创新的主要力量。作为第一个国家自主创新示范区，中关村在近年来取得了骄人的成绩，聚集了以联想、百度为代表的高新技术企业近2万家，形成了以电子信息、生物医药、新能源与节能、环保、新材料、先进制造为代表的高新产业集群。

（1）关注中小企业特别是科技型中小企业的创新潜力。

从美国硅谷的发展壮大、以色列特拉维夫的成长经验来看，中小型科技企业在科技创新中起到的作用不容小觑。近年来，多国政府都着力于培育环境，促进中小企业的发展。

我国中小企业群体正日益壮大。根据中小企业划分标准和第二次经济普查数据测算，目前中小微企业占全国企业总数的99.7%，其中小微企业占97.3%。同时，中小企业创造的最终产品和服务价值已占到国内生产总值的60%，纳税约为国家税收总额的50%。在十二届全国人大三次会议新闻中心记者会上，科技部部长万钢曾表示，中关村2018年每天就有80家科技型中小企业诞生。①

高度重视中小企业在科技创新过程中的作用，大力培育和发展中小企业，是北京创建全国科技创新中心提质增效的重要举措。

（2）成功的领军企业应起到标杆作用。

对科技巨头而言，创新能力又是保证其持续健康发展的灵魂，

① 中关村指数2018在京发布：双创生态指数增势强劲. 中青在线，2018-11-06.

比如苹果对于新的触控技术的应用、Google 一系列先进的研发计划等等，都是成功的典型。但对比中关村企业与国外知名企业，可以发现国内巨头的自主研发能力还有很大的进步空间。

科技发展日新月异，北京创建科技创新中心，培养一大批本土科技巨头，不仅能在相关产业内谋得话语权，更能为全国其他企业的创新发展树立标杆，转化为众多中国企业品牌发展的养料。

实际上，近年来，北京领军企业的市场主导地位已经在持续增强，2013 年，中关村全年收入超过亿元的企业首次突破 2 000 家，达到 2 362 家（见图 7－2），2018 年达到 3 719 家，越来越多的高成长性企业新晋“百亿企业俱乐部”，2018 年百亿元以上规模企业达 90 家。

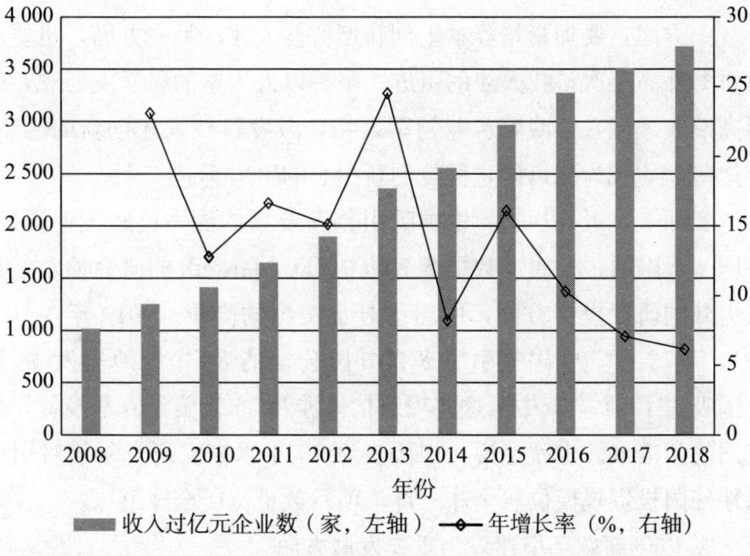

图 7－2 2008—2018 年中关村年收入超过亿元的企业数及年增长率

资料来源：根据各年中关村指数计算。

2. 构建科技创新资源汇聚大平台

在科技创新资源中，高层次创新型人才是“排头兵”。

北京在创建全国科技创新中心的过程中，要注重高端人才聚集带来的经济效应。2013 年，中关村“人才特区”建设成效显著，从业人员达 189.9 万人。从学历结构看，拥有本科及以上学历的从业人员再创新高，达到 94.9 万人，占从业人员总数的比重攀升至 50%以上，其中，拥有硕士和博士学历的从业人员数量分别达到 18.3 万人和 1.8 万人，分别较上年增加了 17.0%和 21.3%；留学归国从业人员规模达到 1.9 万人，同比增长了 22.7%。其中中关村外籍专家人数达 2 654 人，较上年增加 335 人，占外籍从业人员近四分之一。①

表 7－2 为中关村企业高端人才引进情况。

表 7－2　中关村企业高端人才引进情况

人才引进项目	中关村入选人数（人）	占全部入选人数的比重（%）
北京市"海聚工程"	368	70.8
中关村"高聚工程"	158	100

注：数据截至 2014 年 6 月底。

资料来源：中关村指数分析报告 2014。

一方面，要加紧培养本土创新型科技人才；另一方面，也要注重对海外高层次科技人才的引进，坚持以人为本的科学发展观，吸引高端人才流入，凝聚产业领军人物，激发科技人才创新的愿望，使这些人才成为北京创建科技创新中心的生力军。

实际上，近几年来，中国吸引创新要素的能力已经飞速提高。英国《金融时报》旗下数据服务机构 fDi Markets 的研究显示，在吸引外国研发投资方面，中国已赶上美国的脚步。2010 年 1 月—2014 年 12 月，中国吸引了来自外国公司的 88 个绿地研发项目，美国吸引了 91 个；中国这些项目估计涉及 55 亿美元资本投资，是美国的两倍多。也就是说，中国自 2010 年以来在研发领域吸引的绿地外国投资规模位居全球之首，项目数量位居全球第二。②

3. 以创新软环境建设为重要发展方向

在创建全国科技创新中心的过程中，除了相关的技术创新体系以及政策外，完善的创新服务体系和优秀的创新软环境不可或缺。

人才是科技创新的原创力量，在培养、引进人才之后，面临的问题是：城市是否有充分的"创新土壤"留下人才？北京可以积极

① 中关村指数分析报告 2014. http://www.zgc.gov.cn/sfqgk/56261.htm.

② 考特妮·芬加. 中国获研发 FDI 规模超美国. 金融时报，2015－07－23.

借鉴全球知名科技创新型城市的成功经验，其中硅谷的创新文化最具特别性。

硅谷之所以能够超越 128 公路，文化是最关键的因素。在硅谷内部，时刻都有新公司成立，人才需求量不断上升，其专业的网络和快捷的信息交换渠道也为硅谷打造了独特的竞争优势。硅谷的企业非常清楚，只有合作与竞争同步进行，才有可能取得成功。这一点也反映了加州独特的支持竞争的文化。这个生态系统非常欢迎企业进行尝试、冒险并共享成功与失败的经验。从另外一个角度来看，硅谷就是一个非常开放的系统，一个庞大的、在 Facebook 诞生之前就已经存在真实的社交网络。①

近年来，北京在培育创新软环境方面有巨大进步，中关村自主创新示范区聚集了一大批创新型孵化器、信用评级机构、知识产权机构等创新创业服务资源。从中关村指数来看，近年来，创新环境指数快速增长，2017 年达到 406.3，比 2016 年上涨了 100 多点（见图 7－3）。

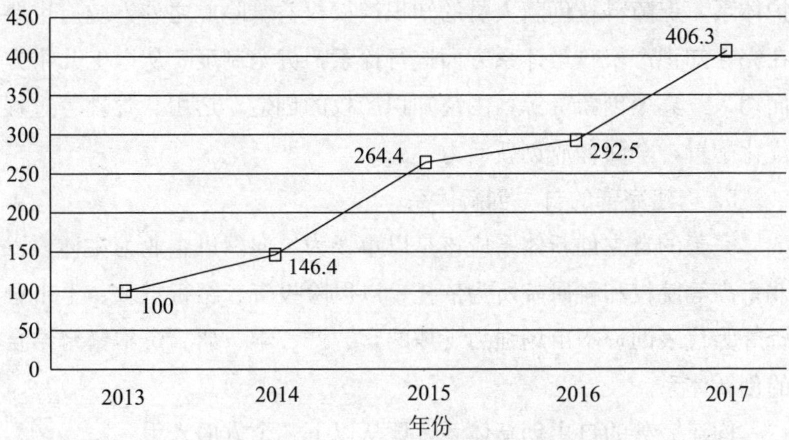

图 7－3　2013—2017 年中关村创新环境指数

资料来源：中关村指数分析报告 2018。

一方面，要打造以人为本的、自由创新的科研和教育环境，鼓励科研人员潜心研究；另一方面，要优化科技创新的分配激励机

① 硅谷无法复制：文化移民人才是成功的关键．搜狐 IT，2013－07－05.

制，鼓励创新创造，进一步调动科研人员的积极性。

4. 强化知识产权保护

近年来，全球正在经历着以物联网、智能制造、人工智能、新能源和新材料为代表的新一轮技术创新浪潮，以技术创新为新特征的制造业日益得到世界发达国家的高度重视。

其中，以德国的“工业 4.0”战略、美国的《先进制造业国家战略计划》等为典型代表，这一轮热潮被人们解读为以知识产权为基础和支撑的制造业转型升级的“第四次工业革命”浪潮。

知识产权在创新驱动中发挥支撑作用，已经成为全球共识。知识产权被运用、转化为现实生产力，为劳动密集型、资源消耗型产业转化为知识密集型、环境友好型产业提供了现实基础和支持，能不断促进传统产业转型升级，推动科技创新、经济发展、社会进步。

在北京创建全国科技创新中心的过程中，一方面要鼓励知识产权创造，加强知识产权运用与管理；另一方面更要健全知识产权保护体系，保障科技创新人员的知识产权权益。除此之外，政府也要在完善知识产权政策体系方面进行探索，健全制度。从以上几个方面切入，集聚创新资源，围绕知识产权的创造、运用、管理等过程优化配置，全面释放创新活力。

5. 构建完善的自主创新体系

完善的自主创新体系应该是以市场为导向，以企业为主体，以北京高等院校和科研院所为依托，以风险投资、银行贷款、上市融资等为代表的资本市场强力支撑的官、产、学、研、资本紧密结合的创新体系。

构建完善的自主创新体系，要从以下几个方面入手：

（1）自主创新体系应该以企业为主体。

研发资源、资金向企业倾斜，企业处在市场第一线，更能感知市场的变化，在推动研究成果向产业转化时有不可替代的作用。

（2）搭建产学研合作平台。

吸引和聚集北京高等院校、科研院所以及行业龙头企业等创新要素，建立一种互利互惠的市场化协作关系，可以通过成果转让或联合开发等多种方式，围绕某一具体创新性技术或者待挖掘市场需求开展多种形式的产学研合作。

(3) 优化自主创新政策体系。

在落实国家相关文件及政策的基础上，围绕鼓励自主创新出台一系列适合本地发展并适应形势发展需求的科技政策，为北京科技创新工作提供政策便利。

(4) 建立健全企业的自主创新投融资体系。

企业在科技创新过程中，尤其是创新初期，需要极大的资金投入，对于联想、百度等中关村知名企业来说，在解决资金需求问题时，一方面可以从自身资金蓄水池中取得资金，另一方面又可以从资本市场、银行贷款等多种渠道获得资金。但这些从资金渠道获取资金对于中小型企业尤其是小微创业企业来说非常困难。这就需要健全针对创新企业的风险投资或者贷款担保体系。

第二节　北京建设全国科技创新中心的重点领域

总体看来，北京建设全国科技创新中心具有一系列得天独厚的基础和条件，比如丰富密集的科研资源、宽松优越的政策环境、与国外的技术合作交流不断加深等等，但在未来的建设中，建议进一步加强北京在重点领域的相关建设。

2010 年 10 月，国务院发布《国务院关于加快培育和发展战略性新兴产业的决定》，提出要使节能环保、新一代信息技术、生物、高端装备制造、新能源、新材料、新能源汽车七大产业用 20 年时间达到世界先进水平。

2013 年发布的《国家重大科技基础设施建设中长期规划（2012—2030 年）》提出，应分清轻重缓急，优先选择具有相对优势、科技发展急需或科技突破先兆已经显现的科学前沿和学科交叉领域，选准主攻方向，集中优势资源，加快重大科技基础设施建设，实现重点领域跨越发展。该规划指出，未来 20 年，瞄准科技前沿研究和国家重大战略需求，根据重大科技基础设施发展的国际趋势和国内基础，以能源、生命、地球系统与环境、材料、粒子物理和核物理、空间和天文、工程技术等七个科学领域为重点，从预研、新建、推进和提升四个层面逐步完善重大科技基础设施体系。

2014年发布的《北京技术创新行动计划（2014—2017年）》明确指出，为坚持和强化北京作为全国政治中心、文化中心、国际交往中心、科技创新中心的城市战略定位，进一步加快北京市技术创新体系建设和产业发展，要遴选若干重大战略领域、关键共性技术或重大工程作为重大专项，改革政府科技创新组织方式，优化重大专项管理机制，努力提升重大专项实施效果。其中包括与科技创新密切相关的新一代移动通信技术突破及产业发展、数字化制造技术创新及产业培育、生物医药产业跨越发展、面向未来的能源结构技术创新与辐射带动、先导与优势材料创新发展等等。

笔者确定了高端装备制造领域、新一代信息技术领域、高端医疗科技领域、智能机器人领域、新能源汽车领域等五大领域。选择这五大领域，参考了国家相关部门、北京市发改委等相关部门对几个重要领域的布局，以及全球著名创新型城市对于该领域的关注等（见图7-4）。

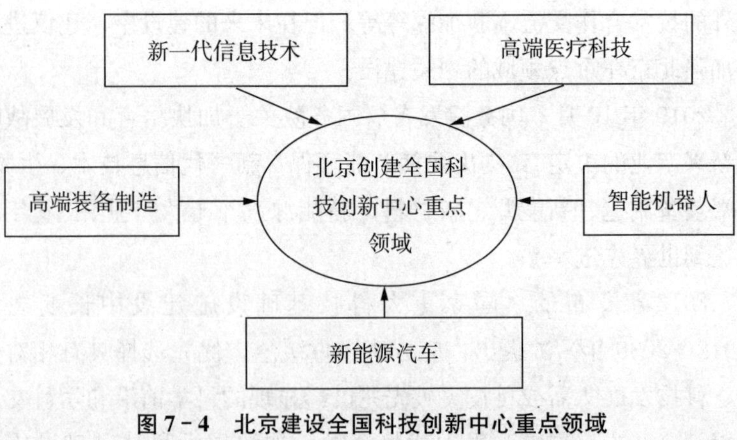

图7-4　北京建设全国科技创新中心重点领域

资料来源：笔者绘制。

一、高端装备制造领域

高端装备制造业与国家综合实力、技术水平息息相关。在一个国家的产业体系中，高端装备制造业处于价值链最高端和产业链核心环节，是推动工业转型升级的引擎。大力培育和发展高端装备制造业，对于加快转变经济发展方式、实现由制造业大国向强国转变具有重要战略意义。

（一）领域界定

高端装备制造产业指装备制造业的高端领域，“高端”主要表现在三个方面：第一，技术含量高，表现为知识、技术密集，体现了多学科和多领域高精尖技术的继承；第二，处于价值链高端，具有高附加值的特征；第三，在产业链中占据核心部位，其发展水平决定了产业链的整体竞争力。

高端装备制造领域主要包括航空装备、卫星及应用、轨道交通装备、海洋工程装备和智能制造装备等细分领域。

国际金融危机之后，德国、美国、日本等国家纷纷推出与高端装备制造、智能制造相关的计划，抢占该领域的金字塔尖地位。如美国先后制定了“重振美国制造业框架”等规划，并设立了国家制造创新中心、数字制造和设计创新中心等先进制造技术研发创新中心。德国政府推出了“‘工业 4.0’战略”，日本推出了《机器人新战略》等等。我国培育和发展高端装备制造业刻不容缓。

（二）政策支持

1. 国务院相关文件

2006 年 6 月 28 日国务院公布了《关于加快振兴装备制造业的若干意见》，对振兴装备制造业的目标、基本原则、主要任务、主要措施、政策支持等方面提出了指导意见。

2010 年 10 月，国务院发布《关于加快培育和发展战略性新兴产业的决定》，其中，高端装备制造业作为战略新兴产业之一，主要包括航空产业、卫星及应用产业、轨道交通装备业、海洋工程装备以及智能制造装备五个细分领域。2015 年 5 月 8 日，国务院规划提出了中国制造强国建设三个十年的“三步走”战略，是第一个十年的行动纲领，其中主要聚焦的三大方向为制造业绿色升级、智能制造、高端装备创新。

2. 工信部相关文件与行动

2012 年 5 月 7 日，工信部网站公布了《高端装备制造业“十二五”发展规划》，指出到 2015 年，高端装备制造业销售收入超过 6 万亿元，在装备制造业中的占比提高到 15%，工业增加值率达到 28%。到 2020 年，高端装备制造业销售收入在装备制造业中的占比提高到 25%，工业增加值率较“十二五”时期末提高 2 个百分点，将高端装备制造业培育成为国民经济的支柱产业。

2015 年 6 月 1 日，工信部总工程师王黎明表示，工信部已经和国家开发银行联合选择了 30 多个重点项目，通过银企合作推动装备制造“走出去”。此外，将把进一步支持高端装备制造业“走出去”作为重点，选择一些重点项目加快推进。①

（三）高端装备制造对培育我国核心竞争力意义重大

1. 是主要发达国家争夺的重要领域

目前，我国经济结构正在进行调整重构，这一方面造成了传统装备产业需求周期向下，但另一方面也给行业和企业带来了发展机遇，倒逼企业转型升级。除此之外，全球正经历着新材料、新能源、新一代信息技术的科技创新浪潮，在这个被誉为“第四次工业革命”的历史时期，技术驱动型的高端装备制造业也是各个主要发达国家争夺的重要领域：美国在金融危机之后提出先进制造业回归计划、德国打造“工业 4.0”、日本大力推进机器人产业革命等，试图重塑高端装备制造业竞争新优势。

2. 肩负“走出去”使命

对于我国来说，在新技术革命发展的良机下，通过高技术发展这一巨大引擎刺激上下游相关产业发展意义重大，近年来，高铁制造、核电技术输出等重点领域项目已经成为国家名片，肩负着中国

① 工信部：高端装备制造业“走出去”将成为重点. http://money.163.com/15/0601/13/AR1C9B0700253B0H.html.

制造“走出去”的重任。

以致力于轨道交通建设的中国中车为例，2015 年，南北车合并为中国中车，强强联合更有利于进一步优化资源配置，在开拓海外市场时，与庞巴迪、西门子等海外巨头相比，中国轨道交通装备制造商竞争力更强，有助于打造“中国制造”的高端形象。

（四）北京的优势因素

1. 科技资源总量大利于高端装备制造研发

北京是全国科技智力资源最集中的城市，科技资源总量约占全国的三分之一。其中，拥有中央和地方各类科研院所 400 余所、高等院校 90 余所，国家重点实验室约占全国的三分之一，两院院士约占全国的一半，留学回国人才占全国的四分之一。科技企业高度聚集，约占全国的近四分之一，其中有一大批科技上市公司、跨国公司地区总部、世界 500 强企业及外资研发机构。聚集了大批科技创新载体，国家级科技创新基地约占全国的三分之一，各类大型科研仪器设备占全国的四分之一以上，国家级产业技术创新联盟占全国的百分之四十以上。同时承担的国家重大科技专项、重大项目占全国的百分之四十。①

2. 央企聚集有利于高端装备制造进行创新竞争

近年来，央企在高端装备制造业方面有了很快的发展，比如中国中车的高铁技术、中国三大核电的核电技术已经成为我国制造业“走出去”的名片。除此之外，央企在民用航空装备、卫星应用等领域都成绩优异，成为引领我国高端装备制造业的主导力量，众多央企总部在北京聚集，对北京发展高端装备制造业有很强的带动作用。

（五）北京重点发展领域

1. 航空航天装备

北京是中航科工等中航系统企业的聚集地。应加快大型飞机、重型直升机的研制，推进通航飞机、无人机的产业化，突破先进航

① 王力丁，等. 创新驱动发展战略推动科技创新中心建设. 前线，2015－07－22.

空发动机和先进机载设备技术。

2. 先进轨道交通装备

目前，南北车合并后，正在加快“走出去”步伐，又肩负着进一步提升技术含量的重任。除此之外，北京拥有一批如北京铁道工程机电技术研究所有限公司这样的轨道交通重大装备技术企业，研发、产业化力量雄厚。

在“一带一路”的构想下，铁路出口还将保持旺盛态势，在政策的支持下，国内轨道交通装备企业即将面对全球市场的角逐。市场空间的扩展对提升行业估值有明显的刺激作用。根据 SCI Verkehr 的统计，2013 年全球轨道交通装备市场规模在 1 620 亿欧元左右，从产品结构来看，由于轨道交通车辆存在加密需求并且后期保养维护量较大，市场占比约为 60%，其他基础设施（线路及电气化设施）及系统技术（控制、信号、旅客信息系统）分别占比 29%及 11%。展望未来，从 2013 年到 2018 年，预计全球市场将以 3.4%的复合增长率稳步增长，到 2018 年将达到 1 910 亿欧元左右。①

3. 智能装备制造

智能制造装备将成为我国高端装备制造业的重点方向之一，与此同时，在北京发展高端装备制造业时，也应该突出智能装备制造，包括智能仪器仪表与控制系统、关键基础零部件及通用部件、高档数控机床与基础制造装备、智能专用装备等等。

中关村作为国家自主创新示范区，出台了一系列政策支撑科技创新相关产业发展，在智能硬件产业发展方面，中关村在 2015 年也出台了新政，鼓励无人系统、传感物联等相关领域快速发展。

二、新一代信息技术领域

北京应加快培育具备原创性核心技术和创新产品的龙头企业，抢占 5G 标准制定等国际标准制高点，推动新一代移动通信技术与

① 亚投行助力“一带一路”重塑世界经济格局 高端装备制造全面走向世界. 中银国际，2015-03-31.

众多行业的广泛融合。

（一）领域界定

《国务院关于加快培育和发展战略性新兴产业的决定》中列出了七大国家战略性新兴产业体系，其中包括“新一代信息技术产业”。关于发展“新一代信息技术产业”的主要内容是：“加快建设宽带、泛在、融合、安全的信息网络基础设施，推动新一代移动通信、下一代互联网核心设备和智能终端的研发及产业化，加快推进三网融合，促进物联网、云计算的研发和示范应用。着力发展集成电路、新型显示、高端软件、高端服务器等核心基础产业。提升软件服务、网络增值服务等信息服务能力，加快重要基础设施智能化改造。大力发展数字虚拟等技术，促进文化创意产业发展。”

随着信息技术的不断完善和普及，云计算、社交网络、电子政务、网上购物等应用已经铺盖到人们生活的方方面面。国际竞争日趋激烈，各国纷纷投入巨资，开展了相关研究计划。以新一代移动通信技术标准即5G标准制定为例，目前，5G标准的竞逐者有美国、欧洲、中国、日本、韩国等，目前中国的华为、中兴通讯、大唐电信、中国移动等企业都在致力于5G技术标准的研发。

（二）政策支持

1. 在“十四五”规划中将战略性新兴产业列为重点扶持对象

在“十四五”规划中，战略性新兴产业被明确为国家未来重点扶持的对象，信息技术作为其中之一被重点推进，并明确提出，“十四五”期间，以信息技术为核心的战略性新兴产业增加值占国内生产总值比重要达到17%左右。

2. 国务院出台了相关政策，政府也加大了投入

国务院在2013年发布了《关于推进物联网有序健康发展的指导意见》，提出要实现物联网在经济社会重要领域的规模示范应用，突破一批核心技术，初步形成物联网产业体系，安全保障能力明显提高。并指出，要发展壮大一批骨干企业，培育一批“专、精、特、新”的创新型中小企业，形成一批各具特色的产业集群，打造较完善的物联网产业链。2017年工信部发布《物联网发展规划

(2016—2020 年)》，明确提出要大力发展物联网技术和应用，加快构建具有国际竞争力的产业体系，深化物联网与经济社会融合发展，支撑制造强国和网络强国建设。2020 年工信部发布《关于深入推进移动物联网全面发展的通知》，要着力完成加快移动物联网网络建设、加强移动物联网标准和技术研究、提升移动物联网应用广度和深度、构建高质量产业发展体系、建立健全移动物联网安全保障体系等五项重点任务。健全移动物联网产业链，加快云管边端协同的服务平台建设，规范移动物联网行业发展秩序和支持移动通信转售企业开展移动物联网业务，构建高质量产业发展体系。

另外，除了相关政策支持，近年来，政府对于信息化的投入持续增长（如图 7－5 所示）。

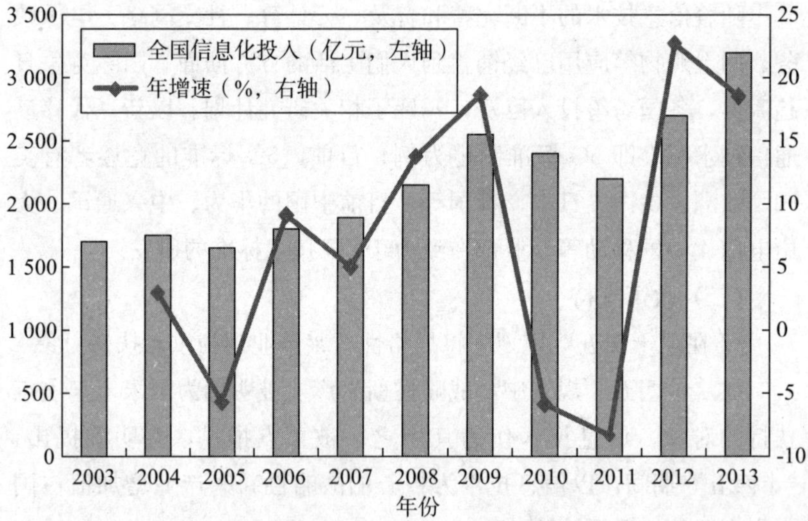

图 7－5　政府信息化投入

资料来源：赛迪、长江证券。

(三) 地方政府近年大力发展智慧城市——信息技术应用的“集大成者”

随着物联网、下一代互联网、云计算等新一代信息技术的广泛应用，作为信息化投资的载体，智慧城市成为新一代信息技术应用的“集大成者”。

在2015年政府工作报告中，李克强总理表示，要发展智慧城市。这是“智慧城市”一词首次写进国家层面政府工作报告，引发了社会各界的高度关注。2021年发布的《中华人民共和国国民经济和社会发展第十四个五年规划和2035年远景目标纲要》将分级分类推进新型智慧城市建设作为加快数字社会建设的主体内容之一，以数字化助推城乡发展和治理模式创新。北京市2021年发布的《北京市“十四五”时期国际科技创新中心建设规划》明确将提升智慧城市建设水平作为支撑北京国际一流的和谐宜居之都建设的关键支撑。

智慧城市是充分运用物联网、云计算、移动互联网等通信和信息技术手段，通过感测、传送、整合和分析城市运行核心系统的各项关键信息，对公众服务、社会管理、产业运作等活动的各种需求做出智能的响应，构建城市发展的智慧环境，面向未来构建全新的城市形态。根据IDC预测，未来10年与智慧城市建设相关的投资将超过2万亿元人民币，具体涉及智能交通、公共安全、数字城管、智慧医疗等解决方案市场。①

在新一代信息技术浪潮下，智慧城市成为城市发展的一种全新范式，在国家层面加大对于智慧城市的关注力度后，各地政府纷纷采取措施加快智慧城市建设，其中上海、深圳、南京、武汉、成都、杭州、宁波、佛山、昆山等城市最先推出了“智慧城市”的发展规划。

（四）北京的优势因素

1. “大上地”地区的创新资源优势

北京具备发展新一代信息技术的创新资源优势。中关村作为国家自主创新示范区，有大量的科技型企业，根据中关村核心区打造“一城三街”的发展规划，将以“大上地”地区为核心打造中关村软件城，发展适合首都城市战略定位的软件和信息服务业。

中关村软件城以上地地区为核心，规划总面积31.3平方公里。

---

① 智慧城市专题：万亿投资拉开帷幕，个股机会贯穿全年．长江证券，2014-05-31.

其前身中关村软件园在2.6平方公里的地界上聚集了687家软件企业总部和全球研发中心，每平方公里年产值达到969.3亿元，人均产值为324.4万元，单位密度产出居于全国领先地位（截至2018年）。

2. 科技企业密集优势

以中关村为例，2013年，中关村全年收入超过亿元的企业首次突破2 000家，达到2 362家，越来越多的高成长性企业新晋“百亿企业俱乐部”，如小米科技自2010年成立以来，仅用了3年时间便晋升为百亿企业。2013年，426家“十百千工程”培育企业在中关村实现收入约1.3万亿元，占中关村总收入的42%。2013年，中关村上市企业总市值再创新高，首次突破2万亿元大关，达2.04万亿元；企业合并报表收入达1.45万亿元，连续三年保持在万亿元以上。① 根据中关村创新发展研究院发布的《中关村指数2020》，中关村示范区拥有欧盟“2019全球研发投入2500强企业”69家，福布斯“2020全球上市公司2000强”20余家上市企业约400家，市值超10万亿元，从业人员人均实现增加值近40万元/人，新注册科技型企业2万余家，有胡润“2020全球独角兽”93家股权投资金额超千亿元，本科及以上学历从业人员占比近60%，有国家备案众创空间149家，有港澳台及外资企业1 000余家，出口总额超2 500亿元，跨国公司地区总部60余家，技术或服务出口近400亿元。

北京具备的科技资源优势和政府的支持力度无疑将为其在新一代信息技术发展中谋得一席之地。

（五）北京重点发展领域

1. 抢占国际标准制高点

一方面，参与5G标准制定。目前，国际电信联盟已经启动5G标准研究工作，并明确了IMT-2020的工作计划：2015年年中完成IMT-2020国际标准前期研究，2016年开展5G技术性能需求和评估方法研究，2017年底启动5G候选方案征集，2020年底完

① 中关村指数分析报告2014.

成标准制定。中兴、华为等中国通信设备制造商已纷纷加入5G标准制定中。北京应加大对该领域的支持力度，抢占国际标准制高点。

除此之外，要加快大数据标准化工作的突破。一方面，北京要积极参与、逐步构建完善的大数据标准体系；另一方面，在国际标准化活动方面，要充分调用并利用北京的产学研用各方资源，积极开展相关行动。

2. 三网融合领域

三网融合是指电信网、广播电视网、互联网在向宽带通信网、数字电视网、下一代互联网演进的过程中，三大网络通过技术改造，其技术功能趋于一致，业务范围趋于相同，网络互联互通、资源共享，能为用户提供语音、数据和广播电视等多种服务。

2010年6月底，包括北京、上海、南京等在内的三网融合12个试点城市名单和试点方案正式公布，三网融合进入实质性推进阶段。北京应加快在三网融合方面的探索，作为国内该领域的发展样本。

3. 芯片、量子计算与人工智能

要突破一批数字底层核心技术。加强微型芯片、多功能传感器等感知技术以及物联网、边缘计算研发。加大智能终端新技术、新产品供给，加快打造全球数字经济标杆城市。在量子计算、超大规模新一代人工智能模型、微纳能源与自驱动传感技术、类神经元芯片和双向闭环脑机接口、干细胞治疗与再生医学等方面形成一批重大原创成果，在前沿技术领域谋划布局建设新一批世界一流新型研发机构。构建并完善新型区块链底层技术平台及区块链专用芯片的软硬一体技术体系“长安链”。

近年来，工信部组织实施了展讯、海思、联芯等国内骨干手机芯片企业与北斗星通、东莞泰斗、东方联星、西安华讯等北斗IP核提供方合作，共同开发适用于智能手机的高集成度、低功耗北斗移动通信一体化芯片，并由华为、中兴、联想、宇龙四家国内骨干手机企业牵头进行整机适配和应用推广。北京应加大对该领域企业的政策支持力度。

三、高端医疗科技领域

根据国家药监局发布的 2021 年第二季度《药品监督管理统计报告》，截至 2021 年 6 月底，全国实有医疗器械生产企业 2.75 万家。医疗器械市场容量已达到 8 700 余亿元。设备 5 226 亿元，耗材 3 499 亿元，其中高值耗材 1 405 亿元，占比 16.1%。但我国多数医疗器械生产企业都是中小型企业，且技术水平偏低，主要针对局部地区的区域市场销售。在巨大的市场缺口下，应加大对相关领域的发展力度。

（一）领域界定

高端医疗科技领域包括高端医疗企业、医疗设备、医用材料、生物医药技术等相关细分领域。从“人类基因组计划”等大型基因组研究计划，到美国近期提出的“精准医疗计划”，发达国家在高端医疗科技领域正加快布局。

（二）政策支持该领域创新

与新一代信息技术、高端装备制造技术相同，医疗器械等医疗科技产业是典型的高新技术产业，高新技术应用密集，能集中体现一个国家和经济体的前沿技术发展水平，同时也是带动和引领多学科技术发展的重要引擎。

1. 国务院政策

2010 年，在国务院发布《关于加快培育和发展战略性新兴产业的决定》中，先进医疗设备、医用材料等生物医学工程产品的研发和产业化被列入我国战略性新兴产业的发展重点，我国医疗器械产业发展有了一系列政策支撑，并迎来了前所未有的重要战略发展机遇。

2014 年 6 月，修订后的《医疗器械监督管理条例》正式施行，新条例明确提出，国家鼓励医疗器械的研究与创新，促进医疗器械新技术的推广和应用，推动医疗器械产业的发展。条例还从优化审评审批、减轻企业负担、鼓励创新等角度进行了一系列具体制度设计，为促进医疗器械产业发展、鼓励企业做大做强提供了有力的法律依据和政策基础。

在2015年《国家发展改革委关于实施增强制造业核心竞争力重大工程包的通知》中，提出充分发挥市场的决定性作用，更好地发挥政府作用，加快推动我国制造业在高端医疗器械和药品等重点领域突破一批重大关键技术实现产业化，建立一批具有持续创新发展能力的产业联盟，形成一批具有国际影响力的领军企业，打造一批中国制造的知名品牌，创建一批国际公认的中国标准。

2021年《中华人民共和国国民经济和社会发展第十四个五年规划和2035年远景目标纲要》把医药及医疗设备等产业创新发展作为推动制造业优化升级的重要内容。推进国家组织药品和耗材采购使用改革，发展高端医疗设备。完善创新药物、疫苗、医疗器械等快速审评审批机制，加快临床急需和罕见病治疗药品、医疗器械审评审批，促进临床急需境外已上市新药和医疗器械尽快在境内上市。

2. 科技部政策

2012年，科技部下发《医疗器械科技产业“十二五”专项规划》，指导医疗企业科技产业的发展。

2017年科技部发布《“十三五”医疗器械科技创新专项规划》提出，加速医疗器械产业向创新驱动转型，完善医疗器械研发创新链条；突破一批前沿、共性关键技术和核心部件，开发一批进口依赖度高、临床需求迫切的高端、主流医疗器械和适宜基层的智能化、移动化、网络化产品，推出一批基于国产创新医疗器械产品的应用解决方案；培育若干年产值超百亿元的领军企业和一批具备较强创新活力的创新型企业，大幅提高产业竞争力，扩大国产创新医疗器械产品的市场占有率，引领医学模式变革，推进我国医疗器械产业的跨越式发展。

3. 国家市场监督管理总局政策

2014年2月7日，为保障医疗器械安全、有效，鼓励医疗器械研究与创新，促进医疗器械新技术推广和应用，推动医疗器械产业发展，国家食品药品监管总局（现更名为“国家市场监督管理总局”）出台了《创新医疗器械特别审批程序（试行）》，对创新医疗器械予以优先办理。

4. 北京市相关政策

在《北京技术创新行动计划（2014—2017 年）》中提出要实现生物医药产业跨越发展，重点组织实施支柱产业跨越发展、完善创新驱动政策体系等任务。到 2015 年，重点培育 1～2 家百亿级企业和 1～2 个 20 亿元以上“重磅产品”，10 亿元以上企业增加到 20 家，5 亿元以上品种增加到 25 个，生物医药产业实现总收入 1 800 亿元，年复合增长率达到 20%以上。到 2017 年，生物医药产业力争成为支柱产业。

高端医疗器械、中医药、数字医疗新业态等领域开展关键核心技术攻关和产品研发。支持医用机器人、高端植入耗材、神经介入器械等特色高端医疗器械研发；支持常用研究用高端仪器设备的国产化开发；加快医疗设备和精密科学仪器的技术攻关，支持性能稳定、精密度高的医疗器械关键材料与核心部件研制。

（三）我国医疗技术水平发展滞后促使加快相关研究创新

不容回避的现实是，由于创新能力薄弱，医疗技术水平发展滞后，我国医疗器械等科技发展水平与发达国家存在较大差距。

目前，国内中高端医疗器械主要依靠进口，进口公司主要是国际知名公司。根据中国医药物资协会《2013 年中国医疗器械行业发展状况蓝皮书》，我国约 80%的 CT 市场、90%的超声波仪器市场、85%的检验仪器市场、90%的磁共振设备、90%的心电图机市场、80%的中高档监视仪市场、90%的高档生理记录仪市场以及 60%的睡眠图仪市场均被外国品牌所占据（如图 7 - 6 所示）。①

波士顿咨询公司发布的报告显示，在整个医疗保健行业蓬勃发展的推动下，中国医疗科技市场将在 2013—2020 年期间保持 14%的年均复合增长率，年收入将从 220 亿美元增至 550 亿美元。

---

① 国产医疗器械行业成长空间广阔. 中国证券报 · 中证网，2015 - 04 - 07.

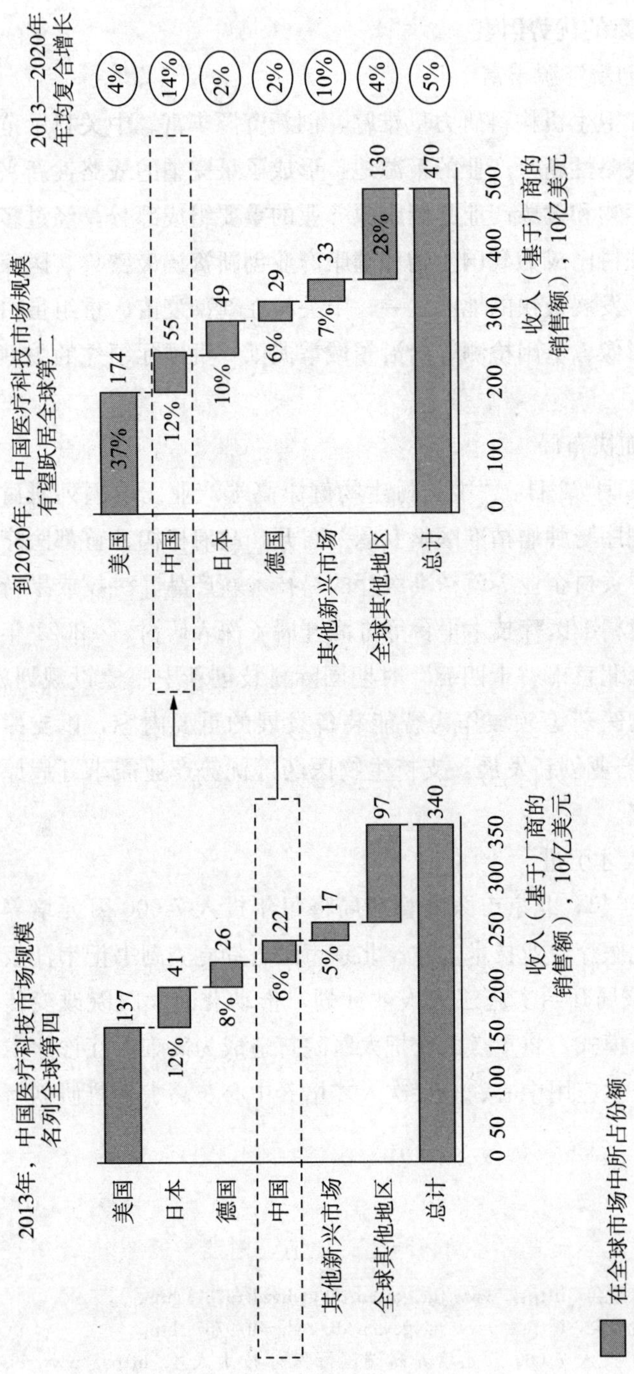

图7-6　中国医疗科技市场规模暴增

注：其他新兴市场包括巴西、俄罗斯、印度、土耳其和东南亚。

资料来源：波士顿咨询公司。

（四）北京的优势因素

1. 医疗创新资源丰富

首都医疗卫生机构科研力量雄厚，创新资源丰富。中关村示范区作为我国战略性新兴产业的策源地，形成了最完整的战略性新兴产业集群。生物和健康产业是健康服务业的重要组成部分，经过多年发展，中关村已成为我国生物和健康产业创新资源最密集、医疗资源最丰富、发展最快的地区之一，中关村在新型疫苗、重组蛋白药物、分子影像、基因检测等前沿领域掌握了一批国际领先的关键技术。①

2. 政府加快布局

2015 年 7 月 22 日，“中关村生物健康高端产业发展系列研讨会——基因测序与肿瘤精准医学专题”召开，政府机构、首都医疗卫生机构、中关村企业等就精准医疗的新技术新产品、科技成果转化推广、搭建精准医疗技术平台等方面开展了深入研讨。② 2021 年北京发布的《北京市“十四五”时期国际科技创新中心建设规划》提出，将生物医药等领域作为智能装备发展的重要内容，以支撑“先进智造”产业创新发展，支持生物医药等优势产业需求开展原创性基础研究。

3. 加大人才引进

从 2015 年起，北京市医院管理局将每年投入 7 000 万元培养国际化高端化医疗专业技术人才。北京市医管局党委副书记韦江表示，2015 年该局开始实施三大人才计划，推动北京大医院改变传统的规模扩张模式，将重点放在把大医院打造成为疑难病症诊疗中心、重大新技术应用中心、高层次人才培养中心、高水平科研创新中心。③

---

① 中关村管委会，http://www.zgc.gov.cn/dt/gwhgzdt/97671.htm.

② 中关村管委会，http://www.zgc.gov.cn/dt/gwhgzdt/97671.htm.

③ 北京每年投入 7 000 万元培养高端国际医疗技术人才. http://www.bj.chinanews.com/news/2015/0516/45265.html.

（五）北京重点发展领域

1. 高端医疗器械研发及产业化

目前我国中高端医疗器械主要依靠进口。《中关村战略性新兴产业集群创新引领工程（2013—2015）》显示，中关村将建设高端医疗器械产业园，将进一步完善中关村示范区生物和健康产业集群布局，聚集医疗器械产业链关键环节的高端要素，打造国内乃至国际有影响力的产业基地。2017年北京中关村高端医疗器械产业园开园，该园以高端医疗器械产业为主，集研发、孵化、生产、服务为一体，重点发展高端医疗器械研发总部、新型高端医疗器械生产制造、医疗器械企业孵化成长、医疗器械支撑服务等四大产业园功能。北京应加大对高端医疗器械产业园、龙头企业的政策支持力度。

2. 生物医药产业

包括生物制药、新型医药制剂等重点方向，2010年，北京市启动G20工程（北京生物医药产业跨越发展工程）。该工程重点扶持北京20%的医疗企业做大做强，以加速提升北京生物医药产业竞争力。对取得国际或国内领先水平、产业带动性强的重大创新成果，应加大在产业化层面的支持力度，推进科技成果转化。

四、智能机器人领域

近年来，日本等国家频频推出机器人计划，工业机器人是集电子、计算机、传感器、人工智能等多学科先进技术于一体的自动化装备，一方面代表着未来智能装备的发展方向，另一方面，在带动技术创新能力提升、促进产业结构调整方面起到积极作用。

（一）领域界定

智能机器人是指可以识别周围环境，根据变化的环境信息自主思考，并做出反应的一类机器人。智能机器人可将人类从部分需要思考的高级劳动中解放出来，如家庭清洁、医疗陪护等。其应用领域较固定程序的工业机器人更为广泛，既可以应用于工业制造领域，又可以用于家庭服务领域。

智能服务机器人包括专用服务机器人和家用服务机器人。其中，专用服务机器人是在特殊环境下作业的机器人，如核电站事故检测与处理机器人、极地科考机器人、反恐防暴机器人、军用机器人、救援机器人等；家用服务机器人主要是服务人的机器人，如助老助残机器人、康复机器人、清洁机器人、护理机器人、医疗机器人、教育娱乐机器人等。①

目前，该领域国际竞争激烈。2013 年，美国机器人协会联合麻省理工学院、卡内基梅隆大学、加州大学伯克利分校、宾夕法尼亚大学等发布了机器人发展规划路线图。除此之外，2014 年，英国发布了机器人 RAS 2020 战略。2015 年初，日本发布了《机器人新战略》，提出了成为世界机器人创新基地的目标。

（二）政策支持

早在 2006 年国务院发布的《国家中长期科学和技术发展规划纲要（2006—2020 年）》中就明确指出，将服务机器人作为未来优先发展的战略高技术，并提出“以服务机器人应用需求为重点，研究设计方法、制造工艺、智能控制和应用系统集成等共性基础技术。”

“十二五”期间，国务院及相关主管部门先后出台的《国务院关于加快培育和发展战略性新兴产业的决定》《高端装备制造业“十二五”发展规划》《工业转型升级规划（2011—2015 年）》《智能制造装备产业“十二五”规划》等均把机器人列为最重要发展行业。

2013 年底，工信部出台《关于推进工业机器人产业发展的指导意见》，明确到 2020 年，形成较为完善的工业机器人产业体系，培育 3～5 家具有国际竞争力的龙头企业和 8～10 个配套产业集群；工业机器人行业和企业的技术创新能力和国际竞争能力明显增强，高端产品市场占有率提高到 45%以上，机器人密度达到 100 以上，基本满足国防建设、国民经济和社会发展需要。

---

① 全球智能机器人应用领域分析. http://www.robot-china.com/news/201308/28/5638.html.

国务院2016年发布的《"十三五"国家科技创新规划》将智能制造和机器人列为新的重大科技项目，研发智能机器人等高端装备，攻克核心部件关键技术，工业机器人实现产业化，服务机器人实现产品化，特种机器人实现批量化应用。

2016年工业和信息化部、国家发展改革委、财政部等三部委联合印发《机器人产业发展规划（2016—2020年）》，提出在工业机器人领域引导我国工业机器人向中高端发展，在服务机器人领域推进专业服务机器人实现系列化。

2021年工信部、国家发改委等15个部门印发《"十四五"机器人产业发展规划》，进一步提出到2025年我国要发展成为全球机器人技术创新策源地、高端制造集聚地和集成应用新高地。"十四五"期间，将推动一批机器人核心技术和高端产品取得突破，整机综合指标达到国际先进水平，关键零部件性能和可靠性达到国际同类产品水平；机器人产业营业收入年均增速超过20%；形成一批具有国际竞争力的领军企业及一大批创新能力强、成长性好的专精特新"小巨人"企业，建成3～5个有国际影响力的产业集群；制造业机器人密度实现翻番。

（三）国内诸多省份、城市出台规划促使北京加快机器人领域创新

浙江省把培育壮大机器人产业作为深入实施数字经济"一号工程"和推进制造业高质量发展的重要抓手，2017年省政府发布《浙江省"机器人+"行动计划》，提出大力推进机器人应用和产业发展，孕育"机器人+"新模式、新业态，提高创造方式的智能化与生活方式的智慧化水平，建设国内一流的机器人应用示范基地和产业创新发展示范区。"十三五"以来，浙江省大力实施智能机器人产业高地建设行动，坚持应用牵引、创新驱动、系统培育，深入推进"机器换人"，充分激发企业活力，营造了良好产业生态。截至2019年底，全省共有机器人及相关配套企业近300家，实现工业产值超500亿元，基本形成集关键零部件、机器人整机、系统集成及周边配套产品等于一体的完整产业链体系。截至2020年底，全省在役工业机器人数量已突破11.1万台。其"十四五"规划进一步提出，推广新智造模式，加快国家新一代人工智能创新发展试验区建设。

2013年重庆发布《关于推进机器人产业发展的指导意见》，提出到2020年，重庆机器人产业销售收入达到1 000亿元，机器人产业成为新的支柱产业。在“机器人之都”框架之下，重庆规划了两江新区工业机器人和配套功能区、璧山工业园特种机器人功能区、江津双福工业园服务机器人功能区。重庆市2021年出台《重庆市推动机器人产业高质量发展工作方案（2021—2025年）》，旨在建强机器人产业链供应链，补齐短板，锻造长板，助推重庆市机器人产业高质量发展。围绕工业机器人、服务机器人、关键零部件、机器人检测认证等产品和技术，打造一批具有共生、互生、再生、富有活力和可持续发展的机器人产业新业态。该工作方案提出，到2023年重庆市机器人产业销售收入突破500亿元，到2025年突破800亿元，建成国内一流的机器人应用示范基地和产业创新发展示范区。

广东省作为制造业大省，自2014年省内首份“机器代人”计划在顺德发布以来，东莞、佛山也相继出台了“机器换人”鼓励措施。2015年广东省政府下发了《广东省工业转型升级攻坚战三年行动计划（2015—2017年）》，推动1 950家规模以上工业企业开展“机器换人”，并挑选龙头企业开展“智能工厂培育建设试点”。2015年出台《广东省智能制造发展规划（2015—2025年）》，实施机器人产业发展专项行动，使得工业机器人产量占全国比重从2016年的15.9%提高到2020年的29.7%。2021年出台的《广东省制造业高质量发展“十四五”规划》在发展重点方向中提出智能机器人重点细分领域发展空间布局，指出以广州、深圳、珠海、佛山、东莞、中山为依托，推动工业机器人在高端制造及传统支柱产业的示范应用，到2025年，广东省智能机器人产业营业收入达到800亿元，建设国内领先、世界知名的机器人产业创新、研发和生产基地。

“十三五”时期，上海市智能制造装备快速发展，工业机器人产业规模位居全国第一，2021年上海发布的《上海市高端装备产业发展“十四五”规划》将机器人放在智能制造装备领域的首要位置，发展重点一是大力推动工业机器人升级，发展应用于多种制造场景的高精度工业机器人和高仿人化特征的协作机器人与自适应机器人。二是扩大服务（特种）机器人规模，发展应用于多种服务场景的服务机器人和特种机器人，加强人工智能技术与服务机器人融合应用。三是突破机器人核心零部件，提升机器人核心关节的可靠性与性能稳定性。

（四）北京的优势因素

目前，全国多地都将机器人产业作为重点项目推进，北京在创建全国科技创新中心过程中，将智能机器人领域作为重点领域，有自身的优势。

1. 北京市政策支持力度大

2015 年北京市科委下发的《关于促进北京市智能机器人科技创新与成果转化工作的意见》提出，北京将创新技术研发模式，鼓励大学、科研院所与企业发挥各自优势，筹建智能机器人前沿、共性技术研发平台，构建 3～5 个智能机器人科技创新公共服务平台，提升创新能力。首都地区还将重点推广服务机器人（包括专用服务机器人和家用服务机器人）的应用。机器人将在物流、救援、监护以及医疗、养老、康复等领域“上岗”，并逐步形成 3～5 个机器人行业应用示范基地。2017 年北京市发布《北京市加快科技创新发展智能装备产业的指导意见》，提出在智能机器人等领域建成产业创新中心和产业公共平台，在工业机器人系统集成、协作机器人等领域培育一批单项冠军示范企业，打造全国高端装备产业创新示范区和系统解决方案策源地。将智能机器人作为智能制造装备发展的重点方向和首要领域。同年印发的《北京市加快科技创新培育人工智能产业的指导意见》同样将智能机器人作为打造人工智能产业集群的关键内容。为推动北京市机器人产业高质量发展，2019 年又推出《北京市机器人产业创新发展行动方案（2019—2022 年）》，提出依托一批创新实力强、产业基础好、市场成长快的骨干企业，培育形成以医疗健康机器人、特种机器人、协作机器人、仓储物流机器人四大整机加关键零部件为主导的“4+1”发展格局，构建具有北京乃至京津冀特色的机器人产业发展生态，打造具有全球影响力的机器人产业创新策源地和应用示范高地。

2. 京津冀技术创新协同优势

京津冀地区因其技术优势，机器人产业也有所发展。代表企业包括北京紫光、艾捷默、远大超人、拓博尔等，覆盖领域包括工业机器人及其自动化生产线、工业机器人集成应用等产品和服务。

天津市支持工业机器人、警用机器人、安全机器人、矿山机器人、水下机器人、医用微创机器人的研发及产业化，到2015年，产业规模达到200亿元。2018年天津市发布了《天津市机器人产业发展三年行动方案（2018—2020年）》，将重点推动十大标志性产品率先形成突破，即突破家庭服务型机器人和手术机器人应用与产业化，重点发展混联机器人、轻型协作机器人、高压水射流除锈、喷漆机器人、白酒行业用机器人、自动化柔性高铁车身焊缝打磨系统、飞行机器人、水下滑翔机、教育机器人等机器人。同年还发布了《天津市新一代人工智能产业发展三年行动计划（2018—2020年）》，强调加快智能机器人等硬件产品开发和产业化，拓展产业规模。

机器人产业作为河北省唐山国家高新区重点发展的战略性新兴产业，培育了一批包括唐山松下、开元等龙头企业。唐山高新区焊接机器人国内市场占有率超过30%，成为富有特色的机器人产业基地。① 2019年河北省出台《河北省支持机器人产业发展和应用的若干意见》提出，以创新驱动为主题，推动产业集聚，做大特种机器人产业，做精工业机器人产业，做强核心零部件产业，培育服务机器人产业，开展“机器人+”行动计划，以应用促发展，加速工业转型提质增效。2020年河北省机器人产业产值将超70亿元。

（五）北京的发展重点方向

1. 形成较为完善的工业机器人产业体系

注重培育龙头企业，这样的龙头企业应具备国际竞争力，除此

① 机器人产业园站上风口 布局3万亩“大游戏”. 新华网，2015-05-13.

之外，形成配套产业集群，推动机器人产业化进程，实现工业机器人全产业链的可持续发展，提高在高端产品市场的占有率。

2. 推进国际合作，加快技术“走出去”速度

北京在发展机器人产业上有得天独厚的创新资源优势，应集中人才、技术和实验条件等资源，建立和完善工业机器人设计、研发、检测等创新链条的各个环节。加强工业机器人技术的国际交流与合作，支持国内工业机器人企业参与全球市场竞争，推动我国自主技术和标准“走出去”。

五、新能源汽车领域

当前世界各主要发达国家和有关汽车公司均在加紧研发新能源汽车技术，北京加快新能源汽车的研发以及产业化力度，可推动中国从汽车大国到汽车强国的转变。

（一）领域界定

新能源汽车是指采用非常规的车用燃料作为动力来源（或使用常规的车用燃料、采用新型车载动力装置），综合车辆的动力控制和驱动方面的先进技术，形成的技术原理先进且具有新技术、新结构的汽车。

新能源汽车包括纯电动汽车、增程式电动汽车、混合动力汽车、燃料电池电动汽车、氢发动机汽车、其他新能源汽车等。

（二）政策支持

1. 国务院政策

2015 年 5 月，国务院提出，围绕九项战略任务和重点，完善八方面战略支撑与保障，通过“三步走”，到新中国成立 100 周年时进入世界制造强国前列。同时重点提及了大力推动十大重点领域突破发展，其中就包括节能与新能源汽车领域。

2020 年国务院办公厅印发《新能源汽车产业发展规划（2021—2035）》，提出深入实施发展新能源汽车国家战略，以融合创新为重点，突破关键核心技术，提升产业基础能力，构建新型产业生态，完善基础设施体系，优化产业发展环境，推动我国新能源汽车

产业高质量可持续发展，加快建设汽车强国。

2021 年《中华人民共和国国民经济和社会发展第十四个五年规划和 2035 年远景目标纲要》将新能源汽车作为发展壮大战略性新兴产业中构筑产业体系新支柱的重点领域之一。

2. 财政部政策

为加快新能源汽车产业发展，2013 年 9 月，财政部出台了《关于继续开展新能源汽车推广应用工作的通知》，其中明确了对消费者购买新能源汽车给予补贴。2020 年财政部、工业和信息化部、科技部、发展改革委等四部委联合发布《关于完善新能源汽车推广应用财政补贴政策的通知》，支持新能源汽车产业高质量发展，促进新能源汽车消费。同年财政部又发出《关于进一步完善新能源汽车推广应用财政补贴政策的通知》，进一步支持新能源汽车产业高质量发展，推广新能源汽车应用，通过大力度的财政补贴推动城市公交、道路客运、出租（含网约车）、环卫、城市物流配送、邮政快递、民航机场以及党政机关公务等领域车辆电动化；并规定为加快推动公共交通行业转型升级，地方可继续对新能源公交车给予购置补贴。

3. 北京市重点政策

2014 年 1 月，北京市政府出台了《北京示范应用新能源小客车管理办法》，政策显示，在北京市购买新能源车的补贴与国家一致，即按照国家和北京市 1∶1 的比例确定补助标准。除了价格补贴，在北京购买符合“条件”的新能源车，还可在专用新能源小客车配置指标中摇号。2018 年北京市发布《北京市推广应用新能源汽车管理办法》，贯彻落实国家发展新能源汽车的战略部署，倡导绿色低碳出行，有效推进节能减排，优化配套环境，落实和完善扶持政策，推广应用新能源汽车。同年北京市发布了《关于调整完善北京市新能源汽车推广应用财政补助政策的通知》，按照中央与地方 1∶0.5 的比例安排对新能源汽车（纯电动汽车、燃料电池汽车）的市级补助。2021 年发布的《北京市“十四五”时期国际科技创新中心建设规划》，明确把新能源智能汽车作为北京市加速培育高精尖产业新动能的重要领域。

（三）北京对环保的现实需求促使新能源汽车发展

近年来，北京汽车需求量保持强劲的增长势头，汽车尾气所带来的雾霾等环境污染问题日益突出。2015 年 7 月 31 日，北京 2022 年“冬奥会”申奥成功，未来几年，北京大气污染治理将会受到政府的额外重视。考虑到环保治理是个长期的系统性工程，汽车的减排与系统升级改造已经提上日程，大力加快新能源汽车发展成为大势所趋。

除此之外，北京市场对于新能源汽车的需求也很大。由于购车摇号等政策影响，燃油汽车中签率不断降低，近年来不少消费者转向购买新能源汽车，据统计，作为经济影响力最大的示范城市，北京市 2014 年新能源车的销量为 8 050 辆，占全国总量的 11%。① 2020 年北京市新能源车销量达 90 938 辆，占全国的 8.13%，仅次于上海市位居第二位。

（四）北京的优势因素

1. 新能源汽车研发以及产业推进加快

2015 年 6 月 3 日，在由国家能源局指导，中关村储能产业技术联盟（CNESA）与杜塞尔多夫展览（上海）有限公司共同主办的“储能国际峰会 2015”上，北京市新能源汽车发展促进中心陈楚发表题为《北京市新能源汽车发展情况》的主题演讲，介绍称，北京目前在昌平、房山、大兴已形成了三大新能源汽车产业基地，整车产能达到了 8 万辆。截至 2015 年 3 月，进入国家公告目录的新能源汽车共 100 款，其中公交车 37 款、环卫车 31 款、政用车 30 款、物流车 1 款和其他的车型 1 款。在整车方面，现已形成了商用车平台和乘用车平台。在关键零部件方面，目前北京已形成在电池、电机、电控三大件方面产业聚集发展的态势。电池的总产能达到 8.1 亿瓦时，同时在锂硫、锂空气电池等技术方面也有跟进。电机产能达到 40 000 套，在轮毂电机方面也有研发。② 2017 年成立

① 新能源汽车产业驶入快速道. http://money.163.com/15/0802/10/B0ON4MEU00253B0H.html.

② 陈楚. 北京市新能源汽车发展情况介绍. http://www.chinabidding.com/infoDetail/225894341-News.html.

了以打造一个世界级新能源汽车技术创新高地（策源地）为总目标的北京市新能源汽车技术创新中心，旨在构建具有全球影响力的新能源汽车共性、前沿关键技术的集成创新中心，引领全球的新能源汽车研发、制造、服务的技术、标准、模式的输出高地和立足北京、面向全球的专注于新能源汽车科研转化的金融创投平台。发起共建方涵盖新能源汽车领域上下游产业链优势资源，包括整车制造企业、电池生产企业、互联网企业、科研机构，以及产业投资类企业。该中心通过建立开放机制，构建产业链企业、科研院所、高等院校、产业资本等多方联合共建机制，优化配置全球创新资源，促进产学研用各创新主体协同创新，为新能源汽车的发展提供了创新研发支撑。

2. 北京新能源汽车市场容量大

北京市统计局数据显示，2015 年 1—7 月，北京市的新能源汽车产量破万，达到 1.1 万辆，是上年同期的 3.2 倍。此后发展迅速，截至 2020 年底，北京市新能源车保有量达 41.1 万辆，其中新能源客车保有量 38.8 万辆，较上年增长 26.6%；新能源货车保有量 2.2 万辆，较上年增长 11.1%。表明北京新能源汽车市场容量大且增长快。

（五）北京重点发展方向

1. 加强新能源汽车关键核心技术研究

对于新能源汽车的研发与产业化而言，电池、电控、电机三大核心技术至关重要。在政府推出支持政策的同时，一方面，应合理引导企业加大节能与新能源汽车研发投入；另一方面，也应该增强关键零部件研发生产能力。

2. 积极推进充电设施建设

近年来北京市场新能源汽车快速增长，在政策的推动下，未来将会有更多的新能源汽车推向北京市场，而完善的充电设施是发展新能源汽车产业的重要保障。

一方面，要积极推进充电设施建设，将充电设施纳入城市综合交通运输体系规划等规划中；另一方面，可以积极吸引社会资金参与，加速充电桩等设施建设力度。

第三节　北京建设全国科技创新中心的发展路径

北京建设全国科技创新中心在科研资源、高科技企业集聚度、政策环境、创新文化方面具有综合优势，但与纽约、伦敦等国际知名的科技创新中心相比，北京在科研创新资源利用、创新人才集聚、创新机制灵活度、创新文化氛围等方面还存在较大差距。这一节通过对北京创建科技创新中心的基本思路、重点建设领域以及建设路径的梳理，总结北京在未来规划和布局方面的发展目标和发展路径。

一、发展总体目标

到 2020 年，北京初步建立全国科技创新中心，到 2030 年，进入全国科技创新中心成熟阶段，综合实力进入世界科技创新中心前列，基本建成全国创新资源配置中心、全国高科技研发中心、全国科技金融管理中心、全国高科技企业聚集中心、全国创新辐射中心。

到 2030 年，北京研发创新链各个环节不断完善，技术创新能力显著提升；在关键的科技创新领域有重要突破，科技创新和产业发展的政策环境在全球范围内达到一流水准，培育一大批创新品牌，大幅提高产业竞争力，战略性新兴产业科技发展实现快速跨越，引导全球科技创新潮流。到 2035 年基本建立全球重要创新策源地的国际科技创新中心。

二、具体路径

立足北京市现有科技发展状况，力争通过“三步走”实现建设全国科技创新中心目标（见图 7－7）。

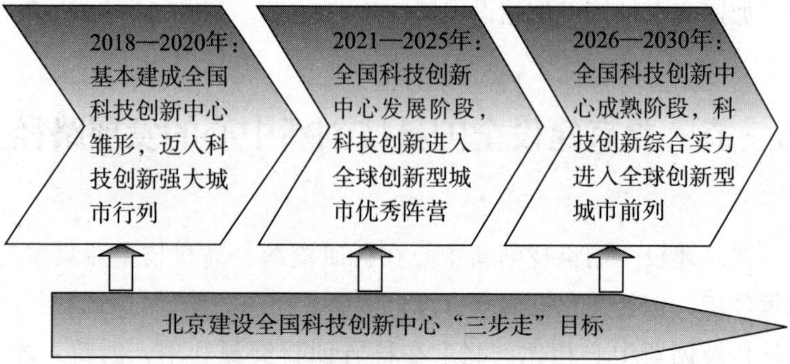

图 7-7　北京建设全国科技创新中心“三步走”目标

资料来源：笔者绘制。

(一) 第一步路径

1. 第一步目标：从 2018 年到 2020 年：基本建成全国科技创新中心雏形，迈入科技创新强大城市行列

具体而言，到 2020 年，创新能力大幅提升，重点领域发展取得重大突破，整体竞争力明显增强。掌握一批重点领域关键核心技术，优势领域竞争力进一步增强。

在相关重要指标上的具体表现为：研发人员数量超 40 万人；万人中 R&D 人员为 260 人/年；研发经费支出占地区生产总值比重达 8%；百万人发明专利授权数为 3 000 件；风险投资额占全球风险投资额比重为 4%；战略性新兴产业增加值对规模以上工业增长的贡献率超过 65%；战略性新兴产业增加值占地区生产总值比重达到 30%；技术交易增加值占 GDP 比重超 10%；流向京外的技术合同成交额占北京技术市场交易额超 70%。

2. 第一步具体措施

在基本建成全国科技创新中心雏形阶段，更为注重的是对高层次创新资源的聚集，只有吸引了全球范围内的创新资源，才为进行高层次科技创新打下了坚实基础，在这个过程中，优秀的创新文化培养是土壤，必不可少。除此之外，服务型政府作为优秀创新文化的守护者和培育者也是其中的关键要素，所以，这一阶段的措施以以下三个方面为主（见图 7-8）：

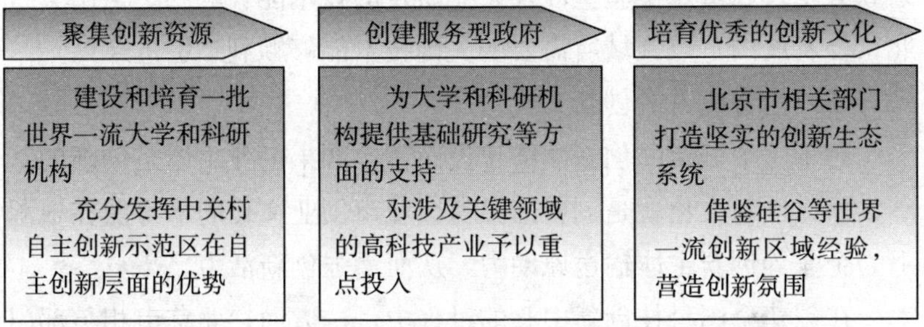

图 7-8 北京建设全国科技创新中心第一步目标的具体措施

资料来源：笔者绘制。

（1）聚集创新资源。

到 2020 年，创新能力大幅提升，重点领域发展取得重大突破，整体竞争力明显增强。首先要加快创新要素聚集进程，除此之外，更要加快科研成果落地转化。

一方面，建设和培育一批一流的大学和科研机构，为企业技术创新和城市发展提供人才以及扎实的科技创新基础。瞄准世界科技发展的前沿领域，关注重大科技创新基础设施建设，吸引高层次优秀人才。

另一方面，充分发挥中关村自主创新示范区在自主创新层面的优势，整合优质创新资源，高效地产出高质量的创新产品，促进产学研一体化、开放式创新快速发展。

（2）创建服务型政府。

政府是科技创新的主要推动力量，一方面，为大学和科研机构提供基础研究等方面的支持；另一方面，对涉及关键领域的高科技产业予以重点投入，通过出台相关政策和服务措施，推动一些城市和地区科技创新的发展。

在创建全国科技创新中心的过程中，北京市相关部门要在简政放权、转变职能等方面加大力度，一方面为企业进行科技创新活动松绑，另一方面竭力为创业提供便利，营造公平竞争的环境。

除此之外，北京市应该在技术交易的体制机制创新方面大胆突破，加大北京市高科技产品和技术在全国范围的辐射力度，确保北京高等院校、重点实验室以及企业研发的技术能够顺利“走出去”，北京要发展的重点领域所需要的关键技术能够顺利“引进来”。

(3) 培育优秀的创新文化。

对于一个城市的创新网络建设而言，如果创业主体是创新的基础，那么创新文化就是创新的灵魂。城市创业文化的培育能在根源上为企业等创新主体输送原动力，从而增强创新活力。

在创建全国科技创新中心的过程中，一方面，北京市相关部门要打造坚实的创新生态系统，促进创新主体之间健康、频繁地发挥交互作用；另一方面，可以借鉴硅谷营造鼓励创新的氛围，打造出北京版的容许失败、创新自强的创新氛围。

(二) 第二步路径

1. 第二步目标：2021—2025 年：全国科技创新中心发展阶段，科技创新进入全球创新型城市优秀阵营

具体而言，到 2025 年，全国科技创新中心地位进一步巩固，自主创新能力显著增强，优势行业形成全球创新引领能力。形成一批具有较强国际竞争力的跨国公司和产业集群，在全球产业分工和价值链中的地位明显提升。

在相关重要指标上的具体表现为：研发人员数量超 45 万人；万人中 R&D 人员为 300 人/年；研发经费支出占地区生产总值比重达 10%；百万人年专利授权数为 7 200 件；风险投资额占全球风险投资额比重达 8%；战略性新兴产业增加值对规模以上工业增长的贡献率超过 80%；战略性新兴产业增加值占地区生产总值比重达到 40%；技术交易增加值占 GDP 比重超 20%；流向京外的技术合同成交额占北京技术市场交易额超 80%。

2. 第二步具体措施

在全国科技创新中心的发展阶段，在吸引了高层次创新资源，为科技创新打下坚实基础后，应该致力于培养一批在世界范围内有影响力的企业。而培育高科技巨头，除了一个城市已经具备的优秀的创新文化、服务型政府外，对于企业和科技人员知识产权的保护、企业在发展壮大过程中必不可缺的投融资机制至关重要，所以

这一阶段的措施以以下三个方面为主（见图 7 - 9）：

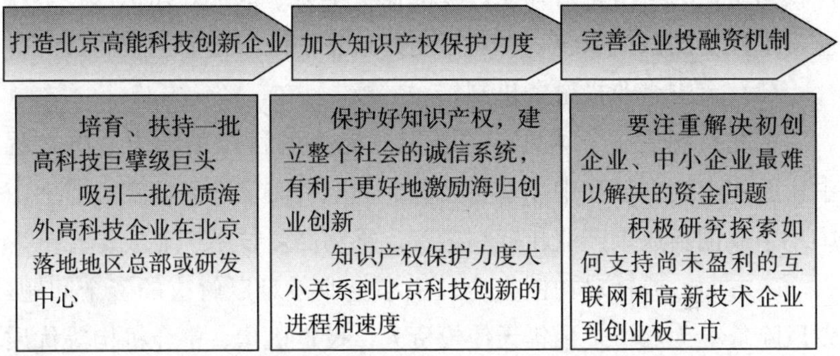

图 7 - 9　北京建设全国科技创新中心第二步目标的具体措施

资料来源：笔者绘制。

（1）打造北京高能科技创新企业。

企业是技术创新的主体。特别是在高端科技创新链条中，高科技企业是创新最重要的主体。要在全球优势行业形成全球创新引领能力，形成一批具有较强国际竞争力的跨国公司和产业集群，这一需求就必须通过对全球具有强大辐射作用的高能科技创新企业来落地。

一方面，北京应该培育、扶持一批高科技巨擘级巨头，打造在世界范围内有影响力的企业；另一方面，除了培育本土龙头企业，如百度、联想等企业外，也要有能力吸引一批优质的海外高科技企业在北京落地地区总部或研发中心，提升北京的整体科技创新实力。

（2）加大知识产权保护力度。

知识产权保护力度的大小直接关系到北京科技创新的进程和速度。

中国政法大学研究生院常务副院长李曙光指出，保护好知识产权，建立整个社会的诚信系统，有利于更好地激励海归创业创新。李曙光说，除了人脉，国内还不够完善的市场经济法制是海归创业创新的一大困境，更好地保护创新需要在制度层面和法律层面上落实。海归在互联网、金融衍生品等领域有很多优势，而这些方面的法律恰恰最缺乏。现在大多数海归遇到的最大的法律问题，一个是产权纠纷，另一个是对知识产权的保护不力。保护好知识产权，建立整个社会的诚信系统，有利于更好地激励海归创业创新。①

（3）完善企业投融资机制。

在北京创建在全球具有创新引领能力的科技创新中心的过程中，要注重初创型和中小型科技企业的融资需求，力争实现非上市中小企业创新成果产业化顺利融资，推动高新技术产业成长。

一方面，要针对初创企业、中小企业最难以解决的资金问题，以风险资本为纽带，聚集天使投资人、投资机构、中介机构等优质的投资者和服务机构，为进行创新活动的初创企业提供全方位的融资服务与财务咨询，从而提升创业成功率。另一方面，要积极研究探索如何支持尚未盈利的互联网和高新技术企业到创业板上市，研究消除创业企业在境内上市的制度性障碍，完善资本市场规则。

（三）第三步路径

1. 第三步目标：2026—2030 年：全国科技创新中心成熟阶段，科技创新综合实力进入全球创新型城市前列

具体而言，到 2030 年，北京已经成为成熟的科技创新中心城市，在全球科技创新中心城市中处于第一梯队，在亚洲属于重要的创新发源地。在代表全球尖端技术的主要领域具有创新引领能力和明显的竞争优势，建成全球领先的技术体系和产业体系。

在相关重要指标上的具体表现为：研发人员数量达到 50 万人；万人中 R&D 人员为 340 人/年；研发经费支出占地区生产总值比重达 15%；百万人年专利授权数为 15 000 件；风险投资额占全球风险投资额比重达到 13%；战略性新兴产业增加值对规模以上工业增长的贡献率超过 90%；战略性新兴产业增加值占地区生产总值比重达到 50%；技术交易增加值占 GDP 比重超 25%；流向京外的技术合同成交额占北京技术市场交易额超 90%。

① 李曙光. 保护好知识产权有利于激励海归创新. 人民网，http://world.people.com.cn/n/2015/0816/c1002-27469226.html.

2. 第三步具体措施

在全国科技创新中心成熟阶段，已经培养了一批在世界范围内有影响力的企业，有完善的知识产权保护体系和投融资机制。这个阶段，更注重的是创新成果在全球范围的落地推广。除此之外，应不断提高跨区域协同创新能力，构建发达的全球创新网络，实现要素自由流动、集成增值。所以这一阶段的措施以以下三个方面为主（见图 7 - 10）：

推动创新成果“引进来”与“走出去”	不断提高跨区域协同创新能力	构建发达的全球创新网络
加大政府财政对于境外高端技术成果的引进力度 通过政策引导和鼓励创业投资机构、高科技企业加大对境外高端研发项目的投资	促进京津冀区域协同创新 发挥中关村的区域引领与带动作用，促进与全国其他区域的协同创新合作	在全国科技创新中心成熟阶段，必须要具备整合全球创新资源的能力 构建发达的全球创新网络，有利于北京在全球创新活动中发挥要素聚集、辐射、配置等作用

图 7 - 10　北京建设全国科技创新中心第三步目标的具体措施

资料来源：笔者整理。

（1）推动创新成果“引进来”与“走出去”。

在 2026—2030 年的五年间，北京已经进入全国科技创新中心成熟阶段，在全球科技创新中心城市中处于第一梯队，创新成果应该在全球范围内具有较大影响力，其创新辐射力应该覆盖更广的区域，所以在这个过程中，更应该加大创新成果在全球范围内落地，将创新成果推广到世界市场。

除此之外，也要不断引进其他创新中心城市的优秀创新成果。一方面，要加大政府财政对于境外高端技术成果的引进力度；另一方面，也应该通过政策引导和鼓励创业投资机构、高科技企业等加大对境外高端研发项目的投资，积极分享境外高端技术成果。

（2）不断提高跨区域协同创新能力。

从当前形势来看，科技创新、企业创新已经不局限于单个城市或地区。一方面，北京在建设全国科技创新中心的过程中，要促进京津冀区域协同创新，从北京来看，推动京津冀协同发展，北京作为成熟的全球科技创新中心身上肩负着重要任务，科技创新应当成为落实这一重大战略任务的重要支撑。另一方面，在北京建设成熟的全国科技创新中心的过程中，依旧要充分发挥中关村的作用，健全科技创新服务体系，发挥北京科技创新的示范引领和辐射带动作用，推动创新要素市场一体化，注重京津冀地区不同城市的协作，形成典型的创新型城市群，提高区域协同创新能力，服务国家创新驱动发展战略。

（3）构建发达的全球创新网络。

一方面，在全国科技创新中心成熟阶段，综合实力进入世界科技创新中心前列，必须要具备整合全球创新资源的能力。在研究全球著名创新型城市的过程中可以看出，众多知名创新中心城市通过优秀的创新创业环境和人才移民政策吸引全球高端人才的汇聚，北京在这个阶段应该注重营造开放的创新网络，打造便利全球化科技创新的平台与空间，推动创新平台的全球布局。

另一方面，构建发达的全球创新网络，有利于北京在全球创新活动中发挥要素聚集、辐射、配置等作用，能够更进一步推动创新成果“引进来”与“走出去”，并能不断提高区域协同创新能力。

第四节　北京建设全国科技创新中心的对策措施

目前，北京创建全国科技创新中心，正处在重大技术革命发生的机遇期，无论是从创新资源拥有量还是从政府对于创新的重视程度来看，北京都具备了建设全国科技创新中心的基础优势和良好机会。

但不容否认的是，北京在创建全国科技创新中心的过程中，也面临着缺乏权威、统一的发展规划，没有推进组织，科技成果转化率低，科研资源各自为政，创新服务瓶颈突出，商务运营成本高企，企业技术创新乏力等一系列需要解决的现实问题和亟待突破的创新瓶颈。

建设全国科技创新中心，北京需要在理清基本发展思路的基础上，客观分析具有的优势和存在的问题，勾画出建设过程中的重点领域和实现路径，应从以下六个方面切实推进建设进程（见图 7－11）。

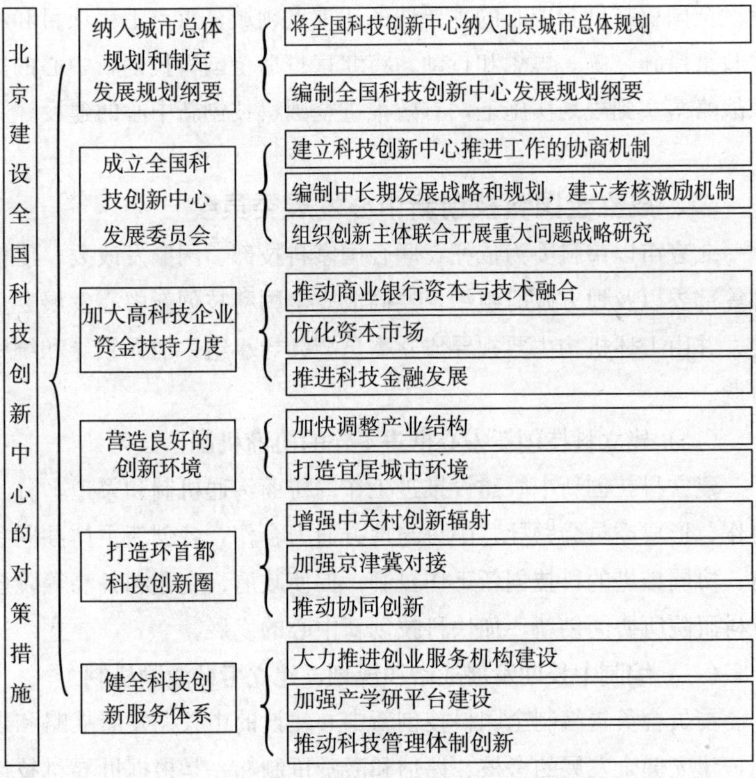

图 7－11　北京建设全国科技创新中心对策措施

资料来源：笔者绘制。

一、纳入城市总体规划和制定发展规划纲要

（一）将全国科技创新中心纳入北京城市总体规划

以新一轮《北京市城市总体规划》修编为契机，将北京建设全

国科技创新中心的目标内容、空间布局和相关举措纳入《北京市城市总体规划》，用以科技创新为引领的新型发展方式代替以往以单一经济目标为主线的传统发展方式，实现科技创新与北京城市空间发展、产业功能、文化功能的协调，从空间载体上落实全国科技创新中心的建设布局。

（二）编制全国科技创新中心发展规划纲要

研究编制《北京建设全国科技创新中心规划纲要》，明确北京建设全国科技创新中心的主要任务、重点领域、重点工程项目和相关政策措施，统一思想和行动，将北京打造全国科技创新中心的国家战略落实到规划实施上，有效推进全国科技创新中心的建设。

二、成立全国科技创新中心发展委员会

北京市以市科委为依托，联合国家科技部、国家发改委、工信部等部委以及地方政府组织，共同成立全国科技创新中心发展委员会，并由上述机构主要领导成立委员会领导小组，加强领导和统筹协调。

（一）建立科技创新中心推进工作的协商机制

建立科技创新中心建设推进工作的协商沟通机制和渠道，分工协作，形成委员会领导，中央与地方通力合作，各创新主体共同参与、协同推进的科技创新工作机制，促使政府、企业和各高等院校及科研院所协同创新，加快科技创新中心的发展。

（二）编制中长期发展战略和规划，建立考核激励机制

委员会负责编制全国科技创新中心建设的中长期发展战略和规划，建立健全发展的考核、评估和激励机制。一是根据世界科技创新发展前沿趋势和全球顶级创新型城市发展的走向，为北京打造全国科技创新中心制定中长期发展战略和近中期发展规划，为科技创新中心的建设提供方向指引和发展路径。二是围绕全国科技创新中心的战略和规划目标，建立评估考核体系和相应的机制，明确建设工作评估与考核细则，纳入政府绩效考核体系。三是建立创新激励机制，首先，规范创新主体在建设科技创新中心中的权责利关系，

其次，对于在推进科技创新中心建设中具有重大科技发明、重大创新性瓶颈突破、颠覆性技术创新、成果转化绩效显著、科技创新辐射带动突出的，要给予重奖，对于重点考核完成好的产权代表给予年度特别奖励和税费减免优惠，对于超额完成目标任务的区县、园区和其他主体，要给予奖励。

（三）组织创新主体联合开展重大问题战略研究

委员会负责组织创新主体联合开展重大问题战略研究。组织政府部门、企业、行业协会以及高校、科研院所等科研机构开展科技创新发展战略和规划研究，举办全国科技创新中心发展论坛，共同探讨促进创新发展的重大议题，强化科技创新与经济、社会、文化的联动发展，为深化科技体制机制改革、落实科技创新战略规划出台政策措施。

三、加大高科技企业资金扶持力度

中小企业是科技创新的生力军，但由于银行商业贷款门槛较高，中小企业尤其是初创中小企业融资渠道单一，难以获得足够的资金支持，这就会导致许多企业科技开发、规模生产滞后。除此之外，科技型企业属于“重技术轻资产”的企业，一般缺乏抵押物，向银行贷款尤其难。

打造层次高、功能优的创新服务载体和服务体系，可以从以下方面入手：

（一）推动商业银行资本与技术融合

1. 鼓励银行等金融机构发放专利权质押贷款

当科技型中小企业在经营中面临资金瓶颈时，专利权质押是重要的融资渠道，对于很多成长型中小企业来说，可以用来抵押的重资产较少，核心资产就是手中的几件专利，专利权质押能帮助企业将无形的“知本”转化为有形的“资本”。

2. 鼓励银行加大对科技企业的信贷投放

可以通过相关政策设置，鼓励商业银行加大对从事科技创新的企业的信贷投放力度。除此之外，也可以组建政策性融资担保机构或基金，为科技企业融资提供更多途径和保障，引导银行扩大贷款规模，降低中小企业融资成本。

3. 鼓励银行推出创新型的金融产品

针对创业创新企业的融资需求，应鼓励银行推出相应的金融产品。除此之外，应推动银行与其他金融机构强强联合，对从事创业创新活动的企业给予有针对性的股权和债权融资支持。

（二）优化资本市场

除了鼓励商业银行加大与科技企业的融合力度外，还应鼓励企业拓宽融资渠道，符合条件的创业企业或科技企业可以通过上市或发行票据融资。除此之外，可以鼓励创业企业通过债券市场筹集资金。

1. 助推科技企业 A 股上市

前几年，为了避开中国 A 股市场严格的上市条件，许多小型科技公司纷纷选择在纳斯达克或纽交所上市，但近年来，中国概念股被低估，美国投资者对此类股票日渐缺乏热情。政府相关部门可以通过宽松的上市政策吸引互联网企业等高科技企业在国内上市融资，以实现帮扶互联网和其他创新企业的目的，以此推动创新发展。

2. 加快创业板上市进程

创业板自推出以来，逐步发挥了对战略性新兴产业的促进作用。但值得关注的是，中国资本市场对高科技企业的包容性尚待加强。比如在准入门槛上，仍以历史盈利记录作为企业是否具备持续盈利能力的硬性指标，使得新兴产业领域中一批具有较好盈利前景但目前仍处于亏损阶段的互联网和高新技术企业难以获得创业板的支持。

监管层应加大改革力度，应积极研究初创型、具备发展潜力的互联网和高新技术企业如何到创业板发行上市。

3. 大力发展互联网金融

目前制约我国绝大多数初创企业和中小型企业的主要难题是融资难、税收重等。造成中小企业融资难的原因是，长期以来企业的融资渠道少，主要依靠银行贷款。随着互联网金融的不断发展、规范，它为民间资本参与中小企业融资提供了创新的土壤与更加广阔的平台。

在互联网金融模式下，资金供求双方可以通过网络平台自行完成信息甄别、匹配、定价和交易，无传统中介、无交易成本、无垄断利润，可以更加专业、灵活地满足初创企业和中小企业的融资需求。

(三) 推进科技金融发展

1. 优化科技金融服务模式

政府相关部门应以科技金融创新为主线，实现科技资源与金融资源的有效对接，一方面，通过推动金融产品和服务方式创新，促进科技与金融的相互融合发展；另一方面，通过将金融资源聚集于创新部门，培育高新技术产业，也可以提升金融服务实体经济的能力。

除此之外，政府相关部门可以探索优化科技金融产业链条中各个环节的税收激励政策，通过出台税收激励等措施，鼓励银行等金融机构支持科技金融板块业务的发展，也可以组建以服务科技型中小企业为主要特色的民营银行和政策性银行等，鼓励科技企业融资。

2. 培养风险投资家群体

要重视风险资本家群体在科技创新中起到的推动作用，顶尖的风险资本家能为技术创新提供独特的洞察力，更为关键的是，风险资本的支持成为决定一家初创企业成败与否的重要力量。

目前，中国已经成为全球风险资本青睐的市场之一，我国应培育一批本土的风险资本家群体，既能够有效利用民间富余资本，又能够有效引导资本进入科技创新领域。

四、营造良好的创新环境

2005 年 1 月，国务院批复的《北京城市总体规划（2004—2020）》将北京 2020 年的城市功能定位为国家首都、国际城市、文化名城、宜居城市。建设全国科技创新中心，吸引更多的创新人才进入北京、留在北京，宜居、适合居住的城市环境是关键因素。除了在基础设施方面要完备外，具有亲和力、让普通百姓有归属感也十分重要。目前北京常住人口超过2 000 万，且大部分分布在五环和六环之间，交通拥堵、房价飙涨、大气污染等众多现实问题尚没有解决，距离环境优美、生活舒适还有一定差距。北京建设宜居城市可从以下方面入手：

（一）加快调整产业结构

从产业结构看，2020 年北京第三产业占 GDP 比重达到83.8%，服务型经济特征更加明显。随着互联网经济的发展，电子商务、大数据、移动互联、互联网金融等诸多业务相互带动，制造业服务化已经成为北京产业结构中一股新的力量。与此同时，技术创新仍在不断推动着新兴产业的迅速发展和转型升级。具体措施有：

1. 加大重工业迁出力度

近十年来，北京已经加大了对于重工业项目迁出北京的执行力度，应在此基础上大力发展绿色产业，鼓励科技型项目建设。除此之外，应加大与河北、天津等地在产业结构调整方面的合作力度，支持、帮助周边省份和地区加快调整、淘汰重污染工业项目，推动周边地区从资源密集型产业向科技密集型产业发展。

除此之外，将不符合首都城市战略定位的行业移出北京，转变经济发展模式，走集约、绿色、循环发展的道路。

2. 瞄准高精尖产业

北京市统计局发布的数据显示，2020 年高技术产业实现增加值 9 242.3 亿元，比上年增长 6.4%；占地区生产总值的比重为25.6%，比上年提高 1.1 个百分点。战略性新兴产业实现增加值8 965.4 亿元，按现价计算，增长 6.2%；占地区生产总值的比重为 24.8%，比上年提高 1 个百分点，高技术产业和战略性新兴产业的增速分别高于全市规模以上工业平均水平 5 个百分点和 4.8 个百分点（高技术产业、战略性新兴产业二者有交叉）。

高技术产业和战略性新兴产业焕发生机，将逐步引导产业结构逐渐走向高端。以技术创新引领产业转型升级、高端发展，并以技术创新支撑解决北京可持续发展中的问题，培育和带动相关产业发展，大力发展高新技术产业，积极承接国际服务业转移，做大做强具有比较优势的金融、文化创意等产业。

3. 发展重点领域

除此之外，北京应将发展重点放在信息安全、5G 移动通信、大数据与物联网、智能制造装备、高端医疗技术、新能源汽车等领域，把智能制造作为产业结构优化升级、高精尖经济结构构建的重要抓手。

（二）打造宜居城市环境

1. 努力解决“城市病”

城市在过快发展过程中会出现一些不适宜人类居住的不良状况，被人们形象地称为“城市病”，具体是指由于城市人口、工业、交通运输过度集中而造成的种种弊病。它给生活在城市的人们带来了烦恼和不便，也对城市的运行产生了一些影响。“城市病”的存在，不利于城市品牌形象的建立，不利于对高端创新要素的吸引。

对于人口膨胀、交通拥堵、环境恶化、资源短缺等诸多方面的问题，北京应有相关措施，在发展中不断调整产业结构，合理布局城市中的生态、生活和生产空间，遵循人口与城市协调发展的城市化规律，着力推进人口、资源、环境协调发展的集约型、可持续的城市化模式。

2. 优化房地产市场结构

1998 年房改后北京房价开始小幅攀升，在 2003 年达到一个小的节点。随着 2007 年底国家对房地产实行宏观调控，房地产市场在 2008 年有过短暂萧条，但随后报复性反弹，2020 年北京全市商品住宅成交均价为 48 193 元/平方米。其中，主城区东城、西城、海淀、朝阳、丰台成交均价在 6 万元/平方米以上，而同期北京市居民人均工资性收入仅 41 439 元。根据易居研究院发布的《2020 年全国 50 城房价收入比报告》显示，北京的房价收入比高达23.1，远高于6～8的合理区间。北京高昂的房价已经成为阻挠人才涌进的一道无形屏障。

应着力解决创新创业人才的住房问题，吸引聚集更多的优秀人才来北京创业、工作，北京应探索多层次的针对创新人才的住房结构或补贴，解决科技型人才对住房的后顾之忧。

3. 着力推进生态环境建设

应坚持以人为本，建设环境优美、绿色的宜居城镇。根据资源环境承载能力科学合理地对城市进行布局，严格控制城市规模，尽量减少对自然环境的干扰。

除此之外，要构建节能城市，在节能建筑和减耗交通两个方向大力发展绿色建筑和低碳、便捷的交通体系。

近几年北京已经加大对于地铁、公交车等公共交通的建设力度，可以加大推广公共租赁自行车服务力度，鼓励居民骑行，倡导绿色交通，一方面可以减少交通拥堵，另一方面可以缓解汽车尾气排放给城市大气环境带来的压力。

4. 营造宽容失败的氛围

值得关注的是，目前，创业创新理念还未渗透到人们的生活中，在学校和职场，创业教育培训体系尚未健全，这也就在一定程度上制约了创造、创业能力的成长。除此之外，整个社会中尚未形成鼓励创新、宽容失败的良好环境。

对于硅谷来说，容许失败的宽容环境、创新人才源源不断涌入……这些独特优势都是硅谷成功的重要经验，目前，我国正大力推进大众创业、万众创新，意图通过加强全社会以创新为核心的创业教育，弘扬“敢为人先、追求创新、百折不挠”的创业精神。

对于北京来说，在创建全国科技创新中心的过程中，更是要在城市文化中厚植创新文化，不断增强城市的创业创新意识。

五、打造环首都科技创新圈

实施创新驱动发展，加大中关村创新资源的辐射能力与辐射范围，是有效疏解北京非首都功能、推动京津冀协同发展、强化北京科技创新中心地位的有效步骤。

具体可以有如下措施：

（一）增强中关村创新辐射

实际上，早在 2012 年 10 月，为了扩大中关村在自主创新方面的辐射能力，国务院批复同意加大中关村的空间规模和布局，调整后形成“一区十六园”的空间格局。除此之外，中关村还在探索与周边城市共建跨区域产学研合作和资源共享平台，整合科研资源，将人才、资本和政府服务等创新创业模式复制传导到周边区域。具体措施有以下方面：

1. 推动合作园区建设发展

应着力推动中关村“一区十六园”“走出去”，与京津冀区域范围内众多城市共建合作园区，共同负责园区的开发建设、运营管理、招商引资、制度创新等工作。一方面，可以带动中关村科技园区企业向这些园区转移相关部门；另一方面，复制中关村园区的经验、统一服务标准，可以吸收更多优质资源入园，共同整合各地优质资源。

2. 引导创新主体输出创新成果

中关村还加大了对于企业在外设立分支机构的支持力度，促成一批先进项目落地转化。同时还要引导企业、科研院所等创新主体以联合研发、技术输出等模式将创新成果辐射至区域乃至全国，增强中关村对于京津冀创新驱动和产业转型发展的贡献。

（二）加强京津冀对接

中关村的发展离不开国家相关政策对其的高度支持。从园区的建设进度、先行先试的力度到财税金融等方面，政策都给予大力支持。2010 年末国务院批复的“1＋6”政策更是突出，表现在：“1”是搭建中关村创新平台，“6”是在科技成果处置权和收益权、股权激励个人所得税、中央单位股权激励审批方案、科研项目经费管理体制、统一监管下的全国场外交易市场和完善高新技术企业认定等方面出台 6 项新政策。除了国家层面对中关村示范区的先行政策外，中关村自身还有一系列特色重磅的政策扶持区内企业的发展。

1. 推广中关村相关试点政策

在发挥中关村的创新辐射作用时，抓紧推广中关村国家自主创新示范区相关试点政策，应注重加强京津冀地区的政策对接，推进中关村效果好的政策在京津冀区域范围内落地，更能整合整个京津冀区域内的人才、技术、资本、管理等创新要素，激发创新区内各个参与主体的创新活力。

2. 强化各部门沟通对接

一方面，要加强政府相关部门层面上的沟通，完善长效合作机制；另一方面，更要进一步促进企业间沟通。由于企业是科技创新的主体，也是京津冀对接中的重要组成，所以在重大合作项目上要确保沟通的协调性。

3. 促进三地人才流动

加强京津冀的对接，人才自由流动十分关键，人才等创新资源关系着创新驱动发展战略的成败。一方面，北京要站在建设全国科技创新中心的高度吸引和凝聚高层次的科技创新人才；另一方面，应建立高效的人才流动机制，津冀地区也应创造更好的城市环境吸纳人才，通过三地人才的流动，为推动三地创新发展打下良好基础。

(三) 推动协同创新

京津冀地区是目前我国创新资源最为富集的地区之一，通过区域协同，有利于加大创新驱动发展力度。推进京津冀协同发展，除了需要国家多方面的政策支持外，还应该在优化区域分工、加快平台建设方面发力，只有这样才能极大地促进协同发展。

1. 优化区域分工

目前，在加大京津冀协同创新时，应在空间布局上做好总体规划，优化区域分工和产业布局，打造京津冀创新发展战略高地。推动三地跳出各自的区划障碍，明晰区域三地的功能定位，携手打造协同创新共同体。

2. 加快平台建设

在推动京津冀协同发展的过程中，要充分发挥重点企业在其中的作用，利用企业资源和相关政策，搭建众多丰富的合作平台，引导北京的高端要素向功能区辐射。

在三地的相关规划中，目前已有的重点项目为曹妃甸产业园、新机场临空经济区、中关村在河北的成果转化基地、北京汽车产业基地等功能区建设。除此之外，还应形成一批区域协同发展的标志性平台，为京津冀协同发展提供坚实有力的支撑。

六、健全科技创新服务体系

北京创建全国科技创新中心，要在营造良好的创新创业环境的同时，刺激劳动、知识、技术、管理、资本的活力，并支持和帮助各类人才创新创业，这就需要一个健全的科技创新服务体系，可以从以下几个方面入手：

（一）大力推进创业服务机构建设

对初创企业来说，孵化器可以为初创企业规划财务、设计资本结构和资本道路、提供专业财务顾问等。科技部火炬中心发布的《中国创业孵化发展报告 2020》显示，截至 2019 年底，全国创业孵化载体数量达到 13 206 家，其中孵化器 5 206 家、众创空间 8 000 家。共有国家备案的创业孵化载体 3 065 家，国家备案的专业化众创空间 73 家。当前创业孵化载体已成为我国实施创新驱动发展战略的重要基础设施，为推动实体经济转型升级和经济高质量发展提供了重要支撑。针对孵化器的建设，可以从以下几个方面入手：

1. 鼓励民间资本搭建孵化器

在孵化器的建设过程中，应鼓励民间资本介入，注重发展混合所有制的孵化机构，引导协同创新。一方面，民间资本介入孵化器建设离不开政府的扶持；另一方面，民间资本在建设孵化器的过程中，更注重创新成果的转化与盈利性，在孵化器发展壮大以后必然会吸引更多创业企业，增加区域经济活力，推动区域创新发展。

2. 提供开放创新载体

除了出台相应政策扶持发展孵化器、加速器等创业服务机构外，对于北京市相关部门来说，在支持孵化器建设的过程中，应鼓励对存量商业商务楼宇、旧厂房等资源进行改造，促进市区联动、社会力量参与，提供开放的创新创业载体，扶持更多创新创业社区，以形成良好的创业、创新氛围。

（二）加强产学研平台建设

着力推动企业与高等院校、科研院所加强产学研合作。大力支持各方协作创新，开展关键技术、前沿技术研发，组织成员机构参与制定相关技术标准。

1. 创新产学研合作新模式

积极探索以企业为主体、市场为导向、产学研相结合的多元化合作模式，有效整合优势政策资源、高校智力和技术资源、企业市场资源，促进政府、高校、企业联动共赢，研发一批重大创新产品，形成一批具有自主知识产权和技术标准的创新技术。

以1+1+1联合创新平台为例，这是一种政府主导型产学研合作模式，是由政府、高校或科研院所、当地企业三者共同建立的研究院、研发基地、重点实验室和工程中心等技术创新机构，现已受到各级政府的重视。

2. 构建产学研合作联盟

推动构建一批大中小企业联合、产学研合作的联盟，培育一批在行业内有影响力的知名企业。这类创新战略联盟是一种在更大范围、更高层次、更宽领域开展的产学研合作模式，是提升企业和产业竞争力的有效形式。推动在新一代信息技术、高端医疗技术、新能源、新材料、智能制造等领域建立产业链条完整的优势产业集群，聚集一批高水平研发机构。

3. 加快大学科技园区建设

大学科技园是以知名大学为依托，将大学的综合智力资源优势、科研资源优势与其他社会优势资源相结合，为高等学校科技成果转化、创新创业人才培养、产学研相互结合提供支撑的平台机构。

北京创建全国科技创新中心，要加强产学研平台建设，应立足本地重点发展的技术领域需求，以众多名校资源为依托，整合高校与地方资源，采用校地共建、一园多校的大学科技园模式，促进科研成果转化和产业化。

（三）推动科技管理体制创新

科技管理体制是科技活动的组织结构、管理体系和制度的总称，健全科技创新服务体系，推动科技管理体制创新是重要环节，政府各有关部门要加快管理角色的转变和管理职能的调整。

1. 转变政府职能

要通过转变政府职能、建设服务型政府，营造公平竞争的创新创业环境，推动科技管理体制创新，政府职能也应该顺其自然转变。政府部门要发挥好催化剂、聚合器和推进器作用，主动去为创新企业、创新个人服务，科技等相关部门要从科技创新和经济发展的客观规律出发，为创新主体有针对性地提供高质量服务。

2. 加强国际技术交流合作

国际技术交流，又称非商业性的国际技术转让，是指在不同国家政府机构之间以技术援助、合作开发、科技人员交流等方式进行的无偿的技术转让。可以通过举办多边创新技术交流会、高水平国际学术研讨会、高新技术展览会等，加强在科技创新层面的国内外交流与合作。

参考文献

1. 智慧城市专题：万亿投资拉开帷幕，个股机会贯穿全年. 长江证券，2014 - 05 - 31.

2. 杜德斌. 全国科技创新中心动力与模式. 上海：上海人民出版社，2015.

3. 硅谷无法复制：文化移民人才是成功的关键. 搜狐 IT，2013 - 07 - 05.

4. 国产医疗器械行业成长空间广阔. 渤海证券，2015 - 04 -07.

5. 机器人产业园站上风口 布局 3 万亩“大游戏”. 新华网，2015 - 05 - 13.

6. 中关村指数分析报告 2014.

7. 中国制造 2025 之机器人. 国信证券，2015 - 05 - 28.

8. 中银国际. 亚投行助力“一带一路”重塑世界经济格局 高端装备制造全面走向世界，2015 - 03 - 31.

9. 考特妮・芬加. 中国获研发 FDI 规模超美国. 金融时报，2015 -07 - 23.

10. 北京每年投入 7 000 万元培养高端国际医疗技术人才. 中国新闻网，2015 - 05 - 16.

11. 陈楚. 北京市新能源汽车发展情况介绍. http://www.chinabidding.com/infoDetail/225894341-News.html.

12. 工信部：高端装备制造业“走出去”将成为重点. http://money.163.com/15/0601/13/AR1C9B0700253B0H.html.

13. 全球智能机器人应用领域分析. http://www.robot-china.com/news/201308/28/5638.html.

14. 王力丁，等. 创新驱动发展战略推动科技创新中心建设. 前线，2015 - 07 - 22.

15. 李曙光. 保护好知识产权有利于激励海归创新. 人民网，http://world.people.com.cn/n/2015/0816/c1002－27469226.html.

附录 1　省域创新指数原始数据

附表-1　省域创新资源指数原始数据

省份	创新资源					
	地方 R&D 经费支出额占 GDP 比重（%）	科技、教育经费支出额占地方财政支出比重（%）	风险投资占中小企业融资额比重（%）	R&D 人员数量占全部从业人员比重（%）	科学家及工程师数量占全部从业人员比重（%）	本科在校生所占比重（%）
北京	5.64	19.44	26.72	2.16	5.36	2.32
天津	2.47	16.77	0.65	1.15	4.27	2.20
河北	1.26	19.29	0.49	0.27	0.42	0.92
山西	0.99	17.86	0.00	0.25	0.07	1.32
辽宁	1.80	14.46	0.82	0.39	0.51	1.67
吉林	0.84	14.89	0.00	0.31	0.52	1.76
黑龙江	0.90	13.36	0.00	0.24	0.53	1.37
上海	4.00	15.72	8.09	1.34	3.54	1.56
江苏	2.63	22.97	7.92	1.18	0.46	1.37
浙江	2.45	23.02	14.79	1.05	0.32	1.24
安徽	2.05	20.56	0.00	0.32	0.20	1.04
福建	1.68	20.10	1.62	0.50	0.28	1.27
江西	1.23	20.75	2.08	0.23	0.50	1.15
山东	2.41	22.53	2.98	0.46	0.75	1.27
湖北	1.92	19.77	1.96	0.39	0.51	2.14
湖南	1.64	17.57	3.57	0.34	0.70	0.96

续表

省份	创新资源					
	地方 R&D 经费支出额占 GDP 比重（%）	科技、教育经费支出额占地方财政支出比重（%）	风险投资占中小企业融资额比重（%）	R&D 人员数量占全部从业人员比重（%）	科学家及工程师数量占全部从业人员比重（%）	本科在校生所占比重（%）
广东	2.61	22.61	10.13	0.89	0.99	0.99
重庆	1.87	15.81	0.70	0.46	0.46	1.34
四川	1.72	17.50	4.66	0.30	0.65	1.04
云南	0.95	18.29	0.00	0.16	0.30	1.31
陕西	2.10	18.78	4.42	0.47	1.19	1.75

资料来源：笔者搜集整理。

附表-2　省域创新环境指数原始数据

省份	创新环境								
	人均 GDP（元）	城镇居民人均可支配收入（元）	每百户家庭拥有电脑数量（台/万人）	百人拥有互联网用户数（个/万人）	城市建成区绿地覆盖率（%）	中小板、创业板上市公司数量（个）	SCI 上发表的学术文章数（篇）	万人图书馆藏书数（册/万人）	百万人拥有国家级科学协会数量（个/百万人）	人均受教育年限（年）
北京	93 213	40 321	114.48	99.00	46.95	253	29 455	40 395	12.61	11.71
天津	97 609	31 506	106.92	94.50	39.02	38	4 520	14 679	0.20	10.38
河北	39 846	24 141	78.84	73.50	40.51	32	1 850	2 549	0.00	9.12
山西	35 064	24 069	72.36	68.25	42.61	35	1 297	4 734	0.00	9.52
辽宁	61 686	25 578	77.76	73.50	47.12	68	6 207	914	0.00	9.67
吉林	47 191	22 275	68.04	63.00	42.67	39	4 454	5 673	0.00	9.49
黑龙江	37 509	19 597	74.52	67.20	41.34	31	4 292	4 582	0.00	9.36
上海	90 100	43 851	118.80	99.00	48.21	151	16 105	50 552	0.49	10.73
江苏	74 607	32 538	108.00	97.00	51.87	235	15 177	7 928	0.07	9.32
浙江	68 462	37 851	112.32	97.00	42.78	246	9 092	11 859	0.02	8.79
安徽	31 684	23 114	64.80	61.95	41.70	78	4 313	3 065	0.00	8.28
福建	57 856	30 816	91.80	85.05	40.20	87	3 156	7 333	0.00	9.02

续表

省份	创新环境									
	人均GDP（元）	城镇居民人均可支配收入（元）	每百户家庭拥有电脑数量（台/万人）	百人拥有互联网用户数（个/万人）	城市建成区绿地覆盖率（%）	中小板、创业板上市公司数量（个）	SCI上发表的学术文章数（篇）	万人图书馆藏书数（册/万人）	百万人拥有国家级科学协会数量（个/百万人）	人均受教育年限（年）
江西	31 771	21 873	68.04	64.05	44.23	33	1 355	4 059	0.00	8.86
山东	56 323	28 264	97.20	92.40	40.43	35	7 435	5 072	0.01	8.97
湖北	42 539	22 906	77.76	73.50	43.96	47	7 936	4 979	0.00	9.20
湖南	36 763	23 414	79.92	76.65	40.69	87	5 340	3 576	0.00	9.16
广东	58 540	33 090	109.08	98.00	48.06	366	9 223	9 321	0.00	9.55
重庆	42 795	26 850	86.40	78.75	43.17	37	3 566	3 362	0.00	8.75
四川	32 454	22 368	74.52	69.30	45.10	103	6 495	2 079	0.00	8.35
云南	25 083	23 236	85.32	76.65	39.88	28	1 579	2 721	0.00	7.76
陕西	42 692	22 858	64.80	57.75	40.20	30	7 416	3 833	0.00	9.36

资料来源：笔者搜集整理。

附表-3　省域创新网络指数原始数据

省份	创新网络指数					
	百万人拥有国家高等院校数量（个/百万人）	百万人拥有国家重点实验室数量（个/百万人）	百万人拥有的人才中介服务机构数（个/百万人）	百万人拥有国家孵化器数量（个/百万人）	世界500强企业总部数（个）	百万人拥有国家创新型企业数量（个/百万人）
北京	6.76	10.41	24.92	2.28	52.00	6.46
天津	5.48	0.50	9.96	2.29	2.00	1.69
河北	1.68	0.04	2.72	0.18	3.00	0.16
山西	2.48	0.03	2.14	0.20	6.00	0.45
辽宁	2.69	0.24	2.55	0.68	1.00	0.71
吉林	2.31	0.28	3.21	0.37	1.00	0.61
黑龙江	2.26	0.13	6.77	0.27	0.00	0.46
上海	4.75	1.40	30.03	1.82	8.00	2.37

续表

省份	创新网络指数					
	百万人拥有国家高等院校数量（个/百万人）	百万人拥有国家重点实验室数量（个/百万人）	百万人拥有的人才中介服务机构数（个/百万人）	百万人拥有国家孵化器数量（个/百万人）	世界500强企业总部数（个）	百万人拥有国家创新型企业数量（个/百万人）
江苏	2.05	0.21	1.86	1.22	2.00	0.41
浙江	2.01	0.23	0.48	0.81	2.00	0.91
安徽	1.60	0.04	1.52	0.19	0.00	0.46
福建	2.37	0.08	2.90	0.19	1.00	0.80
江西	1.68	0.00	2.32	0.15	1.00	0.29
山东	1.81	0.12	1.70	0.49	2.00	0.47
湖北	2.23	0.26	1.35	0.43	3.00	0.32
湖南	1.59	0.09	1.17	0.16	0.00	0.23
广东	1.62	0.15	3.30	0.38	6.00	0.45
重庆	1.88	0.09	0.95	0.27	0.00	0.51
四川	1.19	0.15	1.58	0.13	0.00	0.31
云南	1.89	0.03	3.81	0.24	0.00	0.45
陕西	2.31	0.33	3.12	0.46	2.00	0.30

资料来源：笔者搜集整理。

附表-4　省域创新成果指数原始数据

省份	创新成果指数							
	百万人发明专利授权数（件/百万人）	百万人拥有重点项目和社科项目数	国际专利占总专利数比重（%）	科研机构输出技术成交额占全市技术成交额比重（%）	百万人拥有国家星火计划立项项目（件/百万人）	高技术产品出口占总产品出口比重（%）	规模以上工业企业新产品销售收入占主营业务收入比重（%）	劳动生产率增长率（%）	单位GDP能耗降低率（%）
北京	1 572.57	12.23	0.02	0.75	4.03	0.25	0.20	0.08	5.29
天津	312.85	3.19	0.00	0.54	6.27	0.39	0.21	0.07	6.04

续表

省份	创新成果指数								
	百万人发明专利授权数（件/百万人）	百万人拥有重点项目和社科项目数	国际专利占总专利数比重（%）	科研机构输出技术成交额占全市技术成交额比重（%）	百万人拥有国家星火计划立项项目（件/百万人）	高技术产品出口占总产品出口比重（%）	规模以上工业企业新产品销售收入占主营业务收入比重（%）	劳动生产率增长率（%）	单位GDP能耗降低率（%）
河北	27.04	0.15	0.00	0.25	0.59	0.10	0.06	0.06	7.19
山西	37.47	0.25	0.00	0.35	2.08	0.41	0.06	0.04	4.18
辽宁	90.37	0.76	0.00	0.41	1.60	0.08	0.08	0.09	5.08
吉林	60.74	1.06	0.00	0.42	1.87	0.06	0.03	0.09	7.05
黑龙江	60.11	0.40	0.00	0.55	0.73	0.02	0.04	0.06	4.50
上海	743.30	5.94	0.01	0.55	3.07	0.43	0.22	0.07	8.71
江苏	220.43	1.12	0.00	0.47	12.34	0.39	0.15	0.10	5.92
浙江	230.76	0.91	0.00	0.32	18.96	0.06	0.24	0.09	6.11
安徽	61.21	0.35	0.00	0.54	4.33	0.08	0.13	0.11	5.97
福建	81.15	0.99	0.01	0.11	2.98	0.14	0.10	0.10	1.53
江西	19.15	0.50	0.00	0.29	2.47	0.12	0.06	0.11	3.16
山东	92.73	0.33	0.00	0.42	4.71	0.13	0.11	0.10	5.00
湖北	75.97	1.01	0.00	0.65	1.46	0.24	0.12	0.11	5.24
湖南	52.72	0.54	0.00	0.41	0.74	0.11	0.18	0.10	6.24
广东	229.64	0.58	0.04	0.52	3.57	0.41	0.17	0.09	3.56
重庆	70.28	0.95	0.00	0.36	1.13	0.52	0.17	0.11	3.74
四川	54.20	0.46	0.00	0.35	0.94	0.45	0.07	0.10	4.64
云南	45.84	0.98	0.00	0.29	1.96	0.06	0.05	0.14	3.98
陕西	104.87	0.66	0.00	0.60	1.80	0.33	0.06	0.12	3.58

资料来源：笔者搜集整理。

附表-5　省域创新可持续性指数原始数据

省份	创新可持续性指数			
	地方 R&D经费支出额增长率（三年平均）（%）	科技经费支出额增长率（三年平均）（%）	专利申请授权量增长率（三年平均）（%）	技术市场成交合同额增长率（三年平均）（%）
北京	12.69	17.36	23.80	23.02
天津	22.32	21.39	33.56	28.01
河北	20.76	−24.04	28.24	13.76
山西	23.58	18.00	31.84	54.27
辽宁	21.38	13.09	6.35	9.82
吉林	19.65	39.68	12.70	16.93
黑龙江	22.56	−2.60	31.71	31.58
上海	15.51	4.98	0.95	5.20
江苏	13.45	17.34	11.93	25.91
浙江	16.87	16.22	26.06	6.66
安徽	25.61	19.70	22.65	42.16
福建	21.45	26.28	31.26	17.05
江西	18.97	41.51	34.36	12.30
山东	21.32	22.46	15.12	19.46
湖北	22.85	35.75	23.04	79.36
湖南	21.08	24.52	24.79	51.07
广东	16.68	24.51	15.28	38.87
重庆	16.45	47.90	26.54	23.19
四川	19.55	−22.74	28.88	48.78
云南	26.49	−32.22	27.81	140.29
陕西	23.90	17.55	33.79	57.37

资料来源：笔者搜集整理。

附表-6　省域创新辐射指数原始数据

省份	创新辐射指数		
	地方R&D经费支出额增长率（三年平均）（%）	科技经费支出额增长率（三年平均）（%）	专利申请授权量增长率（三年平均）（%）
北京	12.69	17.36	23.80
天津	22.32	21.39	33.56
河北	20.76	−24.04	28.24
山西	23.58	18.00	31.84
辽宁	21.38	13.09	6.35
吉林	19.65	39.68	12.70
黑龙江	22.56	−2.60	31.71
上海	15.51	4.98	0.95
江苏	13.45	17.34	11.93
浙江	16.87	16.22	26.06
安徽	25.61	19.70	22.65
福建	21.45	26.28	31.26
江西	18.97	41.51	34.36
山东	21.32	22.46	15.12
湖北	22.85	35.75	23.04
湖南	21.08	24.52	24.79
广东	16.68	24.51	15.28
重庆	16.45	47.90	26.54
四川	19.55	−22.74	28.88
云南	26.49	−32.22	27.81
陕西	23.90	17.55	33.79

资料来源：笔者搜集整理。

附录 2　城市创新指数原始数据

附表-7　城市创新资源指数原始数据

城市	创新资源					
	地方 R&D 经费支出额占 GDP 比重（%）	科技、教育经费支出额占地方财政支出比重（%）	风险投资占中小企业融资额比重（%）	R&D 人员数量占全部从业人员比重（%）	科学家及工程师数量占全部从业人员比重（%）	本科在校生所占比重（%）
北京	6.08	17.59	26.72	0.87	0.33	0.03
沈阳	1.97	13.68	0.80	0.31	0.12	0.05
大连	1.92	14.03	1.02	0.32	0.09	0.05
长春	1.25	16.22	0.00	0.30	0.08	0.02
哈尔滨	1.67	15.70	0.00	0.35	0.11	0.07
南京	2.57	18.52	10.58	0.87	0.18	0.09
杭州	2.95	20.62	15.98	0.74	0.16	0.05
宁波	2.08	20.22	14.28	0.72	0.11	0.03
厦门	2.06	15.38	2.69	0.37	0.12	0.04
济南	2.26	21.99	3.51	0.25	0.09	0.07
青岛	2.35	22.03	4.89	0.28	0.08	0.03
武汉	2.03	14.47	2.07	0.18	0.13	0.09
广州	2.87	20.52	14.05	0.84	0.20	0.08
深圳	4.26	19.38	20.37	1.03	0.25	0.01

续表

城市	创新资源					
	地方R&D经费支出额占GDP比重(%)	科技、教育经费支出额占地方财政支出比重(%)	风险投资占中小企业融资额比重(%)	R&D人员数量占全部从业人员比重(%)	科学家及工程师数量占全部从业人员比重(%)	本科在校生所占比重(%)
成都	2.98	18.22	5.83	0.29	0.13	0.05
西安	2.44	19.63	4.41	0.14	0.08	0.10
上海	3.60	15.48	8.09	1.08	0.56	0.02
天津	2.98	19.01	0.65	0.42	0.20	0.03
重庆	1.39	13.95	0.70	0.39	0.20	0.02

资料来源：笔者搜集整理。

附表-8 城市创新环境指数原始数据

城市	创新环境									
	人均GDP(元)	城镇居民人均可支配收入(元)	每百户家庭拥有电脑数量(台/万人)	百人拥有互联网用户数(个/百人)	城市建成区绿地覆盖率(%)	中小板、创业板上市公司数量(个)	SCI上发表的学术文章数(篇)	万人图书馆藏书数(册/万人)	百万人拥有国家级科学协会数量(个/百万人)	人均受教育年限(年)
北京	140 211	74 929	91.37	99.25	48.42	282	48 578	20 302	12.98	11.80
沈阳	74 567	11 326	76	75.00	38.88	45	2 900	19 688	0.00	11.56
大连	113 675	12 533	78	77.18	46.56	46	3 000	39 849	0.00	10.23
长春	68 672	11 861	63	65.35	41.36	18	4 400	6 969	0.00	10.06
哈尔滨	85 567	8 482	74	64.21	33.74	23	4 200	10 115	0.00	9.92
南京	141 103	27 869	110	87.24	44.90	22	12 000	10 294	0.62	10.99
杭州	148 794	33 877	109	87.76	39.96	102	9 000	30 252	0.14	10.08
宁波	150 990	20 677	106	83.62	39.85	42	3 000	13 685	0.00	9.04
厦门	109 753	44 250	89	90.48	43.59	26	3 000	29 134	0.00	10.29

续表

城市	创新环境									
	人均GDP（元）	城镇居民人均可支配收入（元）	每百户家庭拥有电脑数量（台/万人）	百人拥有互联网用户数（个/百人）	城市建成区绿地覆盖率（%）	中小板、创业板上市公司数量（个）	SCI上发表的学术文章数（篇）	万人图书馆藏书数（册/万人）	百万人拥有国家级科学协会数量（个/百万人）	人均受教育年限（年）
济南	110 114	15 709	95	60.36	40.73	28	5 000	21 165	0.00	10.27
青岛	136 667	14 213	97	59.74	39.05	30	2 500	8 717	0.13	9.87
武汉	123 831	18 785	80	65.46	34.47	58	7 500	9 684	0.00	11.12
广州	150 678	34 558	110	75.57	42.50	60	6 000	29 109	0.00	10.84
深圳	184 068	102 753	113	95.79	45.10	102	3 000	93 678	0.00	10.93
成都	103 757	14 039	75	61.42	41.63	35	6 000	13 923	0.00	9.93
西安	84 205	16 432	67	49.79	41.11	29	7 000	13 620	0.00	10.95
上海	126 634	53 213	119	60.85	39.10	151	16 105	53 423	0.49	10.73
天津	119 238	22 064	107	88.79	36.72	38	4 520	15 829	0.20	10.38
重庆	63 689	7 871	86	70.33	40.00	37	3 566	4 932	0.00	8.75

资料来源：笔者搜集整理。

附表-9　城市创新网络指数原始数据

城市	创新网络指数					
	百万人拥有国家高等院校数量（个/百万人）	百万人拥有国家重点实验室数量（个/百万人）	百万人拥有的人才中介服务机构数（个/百万人）	百万人拥有国家孵化器数量（个/百万人）	世界500强企业总部数（个）	百万人拥有国家创新型企业数量（个/百万人）
北京	6.77	6.77	24.92	3.02	68	6.46
沈阳	6.38	1.22	2.20	0.54	0	1.24
大连	5.04	0.84	2.03	0.00	0	1.86
长春	5.34	1.07	1.59	0.13	1	0.66
哈尔滨	5.34	0.73	2.11	0.52	0	1.01
南京	6.46	2.35	2.64	1.47	1	0.93

续表

城市	创新网络指数					
	百万人拥有国家高等院校数量（个/百万人）	百万人拥有国家重点实验室数量（个/百万人）	百万人拥有的人才中介服务机构数（个/百万人）	百万人拥有国家孵化器数量（个/百万人）	世界500强企业总部数（个）	百万人拥有国家创新型企业数量（个/百万人）
杭州	5.17	1.19	0.57	2.25	4	1.98
宁波	2.35	0.00	0.52	0.84	0	2.41
厦门	6.93	1.30	4.57	2.60	3	7.11
济南	10.71	0.78	0.65	0.78	1	0.33
青岛	3.11	0.75	0.26	0.87	1	2.33
武汉	9.84	2.11	0.12	0.12	2	1.46
广州	9.13	1.34	1.56	1.78	3	1.68
深圳	2.76	0.46	30.23	1.84	7	3.54
成都	3.90	0.70	1.18	0.56	0	1.01
西安	6.95	2.21	1.49	0.22	2	1.24
上海	4.40	1.86	30.03	2.27	10	2.37
天津	5.43	0.48	9.96	0.38	2	1.69
重庆	1.92	0.21	0.95	0.06	0	0.51

资料来源：笔者搜集整理。

附表-10　城市创新成果指数原始数据

城市	创新成果指数								
	百万人发明专利授权数（件/百万人）	百万人拥有重点项目和社科项目数	国际专利占总专利数比重（%）	科研机构输出技术成交额占全市技术成交额比重（%）	百万人拥有国家星火计划立项项目（件/百万人）	高技术产品出口占总产品出口比重（%）	规模以上工业企业新产品销售收入占主营业务收入比重（%）	劳动生产率增长率（%）	单位GDP能耗降低率（%）
北京	7 869.61	2.06	0.01	0.83	4.40	0.29	0.10	0.17	3.24
沈阳	2 832.97	2.53	0.01	0.77	5.41	0.08	0.14	0.00	1.80

续表

城市	创新成果指数								
	百万人发明专利授权数（件/百万人）	百万人拥有重点项目和社科项目数	国际专利占总专利数比重（%）	科研机构输出技术成交额占全市技术成交额比重（%）	百万人拥有国家星火计划立项项目（件/百万人）	高技术产品出口占总产品出口比重（%）	规模以上工业企业新产品销售收入占主营业务收入比重（%）	劳动生产率增长率（%）	单位GDP能耗降低率（%）
大连	2 316.64	3.19	0.00	0.95	5.31	0.06	0.08	−1.00	1.61
长春	1 093.46	1.41	0.00	0.97	2.71	0.10	0.09	0.24	1.12
哈尔滨	2 231.83	11.66	0.02	0.88	77.76	0.40	0.20	−0.02	12.87
南京	4 709.69	4.53	0.00	0.33	56.58	0.11	0.24	−0.07	1.47
杭州	5 600.40	1.72	0.00	0.40	68.97	0.08	0.22	−0.08	8.98
宁波	6 196.48	12.69	0.03	0.99	45.69	0.15	0.15	−0.33	−18.63
厦门	6 354.11	3.75	0.02	0.94	35.89	0.13	0.12	0.08	1.01
济南	2 690.99	1.03	0.01	0.20	28.42	0.17	0.14	0.96	1.52
青岛	2 972.60	6.08	0.01	0.98	9.12	0.37	0.17	−0.01	2.52
武汉	2 989.23	3.73	0.03	0.56	16.83	0.61	0.21	−1.00	1.65
广州	6 703.90	7.72	0.04	0.90	55.31	0.55	0.25	0.04	2.79
深圳	21 666.67	3.20	0.00	0.99	6.31	0.32	0.12	0.37	2.64
成都	2 863.28	2.97	0.00	0.86	8.43	0.26	0.08	−0.15	2.79
西安	2 764.02	2.97	0.00	0.92	8.43	0.26	0.08	0.13	9.77
上海	5 003.85	5.94	0.01	0.99	3.07	0.43	0.22	0.17	1.91
天津	8 285.33	3.19	0.00	0.84	6.27	0.39	0.21	0.07	3.82
重庆	1 025.96	0.95	0.00	0.70	1.13	0.52	0.17	0.08	2.32

资料来源：笔者搜集整理。

附表-11　城市创新可持续性指数原始数据

城市	创新可持续性指数			
	地方R&D经费支出额增长率（三年平均）（%）	科技经费支出额增长率（三年平均）（%）	专利申请授权量增长率（三年平均）（%）	技术市场成交合同额增长率（三年平均）（%）
北京	18.43	19.42	13.08	12.68
沈阳	0.89	−2.31	14.96	20.94
大连	7.23	11.59	10.31	−25.20
长春	−0.02	14.70	16.95	32.59
哈尔滨	19.60	5.54	30.80	30.96
南京	20.60	7.86	28.50	28.43
杭州	19.10	1.66	9.83	20.45
宁波	21.90	19.66	−4.78	−13.40
厦门	19.60	4.25	23.50	−30.10
济南	16.70	10.13	10.80	33.84
青岛	17.90	−5.50	15.90	62.30
武汉	10.60	22.88	16.60	30.80
广州	8.01	23.78	18.90	14.80
深圳	12.87	67.38	23.60	33.60
成都	14.72	14.04	30.20	22.93
西安	11.70	13.24	32.10	30.38
上海	11.38	18.23	13.13	5.20
天津	10.26	−17.21	17.67	28.01
重庆	37.82	9.79	17.09	23.19

资料来源：笔者搜集整理。

附表-12　城市创新辐射指数原始数据

城市	创新辐射指数		
	技术市场成交额占全国比重（%）	创新辐射距离（公里）	专利申请授权量增长率（三年平均）（%）
北京	38.18	724.13	48.73
沈阳	1.18	130.06	58.34
大连	1.69	93.32	62.34
长春	0.15	71.00	61.98
哈尔滨	0.86	100.17	63.59
南京	1.31	170.75	56.85
杭州	0.53	161.10	66.98
宁波	0.26	102.66	69.34
厦门	0.24	90.62	56.98
济南	0.86	104.01	53.29
青岛	0.79	102.24	49.64
武汉	1.31	137.54	60.52
广州	0.66	202.93	52.90
深圳	1.03	233.13	48.34
成都	0.73	107.33	53.65
西安	2.52	118.12	55.37
上海	7.12	254.26	51.35
天津	3.70	176.91	58.66
重庆	1.21	141.49	60.88

资料来源：笔者搜集整理。

后　记

2014年2月，习近平总书记在北京视察工作时，明确了北京全国科技创新中心的功能定位，为首都的科技事业指明了方向。2015年中共中央、国务院发布的《京津冀协同发展规划纲要》和2017年《北京城市总体规划（2016年—2035年）》进一步确立了北京建设全国科技创新中心的地位和战略目标。此后，北京市又制定了《北京加强全国科技创新中心建设重点任务实施方案（2017—2020年）》和《北京加强全国科技创新中心建设重点任务2018年工作方案》，将北京建设全国科技创新中心的战略付诸行动。而最近出台的《“十四五”北京国际科技创新中心建设战略行动计划》和《北京市“十四五”

时期国际科技创新中心建设规划》，更是把北京科技创新目标上升到国际科技创新中心的高度。近年来，围绕北京建设全国（国际）科技创新中心的相关问题研究一直保持很高的热度。作者有机会主持了北京市科委“全国科技创新中心建设的内容与评价指标研究”的课题研究，同时作者主持的两个国家自然科学基金项目也有与此相关的内容。本书正是基于这些课题的研究成果整理而成。

在课题研究和本书写作过程中得到了多方支援和帮助，感谢北京市科学技术委员会的张星处长、游可先生，北京市科学学研究中心的张士运主任和李劲博士，北京市发改委隆学文处长（现国家医疗保障局医疗保障事业管理中心主任），中关村国家自主创新示范区核心区发展研究中心宋洁尘主任，北京科技协作咨询服务中心郭敏女士等，他们为课题研究的资料收集和调研提供了大力支持和做了大量协调工作。感谢中国人民大学经济学院和应用经济学院的各位领导和同事对课题研究和本书写作的指导与支持。特别感谢中国人民大学区域与城市经济研究所孙久文教授、张可云教授、侯景新教授、付晓东教授、姚永玲教授、虞义华教授、张耀军教授、刘玉副教授、徐瑛副教授、蒋黎副教授、孙三百副教授、席强敏副教授、卢昂荻博士等诸位同事，与他们的学术讨论让我受益匪浅。感谢家人对我研究的无私支持和奉献。

本书的内容是我和研究生们共同研究的成果。在研究和成书过程中，由我统领提出研究框架和拟定本书写作大纲，之后几位研究生协助做了大量的文献收集整理、数据处理与统计分析工作，并参与了部分课题报告初稿的执笔，后续本书的写作，他们又参与了数据校对、模型计算、统计图表制作等烦琐而细致的工作，对本书的顺利完成大有帮助。在此对他们表示感谢，他们是陈蔓、王雨琦、冀海宁、黄兴利、杨钰倩、郑浩南、牛路涛等。

本书围绕北京建设全国科技创新中心的理论框架、影响机理、评判体系、因素甄别等内容主题，采用理论演绎、逻辑归纳、系统分析、对比借鉴、影响识别等方法从国际国内纵横对比视角对北京建设全国科技创新中心进行了较系统的研究，力图对北京全国科技创新中心发展的特征趋势、基本机制和关键因素进行归纳和揭示，进而提出北京加快建设全国（国际）科技创新中心的路径和政策。但由于理论和实践水平有限，本书错误纰漏之处在所难免，恳请读者批评指正。

图书在版编目（CIP）数据

北京全国科技创新中心发展研究/文余源著．—北京：中国人民大学出版社，2022.2
（经济学文库）
ISBN 978-7-300-30080-1

Ⅰ.①北… Ⅱ.①文… Ⅲ.①科技中心—建设—研究—北京 Ⅳ.①G322.71

中国版本图书馆 CIP 数据核字（2021）第 259629 号

经济学文库
北京全国科技创新中心发展研究
文余源 著
Beijing Quanguo Keji Chuangxin Zhongxin Fazhan Yanjiu

出版发行	中国人民大学出版社		
社　　址	北京中关村大街 31 号	**邮政编码**	100080
电　　话	010－62511242（总编室）	010－62511770（质管部）	
	010－82501766（邮购部）	010－62514148（门市部）	
	010－62515195（发行公司）	010－62515275（盗版举报）	
网　　址	http://www.crup.com.cn		
经　　销	新华书店		
印　　刷	唐山玺城印务有限公司		
规　　格	155 mm×230 mm　16 开本	**版　　次**	2022 年 2 月第 1 版
印　　张	25.75 插页 2	**印　　次**	2022 年 2 月第 1 次印刷
字　　数	354 000	**定　　价**	88.00 元